Für die

Männer und Frauen

dieser Zeit.

ELISABETH MARIA ROTHFELD

Rückkehr nach Utopia

Eine Inspiration für
das Neue-Mensch-Sein

Mysterien
Roman

Autorin: Elisabeth Maria Rothfeld
Titelfoto: Elisabeth Maria Rothfeld

Printed in Germany

Verlag: J. Kamphausen Mediengruppe GmbH, Bielefeld · www.tao.de

Bibliographische Information der Deutschen Nationalbibliothek: Die Deutsche Nationalbibliothek verzeichnet diese Publikation in der Deutschen Nationalbibliographie; detaillierte bibliographische Daten sind im Internet über http://dnb.de abrufbar.

ISBN
Paperback: 978-3-95802-763-3
Hardcover: 978-3-95802-764-0
e-Book: 978-3-95802-765-7

Inhalt

Inhalt

Botschaft an Eva

Da sprach die Schlange zu Eva:
„Lass dir Zeit zum Wachsen.
Lass dir Zeit dich immer wieder zu häuten,
aber verpasse nicht den richtigen Moment.

Wenn dir dein altes Kleid
mal wieder zu eng geworden ist,
dann halte nicht daran fest,
sonst wird es dir zum Panzer.
Deine ureigenen Kräfte und dein starrer Wille
machen ihn dann stählern und
du wirst ihn nicht mehr los.
Und wenn du dann vorankommen willst,
frei sein möchtest,
geht es nur mit schmerzhafter Gewalt.

Drum lass es nicht soweit kommen.
Leg deine alte Hülle immer wieder ab,
mit Weisheit im Sinn, im rechten Moment,
ganz selbstverständlich.

So reife heran,
zu der,
die du schon immer warst."

Freiburg, 31.12.2013 (noch im Jahr der Schlange)

Prolog

„Ich könnte ein Buch schreiben, die Geschichte von der Zukunft, die längst begonnen hat", so dachte ich vor einigen Jahren, „das alte Wissen einbeziehend, die Rituale der Naturvölker und auch die Art und Weise, wie sich die Moderne entwickelt hat."

Von der Erkenntnis der Dummheit wollte ich schreiben; der Dummheit der Energiegewinnung, der Blindheit der Massen, die der Einbahnstraße des Vergessens zum Opfer gefallen sind, vom Knebel der Manipulation und vielem mehr.

Und ich wollte von einer Zeit schreiben, die schöner ist als unsere heutige; wo nach und nach die Menschen bewusster werden, wo bald alles, was auf Erden geschieht, sinnvoll ist.

Die Autos fahren mit Wasser; nur eine angemessene Geschwindigkeit ist erforderlich, wir haben wieder Zeit. Und alle Produkte, besonders unsere technischen Errungenschaften, sind völlig recycelbar.

Lebensmittel, die wirklich Lebenskraft vermitteln, sind in ausreichender Menge vorhanden. Weil das Wesentliche wiederentdeckt wurde, steht jedem Menschen alles zur Verfügung, was zu einem glücklichen Leben gehört.

Ärzte heilen, weil sie ganzheitliche Methoden anwenden und so auch das Wesen des Menschen einbeziehen.

Kinder werden fröhlich und glücklich geleitet. Das Lernen über ihre Persönlichkeit - so auch das Herausfinden eines passenden Berufs - sind wie ein Spaziergang im Sonnenschein.

Die Liebe und das Verständnis, die Gemeinschaft und der Wunsch, das Glück mit anderen zu teilen, haben oberste Priorität.

Es gibt schöne Filme, die von dem erzählen, was wir uns alle wünschen und sie machen Mut, weiter danach zu streben.

Das Angebot, das Leben zu bereichern, ist vielseitig und auf seine Art und Weise für jeden stimmig. Die Menschen lachen viel, singen, tanzen und genießen ihre Zeit auf Erden.

Die Alten erzählen aus ihrem Leben, erinnern sich, lassen wieder an ihren Erfahrungen teilhaben und helfen so der Jugend.

Körperlich sind alle fit, Sport wird zum Vergnügen. Wenn eine Gruppe ein Spiel verliert, dann hadert sie nicht, sondern erfreut sich am Sieg der anderen.

Es herrscht Frieden, weil die Weisheit des Lebens hier auf Erden wiedererwacht ist.

Die Menschen verstehen die Zusammenhänge und haben auch Kontakt zu anderen Welten. Es gibt jedoch keine Vermischung unter den Sternenvölkern, jede Seinsweise hat ihre eigenen Aufgaben.

Jedoch erkennen und respektieren wir uns als Brüder und Schwestern, so auch hier.

Die Erwachsenen sind auf Ehen mit nur einem Partner oder auf wechselnde Beziehungen vorbereitet und leben das, was ihnen entspricht. Dabei gibt es keinen Schmerz. Besondere Rituale und Zeremonien haben sie reifen lassen und helfen ihnen, entsprechend ihrer Entscheidung, zu sein.

Die Kinder respektieren die Erwachsenen. Die Alten respektieren die Jungen und jeder geht, entsprechend seines Alters und seinen Fähigkeiten, seinen Weg.

Auf Erden herrschen Achtsamkeit und bedingungslose Liebe.

Nun ist es aber nicht dieses Buch geworden, welches das beschreibt was wir leben möchten, sondern es ist die Geschichte der Vorbereitung dessen geworden, was wir uns vielleicht alle erinnern.

Es ist das Besinnen unserer Wurzeln, das Finden von dem, was wir als Basis für unser aller Leben brauchen.

Es ist der erste Schritt, der Schritt in die Bewusstheit, dieser erste Schritt, der von uns allen getan werden muss. Denn ohne, dass die Menschheit ihn tut, schaffen wir es nicht, ins *Neue-Mensch-Sein* zu kommen.

Im Wechselspiel der Zeit begegnen sich zwei Frauenschicksale. Ihwars Geschichte, aus den Tiefen der Vergangenheit, erzähle ich Ihnen in der Gegenwartsform, die von Eva, aus dem Jetzt, in der Vergangenheitsform. Ein Widerspruch? Durchaus nicht, nur ein Stilmittel, das erlaubt, mit der Zeit, so wie mit einem Blatt im Wind, zu spielen.

So weit das Leben dieser beiden Frauen auch auseinander zu liegen scheint, so nahe sind sie sich. Denn alles ergibt sich gleichzeitig, ist miteinander verwoben. Beide Frauen haben dasselbe Thema; Parallelen über Parallelen werden sichtbar.

Die eine hat die Eule als Krafttier, die andere die Katze als Begleitung; hilfreiche Wesen, die mit ihren Botschaften Orientierung und Weisheit bringen.

Die eine hat alles vergessen, Ahnungen und Visionen quälen sie, zwingen dazu, ins Vertrauen auf die innere Wahrheit zu kommen. Die andere kann sich klar erinnern, hat ihre Entscheidungen bewusst getroffen und doch muss auch sie ihr Leben neu entdecken, den Ort und die Menschen finden, zu denen sie gehört.

Ein Buch für die Menschen der *Neuen Zeit*, die von einem zum anderen hetzen, oft gezwungen sind, etwas zu erfüllen, das nicht mehr ihr eigen zu sein scheint.

Eine Lektüre, die zum Träumen einlädt, zum Innehalten, zum sich wieder selbst Verstehenlernen begleitet; ein Werk, das zur Bewusstwerdung jener Kostbarkeiten inspiriert, die tief im menschlichen Sein verborgen liegen.

Ein Buch, das Zuversicht und Freude in unser aller Herzen bringen möchte und zur liebevollen Achtsamkeit zwischen den Menschen, zu sich selbst, zu den Tieren, Pflanzen und allem, was Mutter Erde uns schenkt, auffordert.

Ich wünsche Ihnen, dass Sie sich wiederentdecken und sich erlauben, mit Freude und Stolz - zum Wohle aller - dieses Leben zu genießen.

Zur Herbst-Tag- und Nachtgleiche im September 2015

Elisabeth Maria Rothfeld

Kapitel 1

Ankunft auf der Insel

Eva stand, noch immer nach Atem ringend, am Strand. Sie war den ganzen Weg vom Anleger bis hierher, ans Ende der Welt, gerannt. Ihren Rucksack hatte sie einfach zurück gelassen, unachtsam im Stich gelassen. Was, wenn ihre wenige Habe inzwischen gestohlen war? Wenigstens ihre Papiere und ihr Geld hatte sie im kleinen Täschchen an ihrem Gürtel. Erleichtert nahm sie es fest in die Hände. Später würde sie noch einmal zum Hafen gehen müssen, um ihren Gepäckschein einzulösen.

Warum hatte sie sich denn nur so beeilt? Was war denn das wieder für ein Panikanfall gewesen? Ja, jetzt erinnerte sie sich an den Mann. Er hatte sie süffisant angelächelt und sich während der Überfahrt mehrmals in ihre Blickrichtung gestellt. Als er sich dann bei der Gepäckausgabe auch noch an sie heran gedrängelt und ihr vertraulich an die Schulter gefasst hatte, hatte sie vollends die Fassung verloren und war nur noch geflüchtet.

Sie müsste noch vieles lernen, sonst lief sie Gefahr, immer wieder gejagt zu werden. Und das wollte sie auf keinen Fall. Aber darüber würde sie sich später Gedanken machen können. Später, ach, daran wollte sie gar nicht denken.

Jetzt war sie erst einmal am Ende eines weiten Weges angekommen. Hier konnte sie nicht weiter, hier setzte ihr die Landschaft ein klares Stopp. Blinzelnd stand sie und die letzten Sonnenstrahlen erwärmten nicht nur ihren Körper, sondern auch ihr wild pochendes Herz.

Was war nur mit ihnen geschehen? War es ihre Schuld gewesen, dass ihr Mann immer ungehaltener und brutaler geworden war? Wo war der geblieben, den sie im letzten Herbst geheiratet hatte?

Sie hatte sich immer mehr eingesperrt gefühlt, und der goldene Käfig, den er um sie baute, hatte immer mehr Gitterstäbe bekommen. Das goldene Armband mit den groben Kettengliedern, das er ihr zu Weihnachten als Überraschung ums Handgelenk gelegt hatte, hatte ihr für einen Moment den Atem genommen und die Vorahnung der Gefangenschaft noch verstärkt. Es wäre nur noch eine Frage der Zeit gewesen und er hätte sie ganz in der Hand gehabt.

Deshalb hatte sie auch Angst vor einer Schwangerschaft bekommen und heimlich Verhütungsmaßnahmen ergriffen, obwohl sie sich nach einem Kind sehnte. Aber nicht von ihm, dem Mann, der ihr in den letzten Wochen ihres Zusammenlebens immer fremder geworden war.

Vergessen war die Zeit ihres Kennenlernens, da war er stolz auf seine blonde Eva mit der wallenden Mähne gewesen. Da hatte er mit seiner schönen Frau angegeben und keinen Moment verpasst in dem er nicht zum Ausdruck brachte, dass sein Evchen jetzt den Himmel auf Erden haben würde. Er war zärtlich und sanft gewesen und ihr Zusammensein schenkte ihnen die prickelnde Erotik, die Eva sich immer gewünscht hatte.

Keine Geldsorgen mehr, ganz im Gegenteil. Er war großzügig gewesen, wollte sein Vermögen für sie verschwenden. Stolz erzählte er allen, dass jetzt seine Villa am Stadtrand der Großstadt, seine kleine Yacht auf dem Fluss und das Wochenendhaus in der Toskana auch ihr gehörten.

Eva hatte es imponiert und sie war hoch erfreut gewesen, als sich das Wochenendhaus auch noch als stattlicher Landsitz geoutet und ihnen einen wunderschönen Rahmen für ihre Flitterwochen geboten hatte.

Jedoch schien das Verhalten ihres Mannes immer unehrlicher zu werden. Die gute Gina hatte Eva bei ihrer Ankunft so seltsam angesehen; und sie hatte zum ersten Mal jenen Stich im Herzen gespürt, der sich zukünftig immer häufiger zeigen sollte. Und Eva begann sich zu fragen, ob seine strahlende Freundlichkeit nur Blendwerk war, und sie einem trügerischen Schein erlegen war.

Gina hatte alles getan, um ihren Chef und dessen neue Frau zu verwöhnen, und in Evas Beisein war er auch zuvorkommend und humorvoll geblieben. Aber Eva erinnerte sich, dass sie einmal sehr früh wach geworden war und gehört hatte, wie er Gina rügte. Er tobte, nur weil sie die Küche nicht so verlassen hatte, wie er das von ihr wünschte. Eigentlich wollte er nur ein Glas Wasser trinken, hatte die Karaffe mit dem frischen Quellwasser auf dem Terrazzoboden zerschmettert und sich in einen Wutanfall hinein gesteigert. Eva hatte so getan als wenn sie noch schliefe, aber es keimte etwas in ihr, was sich nur einige Monate später in nackte Überlebensangst steigern sollte.

Nach und nach - seitdem sie verheiratet war - hatten sich fast alle Menschen, die ihr einmal nahe gestanden hatten, aus ihrem Leben davongeschlichen. Irgendwie verstand sie nicht warum, wollte sich nicht damit abfinden. Aber auf ihre Versuche hin bekam sie nur höfliche Floskeln und fadenscheinige Ausreden zur Antwort. „Hat das mit ihm zu tun, spinnt er längst ein Netz aus Intrigen?“

Sie wollte wenigstens den Kontakt zu ihrer Freundin behalten und begann deshalb ein Versteckspiel. Wenn sie sich mit ihr treffen wollte, tat sie das inzwischen heimlich und löschte sofort die SMS ihrer Verabredung.

Neulich hatte er sie fast erwischt und sie musste mit Erschrecken feststellen, dass er ihr gefolgt war. Zum Glück war sie gerade zur Toilette gegangen, als er ihr Stammcafé betrat. Geistesgegenwärtig hatte ihre Freundin ein angeregtes Gespräch mit einem anderen Gast begonnen und sich an dessen Tisch gesetzt. Der Wirt hatte ihnen die bestellten Cappuccini gebracht und alle hatten verstohlene Blicke auf den aggressiven Mann gerichtet. Ihre Freundin hatte sich ins Zeug gelegt und mit dem fremden Gast geflirtet, der wohlwollend mitspielte. Als Eva ihren Mann hörte, war sie durch die Hintertür davongelaufen. Sie hatte seine schneidende Stimme kaum erkannt und konnte nicht fassen, was er da vor all den Leuten über sie behauptete.

Voller Angst war sie in den Park gelaufen und hatte sich auf einer versteckt stehenden Bank ausgeheult. Ihr Handy hatte immerzu geklingelt und sie stellte es aus. Eva wurde bewusst: „Wenn er mich so verzweifelt hört, dann hat er sein Ziel erreicht.“ Und sie hatte beschlossen, sich fortan zu verstellen und eine Rolle zu spielen, vielleicht die schwerste ihres Lebens.

Doch ihr Mann hatte gespürt, dass er sie nicht unter Kontrolle halten konnte und war in seiner ganzen Art immer rücksichtsloser geworden. Die zärtlichen Momente ihres Liebesspiels waren vorbei. Ohne Rücksicht auf ihre Gefühle und Bedürfnisse benutzte er Eva. Er hatte sie zwar noch nicht vergewaltigt oder geschlagen, aber die Angst davor schnürte ihr die Kehle zu und Eva befürchtete, irgendwann daran zu ersticken.

Was sollte denn nur werden? Sie konnte nicht bei ihm bleiben.

Nach und nach war ein Plan in ihr gereift, und sie organisierte heimlich ihre Flucht. Sie kaufte Kleidung, bezahlte mit seiner Visa-Card, dann gab sie die Kleidungsstücke mit einer Ausrede zurück und ließ sich den Betrag dafür in Bar auszahlen. Ihr eigenes Konto war inzwischen aufgelöst worden, obwohl sie darauf anfänglich jeden Monat eine ansehnliche Summe Geld überwiesen bekommen hatte. Für diesen Luxus hatte sie ihre Arbeit aufgeben müssen, um ganz für ihn da sein zu können, und seitdem die Tage mit unnützen Beschäftigungen vertan.

Schon zu der Zeit hatte sie, einer Vorahnung folgend, heimlich immer wieder kleinere Beträge abgehoben und in ihrer Kosmetikbox versteckt. Doch ihr wurde bewusst, wie leichtsinnig das war. Sie musste noch vorsichtiger sein. Nachdem sie den Erste-Hilfe-Kasten in ihrem Auto präpariert hatte, fühlte sie sich etwas sicherer. Inzwischen hatte sie einen Betrag zusammen, der ihr erst einmal für ein paar Wochen eine eigenständige Versorgung ermöglichen würde.

In den letzten Tagen hatte sie dann ihre wichtigsten Sachen aus dem Haus geschmuggelt. Gestern hatte sie sogar die Haushälterin angelogen; ihr mitgeteilt, dass sie erst einen Termin bei ihrer Ärztin habe und später zum Shoppen in der City bleiben würde. Sie solle mit dem

Abendessen nicht auf sie warten und könne früh Feierabend machen, hatte Eva sie informiert. Unterwegs würde sie eine Kleinigkeit essen, und ihr Mann hätte ja heute Abend eine geschäftliche Verabredung.

Eva hatte geplant, dass er dadurch erst nachts bemerken würde, dass sie nicht mehr da war.

Mit ihrem Auto war sie dann in die entgegengesetzte Richtung ihres Reiseziels gestartet. Nicht direkt zum Meer, zu dem sie wollte, war sie gefahren, sondern 300 km gen Süden. In einem Parkhaus hatte sie ihr Auto abgestellt und es würde erst in den nächsten Tagen auffallen, dass es nicht mehr abgeholt würde. So hatte ihr Mann eine falsche Spur, der er folgen könne.

Eva war erhobenen Hauptes an der Überwachungskamera vorbeigegangen, hatte gelächelt und eine ablehnende Handbewegung gemacht. „Bestimmt wird er diese Bilder zu Gesicht bekommen", hatte sie sich triumphierend in Gedanken gesagt.

Der Zug hatte sie in die nächste Großstadt gebracht, und dort war sie zum Friseur gegangen. Eine Eva mit einem dunkelbraunen Kurzhaarschnitt würde nicht gesucht werden. Im Supermarkt hatte sie noch eine Brille erstanden. Im Hotel gab sie sich mit ihrem Mädchennamen aus und legte ihren alten Reisepass vor. Dass sie anders aussah als auf dem Foto hatte keine Beanstandung gefunden. In der heutigen Zeit war es nichts Ungewöhnliches, seinen Typ zu verändern. Morgen würde sie Richtung Norden in die Nähe des Meeres fahren und als Rucksacktouristin auf eine der Inseln übersetzen.

Verwundert über ihre eigene Zivilcourage und stolz auf ihren Einfallsreichtum war sie nach einem tiefen Seufzer erleichtert eingeschlafen. Eine trügerische Ruhe war das gewesen, denn mitten in der Nacht war sie aus dem Schlaf hochgeschreckt. Harte Schläge an der Zimmertür hatten sie geweckt und sie fürchtete sich sofort vor ihrem Mann, der sie anscheinend so schnell gefunden hatte. Sie hatte am ganzen Körper gezittert und die Bettdecke bis über die Nase gezogen. Aber dann hatte sie die friedliche Stille im Haus erkannt und gewusst, dass es nur ein Albtraum gewesen war.

Aber sie hatte keinen Schlaf mehr gefunden, war die Geschehnisse des Tages wieder und wieder, Schritt für Schritt, durchgegangen und stellte sich immer wieder die Frage: „Habe ich einen Fehler gemacht?"

War der Traum eine Warnung gewesen, war ihr Mann ihr schon auf den Fersen und würde sie bald finden? Voller Angst mahnte sie sich zur Ruhe, warf sich von einer Seite auf die andere und musste all ihre Kraft zusammennehmen, um nicht zu verzweifeln.

Ja, sie hatte eine Chance, glaubte daran; Eva wollte nicht mehr zu ihm zurück, um keinen Preis, und beschloss, noch vorsichtiger zu sein. Beim Frühstück würde sie erzählen, dass sie sich auf ihren Wanderurlaub in den Bergen freue und weiter nach Italien reisen wolle.

Er durfte keine Möglichkeit haben, sie zu finden, sie musste schlauer sein als er.

Kreischende Möwen rissen sie aus ihren Gedanken. Ihre Schreie drangen in sie ein, brachen ihren Panzer auf, der sich wie eine Zwangsjacke um sie gelegt hatte. „Bin ich unserer kurzen Ehe, einem Gefängnis aus Lüge, Hass und psychischer Gewalt, tatsächlich entronnen, habe ich wirklich alles hinter mir gelassen?"

Energisch wischte Eva ihre Tränen ab. Sie hatte gar nicht gemerkt, dass sie weinte. Waren da doch noch Angst und Hilflosigkeit oder fühlte sie nur die Trauer um ihre verlorene Liebe, die sich jetzt wie ein unaufhaltsamer Wasserfall aus ihrem Innern entlud?

Nach einer langen Weile fühlte sie sich erleichtert und durch die letzten Reste ihrer Tränen blinzelte sie auf. Mit unbewusstem Blick schaute Eva aufs Wasser und verfiel dem gleichmäßigen Kommen und Gehen der kleinen Wellen. Neugierig schienen sie Eva zu begrüßen, liefen glitzernd auf dem goldenen Sand heran, um sich sofort wieder zu entfernen. Jedoch ohne Eile und nicht weit, nur ein ganz kleines Stückchen, um im nächsten Moment zu ihr zurück zu kommen. Es schien, als wenn sie Eva die vielfältigen Farben der letzten Sonnenstrahlen brächten und ihr tröstend zuflüsterten: „Alles ist gut, Eva. Alles ist gut."

Ja, die Wellen hatten Recht, das Leben ist schön und sie würde es schaffen, ein neues und freudvolleres Kapitel in ihrem Lebensbuch aufzuschlagen.

Entschlossen stand Eva auf und schüttelte sich den Sand von ihrer Kleidung. Gerade tauchten die letzten Reste der orangeroten Sonnenscheibe ins Meer.

Und als sie sich abwandte, stieg über der Dünenkette der volle Frühlingsmond auf. Sonne und Mond zeigten Eva, wie sanft und schön dieses Wechselspiel zwischen Tag und Nacht vollzogen werden kann, wie nahe Abschied und Neubeginn beieinander liegen.

Riesengroß und rötlich schimmernd lächelte er zu ihr hinab. Dankbar breitete Eva die Arme aus und sog gierig die friedliche Szenerie ein. „Nie mehr werde ich vor einem Menschen Angst haben, nie mehr Unterdrückung zulassen. Ich verspreche, dass ich frei bin und bereit dazu, eine glückliche Frau zu sein.“

Und wie zur Besiegelung streifte eine schneeweiße Katze vertrauensvoll um Evas Beine. Ihr Schnurren klang etwas seltsam, mehr wie „urrr, urrr“, jedoch erfreute es Eva.

Glücklich schaute sie dem schönen Tier nach, das den Schwanz Richtung Himmel gestreckt mit kraftvollen, weiten Sprüngen zielsicher voraus in Richtung der Hotels lief.

Kapitel 2

Im *Heiligen Hain*

„Wo bin ich? Hier mitten im Wald und es ist stockdunkel, ich kann nur ein paar Sterne zwischen den Baumwipfeln funkeln sehen. Irgendwie ist mir diese Schwärze vertraut, ja scheint fast behaglich, aber diese Geräusche machen mir Angst."

Da raschelt es im Unterholz, ganz nah, da kracht ein Ast, etwas weiter entfernt. „Schleicht sich jemand an?" „Uhhuu, uhhuuu." Grausen überstreift ihren Körper, Verzweiflung greift nach ihr. „Hilfe, wie bin ich denn bloß hierher gekommen?"

Aber zögern hilft nicht, sie muss weiter gehen, weiter, um aus diesem schaurigen Wald herauszukommen. „Raus und nach Hause", flüstert sie, „aber wo ist das und wo bin ich hier nur?"

Einzelne Steine auf ihrem Weg zwinkern ihr zu, es sind nur kleine weiße Felsbröckchen, aber ihre Fantasie lässt sie erstarren. „Sind es die blicklosen Augen eines Ungeheuers, das urplötzlich aufgetaucht, mir bestimmt gleich ein Leid antun wird?" Zitternd stolpert sie weiter, Tränen in den Augen.

„*Große Göttin, Gütige Mutter*, ist das schrecklich; hoffentlich träume ich nur. Ich träume, ganz bestimmt ist dies nur ein Albtraum, nur eine furchtbare Illusion", flüstert sie und versucht, sich Mut zu machen. „Ich muss mich nur anstrengen um aufzuwachen und dann bin ich wieder bei meiner Sippe."

„Aber", erschrickt sie, „ich weiß nicht mehr, wer ich bin, woher ich komme; wo ist meine Heimat?"

Nichts antwortet ihrem Bangen, nur Schwärze breitet sich weiter aus, die auch in ihrem Innern alles zu verdunkeln scheint. Und nichts, aber auch gar nichts kommt ihr zu Hilfe.

Haltlos stolpert sie vorwärts: „Weiter, nur weiter." Sie strauchelt, stürzt über ein noch furchtbareres Ungeheuer. „Nein, es ist nur ein kräftiger Ast." Sie ergreift ihn, aber erschaudert, als sie das weiche Moos auf der Rinde ertastet, das wie ein nasses Fell anmutet; sofort lässt sie los und flüchtet weiter.

„Weiter, nur weiter, ich muss hier raus, sonst bringt mich dieser Albtraum noch um meinen Verstand."

Aber nur ein paar unsichere Schritte und sie stürzt erneut und sinkt in einen Laubhaufen ein. Was ist das für ein Gefühl, dass ihr den Boden unter den Füßen wegreißt? Sie kann nicht mehr aufstehen, verzweifelt bleibt sie liegen und muss sich ihrem Schicksal ergeben. „War es das? Kann ich nichts mehr tun, nur noch meinen Tod erwarten?"

„Nein, ich bin dieser Nacht nicht hilflos ausgeliefert und ich will leben." Vorsichtig tastet sie sich zurück, ergreift erneut den Ast, drückt ihn an sich und fühlt sich schon viel stärker. Dort drüben kann sie schemenhaft einen Baumstamm erkennen. Besonnen geht sie darauf zu und setzt sich.

Erleichtert atmet sie auf, besinnt sich einen Moment: „Ich bin nicht alleine, etwas Liebevolles ist bei mir."

Aber neben ihr hat auch die Angst Platz genommen und sie spürt, diese Gesellschaft gibt ihr keinen Trost. Und irgendwas schleicht sich an, regt sich ganz nahe, kriecht auf sie zu, sie erfasst es mit all ihren Sinnen. Der Untergrund scheint sich zu bewegen, schwankt sanft und lässt sie schwindeln. „Tut sich der Waldboden gleich auf, wird er mich verschlingen?"

Jedoch, da ist auch wieder dieses behagliche Gefühl, diese Vertrautheit, die ihr Mut macht. „Was kann ich tun, sag es mir!", krächzt sie mit zitternder Stimme. „Was rätst du mir?"

Angestrengt lauscht sie auf eine Antwort, die zwar aus ihrem Innersten kommt, jedoch von Ferne zu flüstern scheint: „Finde es selbst heraus, bewahre deine Würde, vertraue dem Guten um dich, dann wirst du den Bann brechen und sich das Rätsel lösen."

Immer wieder schaut sie hinter sich, starrt in die schwarze Nacht, aber auch wenn sich ihre Augen inzwischen an die Dunkelheit gewöhnt haben, wirklich erkennen kann sie nichts.

Schauder überschütten sie; Schwindel, der ihr den Atem nimmt, zerrt an ihr; und immer wieder knackt und knistert es in ihrer Nähe, immer wieder schreckt sie hoch. „*Große Göttin, Gütige Mutter*, bitte steh mir bei, bitte rette mich."

Doch da ist nur dieser alles durchdringende Ruf, dieses unheimliche „Uhhuu, Uhhuuu", das sie noch tiefer in den Wald zu locken scheint.

„Was ist das nur, was ist denn das nur für ein Wesen? Ich habe so etwas noch nie gehört, schön und gleichzeitig schrecklich. Springt es mich gleich an und macht meinem Leben ein jähes Ende? Oder werde ich verletzt werden und mein Blut versickert langsam im Waldboden?"

Mit starkem Griff klammert sie sich an ihren Ast. „Ich atme, ich lebe. Komm, komm, beruhige dich, atme tief ein und aus und dann wird alles gut. So wie in einem stillen Sein, wenn alles schweigt und mein Körper zu schweben beginnt. Einatmen, ausatmen, alles ist gut. Einatmen, ausatmen, alles ist gut."

Und langsam spürt sie eine tröstende Wirkung, wird ihr ein bisschen heimeliger, gar wohliger. „Nur immer schön konzentriert bleiben, einatmen, ausatmen", ermahnt sie sich.

Es klappt, geschafft, wenn es da nur nicht diese andere Stimme in ihr gäbe.

„Wo bist du denn nur hin gelaufen, was soll denn das, was machst du denn hier? Warum treibst du dich im stockfinsteren Wald herum; du bist ja selbst Schuld, warum bist du nicht in deinem Nachtlager geblieben?"

Nur kann sie sich nach wie vor nicht erinnern, woher sie kommt, und das schlechte Gewissen ist ihr kein guter Berater.

„Bin ich denn einen weiten Weg gelaufen? Ich bin so müde, meine Füße schmerzen und ich fühle mich hier fremd. Ist denn der Ort, von dem ich komme, ein ganz anderer? Gibt es denn dort auch solch finstere Wälder?"

Aber so sehr sie sich auch anstrengt, Klarheit zeigt sich nicht. Sie spürt nur, irgendwas hatte sie hierher gebracht, hatte sie gerufen, gelockt, nur was?

Plötzlich ist es wieder da, dieses unheimliche „Uhhuu, Uhhuuu" und jetzt ganz nah. Nackte Angst umklammert sie. „Das musste ja so kommen", sie hält ihren

Atem an, sieht ein riesiges Etwas auf sich zustürzen. Es ist vorbei, sie schließt die Augen und erwartet ihren Tod.

Aber nichts geschieht, der Augenblick scheint kein Ende zu nehmen. Langsam beruhigt sich das laute Pochen ihres Herzens und auch um sie herum wird es ganz leise, ihr Körper nimmt nur noch den milden Windhauch wahr. Und doch, etwas scheint zu sein, sie fühlt sich beobachtet, nicht auflauernd, sondern ganz friedlich. „Wer ist da?", flüstert sie.

Vorsichtig öffnet sie ihre Augen und kann viel mehr erkennen als zuvor. Die Silhouetten der Bäume zeichnen sich vor dem nun helleren Hintergrund ab, sie bilden in ihrem Wachstum Skulpturen, scheinen wie Zauberwesen aus einer anderen Welt, die jetzt über die Berglandschaft zu tanzen beginnen. Erste Frühlingsblumen haben das Laub auf dem Waldboden durchdrungen und schimmern ihr aus einem Teppich von Tausenden Sternchen zu; es scheint, als wenn sie vom Himmel gefallen wären.

Bizarre Wolkenfetzen schweben über den Waldboden, weiße Nebelschwaden, die nun die Dunkelheit erhellen. Ganz sanft löst sich die Nacht auf und ein diffuses Licht nimmt dem Wald seinen Schrecken. „Es sind die Boten der Helligkeit", weiß sie, und als sie auf sie zukommen und umhüllen, lässt sie sie mit ihrer feuchten Kühle durch sich hindurchfliegen. Ein gespenstisches Szenario, und sie beginnt zu frösteln, aber es hat eine solche Zärtlichkeit, dass Angst und Schrecken vergessen sind. „Es sind friedliche, sanfte Wesen, die mir nicht Unglück, sondern Liebe bringen", weiß sie nun. Und dankbar folgt sie ihnen mit ihrem Blick bis hoch hinauf in die Baumwipfel.

Da ist sie. Vergessene Worte dringen wie ein Lichtstrahl in ihr Herz, geben der Gewissheit Raum. „Wenn du dem weißen *Adler unter den Eulenvögeln* begegnest, er zu dir spricht, dann bist du ..."

Was war das für ein Fetzen der Erinnerung, wer hatte sie mit diesen zuversichtlich scheinenden Worten unterwiesen und wie hatte die Botschaft geendet? Sie überlegt, aber so sehr sie sich auch anstrengt, es bleibt im Verborgenen.

Jedoch der Spuk ist vorbei, sie spürt eine große Freude, die sie erfüllt. Die riesige Eule erscheint ihr so vertraut, als wenn sie nach unendlich langem Suchen eine alte Freundin wiedergefunden hätte. Sie weiß zwar nicht, was nun geschehen soll, aber sie ist voller Zuversicht.

Bewegungslos sitzt sie da, ganz still verharrend, geduldig abwartend, beobachtend und dann zwinkert sie Ihwar mit einem ihrer großen Nachtaugen wissend zu.

Zärtlichkeit durchströmt Ihwar und sie sieht wie ein sanfter Windhauch die weißen Federn bauscht, hört es im trockenen Laub rascheln und in den Zweigen säuseln.

„Ist es nur der Wind? Vernehme ich ihre Stimme?"

Kapitel 3

Der erste Tag

Erstaunt riss sie die Augen auf und stellte fest, dass ihr die Umgebung völlig fremd war, und dann kam die Erinnerung. Ach ja, sie hatte ja gestern eingecheckt, war auf der Insel angekommen und hatte sich als Rucksacktouristin für ein paar Tage dieses Zimmer gemietet.

Was war denn das nur für eine seltsame Nacht gewesen, was war denn geschehen, hatte sie ihr Bett verlassen? Hatte sie einen Spaziergang gemacht? Sie konnte sich nicht erinnern, nur Ahnungen von Dunkelheit hatten sich in ihr Erwachen geschlichen. Bestimmt hatte ihr Verstand nur versucht, die Anspannung der letzten Wochen abzustreifen und ihr eine Szenerie beschert, die ihr jetzt völlig unwirklich erschien.

Eva war hier auf der Insel und nun war entschlossenes Handeln gefragt. Was wollte sie tun? Sie würde sich an den Strand setzen, würde die Natur beobachten, und dann hoffentlich wissen, was sie als nächstes in Angriff nehmen müsste.

Doch erst einmal würde sie ihre Erleichterung genießen und sich darin bestärken, dass sie es geschafft hatte, diesen ersten wichtigen Schritt in ihr neues Leben getan zu haben. Diese Erkenntnis erfüllte sie mit Stolz.

Noch etwas verschlafen versuchte sie etwas abzuschütteln, an das sie sich nur stückchenweise erinnern konnte. Wo war sie gewesen, Furchterregendes in einem Wald, den es hier auf der Insel nicht gab? Ratlos war sie, aber wusste doch, dass sie sich mit ihren Gedanken und ihrem weiteren Vorhaben ganz, ganz stark gegen das stemmen musste, was sie in der Vergangenheit so müde gemacht hatte.

Sie würde zum Wasser gehen, würde den Frühlingstag genießen. Die Sonne schien zum Fenster herein und Eva freute sich, dass sie keine Wolken auf der stahlblauen Fläche ausmachen konnte. Optimale Bedingungen, um die Insel zu erkunden. Genau passend, um in der Natur zu sein, den freien Himmel über sich zu haben und sich von den schon warmen Sonnenstrahlen verwöhnen zu lassen.

„Erst einmal so tun, als ob ich Ferien habe, wirkliche Ferien, frei von meiner Ehe." Sie war sich bewusst, dass sie jetzt Schritt für Schritt ihr neues Leben aufbauen musste. Ihr Geld würde nur ein paar Wochen reichen und es war wichtig, eine Arbeit zu finden. Nur welche denn? Die Saison hatte noch nicht begonnen und vielleicht war es ja von Vorteil, sich jetzt schon mal umzuhören. In einem der vielen Hotels oder einer der Pensionen, irgendwo würde sie bestimmt eine Anstellung finden. Vielleicht an der Rezeption, vielleicht im Buchungsbüro? Sie wollte zuversichtlich sein, obwohl ihr ein Grummeln im Bauch immer wieder Übelkeit verursachte.

Als sie vor das Hotel trat, nachdem sie das köstliche Frühstück kaum angerührt hatte, fiel ihr auf, was für einen Frieden diese Insel ausstrahlte. Es gab zwar viele Menschen, die ihrer Tagesbeschäftigung nachgingen, aber es gab keine Autos und Eva hörte den Wind, wie sie das selbst in ihrem Garten am Stadtrand schon lange nicht mehr erlebt hatte.

Es würde eine schöne Zeit werden hier auf der Insel am Rande der Welt. Naturverbunden, immer wieder könnte sie sich in ihrer Freizeit hier umschauen und wer weiß, was die Zukunft sonst noch brächte. Vielleicht würde sie auch Menschen treffen, mit denen sie freundschaftliche Verbindungen knüpfen könnte. „Zuversicht, immer nur Zuversicht", versprach sich Eva.

Ja, es würde vielleicht nicht so leicht werden, wie sie sich das wünschte, aber sie war davon überzeugt, dass sie fähig war, sich neuen Situationen anzupassen.

Das hatte sie sich bewiesen, nachdem sie beginnen musste, ihrem Mann ein falsches Spiel zu bieten, damit er sie nicht durchschaute und von ihrer Flucht abhalten konnte.

Jetzt, wo sie erst einmal Urlaub hatte, zelebrierte sie mit ihren Gedanken: „Ja, ich, Eva, bin gestern auf meiner Ferieninsel angekommen. Ich habe Urlaub vom Stress des Lebens, kann meine Vergangenheit hinter mir lassen und fange jetzt, in diesem Augenblick, damit an, etwas Neues aufzubauen."

Die Sonne kitzelte sie an der Nase und streichelte ihr zärtlich über die blassen Wangen. „Ja, es wird eine schöne Zeit werden", versprach sie sich.

Eine kreischende Möwe, die in ihre Nähe geflogen war, riss sie aus ihren Gedanken. Der Sand unter ihren Schuhsohlen erschwerte ein bisschen ihren Weg und sie freute sich schon auf den Sommer, wo sie barfuß in den ankommenden Wellen gehen konnte. Jetzt würde sie sich erst einmal ein paar Gummistiefel besorgen, damit sie ganz unbefangen und nicht so vorsichtig sein müsste.

Denn jetzt nasse Füße zu bekommen, wo es doch noch kühl war, das könnte eine Grippe zur Folge haben. Und Krankheit, Krankheit konnte sie jetzt auf gar keinen Fall gebrauchen.

„Ach, was denke ich schon wieder", sprach Eva zu sich selbst. „Jetzt bleib doch mal beim Positiven und fang mal an das zu formulieren, was du wirklich willst; denn das Vergangene ist Vergangenheit.

Die Schrecken der Vergangenheit
sind vorbei;
sie ist nicht mehr.

Die Zukunft mit ihrer Angst,
eine Illusion;
sie ist noch nicht.

Nur die Kostbarkeit
des Augenblicks ist wahr;

zum Sein im Hier und Jetzt."

Daran sollte sie sich halten und wollte immer daran denken.

In ihrer Meditationsgruppe hatte sie immer wieder versucht, sich zu entspannen, ihren Körper loszulassen und sich nur auf den Moment zu konzentrieren, zu üben, im Hier und Jetzt zu sein. Es war ein sehr abstraktes Vorhaben gewesen und so richtig einlassen konnte sie sich auf die Totale des Augenblicks auch heute noch nicht. Jedoch, sie hatte dieses Zitat in ihrem Gedächtnis verankert und wenn Zweifel sie quälen würden, wollte sie sich darauf besinnen.

In den letzten Wochen hatte sie sich immer wieder zur Disziplin zwingen müssen. Besonders als eine Übelkeit von ihr Besitz ergriffen hatte, und sie schon anfing, Angst zu bekommen, doch noch schwanger geworden zu sein. Aber dann wurde ihr klar, es war nicht ein Kind, sondern die Angst vor der Zukunft, die in ihr gewachsen war und ihren Körper traktierte.

„Also, frohen Mutes, immer zuversichtlich sein." Und wenn sie sich schon mit Zukunftsgedanken plagte, dann damit, was werden sollte. Eine schöne Zukunft aufbauen, erst einmal in Gedanken und sie dann auch laut aussprechen. Sie war hier sowieso alleine und konnte das tun, was sie in diesem Moment für richtig empfand.

Weit und breit war kein Mensch zu sehen, nur Möwen und Austernfischer flogen kreischend über ihrem Kopf, segelten mit dem Wind, ließen sich auf dem Rand des Strandes nieder und ruhten sich, auf einem Bein stehend, umspült von dem seichten Wasser der ausrollenden Wellen, aus.

Strandläufer, eine kleine Schar Vögel, rannten beständig im Kollektiv hin und her; weg vom Spülsaum, und sobald sich das Wasser zurückgezogen hatte, drängten sie auf dem feuchten Sand, hinter ihm her. Es schien Eva wie eine Mutprobe; fast wie ein Necken, eine kesse Herausforderung, wie diese winzigen Tiere die Gewalten des Meeres zum Spiel herausforderten. Es sah, trotz der unterschiedlichen Kräfteverhältnisse, lustig aus. Denn wenn das Wasser sie zu überspülen drohte, flogen sie mit Leichtigkeit auf und brachten sich in Sicherheit. Eva musste lachen.

„Immer wieder, unermüdlich, ist das eine schöne Sache." Das zeigte Eva, dass auch sie sich immer wieder neu einer Situation anpassen könnte. „Ich kann weglaufen, ich kann zurückgehen, ich kann selbst entscheiden und das fühlt sich gut an. Ja, ich bin wieder die Herrin meines Lebens. Ja, jetzt gestalte ich mein Leben selbst und hadere nicht mehr mit meinem Schicksal."

Mit gesenktem Blick ging Eva weiter, beobachtete aufmerksam die vielen kleinen Kostbarkeiten auf dem welligen Sand. Der ganze Strand war voll von Muscheln und kleinen Steinen. Ach ja, gestern war ja Vollmond gewesen und da hatte sich die letzte Flut in der Nacht bis zur Dünenkette erstreckt. Das war immer so bei Springflut, so hieß dieses Naturphänomen, dass sie noch aus ihrer Kindheit kannte. Jetzt war Ebbe und das Niedrigwasser hatte sich wieder bis zum Spülsaum zurückgezogen. „Morgen muss ich unbedingt eine Plastiktüte mitnehmen", dachte Eva.

Plötzlich empfand sie Glück, Glück über all das, was sie hier umgab. Mit leichten Schritten, sanft vom Wind angeschoben, begann sie zu rennen, hatte fast das Gefühl, getragen zu werden. Erst als sie kaum noch Luft bekam, hielt sie inne und nahm wieder den Sand unter ihren Füßen wahr.

Eva kannte die verschiedenen Muscheln. Die Herzmuscheln mit ihrer harten Schale, auch Austern, die länglichen Scheidenmuscheln, die vielfarbigen Tellermuscheln und die Miesmuscheln, auf denen sich Seepocken, die sich auf allem, was ihnen einen festen Untergrund bot, ansiedelten. Und Holzstückchen, Seesterne, Vogelfedern, schön geschliffene Glassplitter und kleine Kieselsteine lagen dort. Aber leider auch die lästigen, runden Teerklümpchen, die, wenn man hinein getreten war, nur schwer wieder abzulösen waren. Und Fadenalgen, die grün schimmerten, Blasentang, der dunkel glänzte, fast als wäre er aus Gummi. All dies hatte sich in einer endlosen Kette auf dem Spülsaum angesammelt. Dazwischen entdeckte Eva kleine Krabben und Seeigelkapseln, die eines gemeinsam hatten, alle waren leicht zerbrechlich und mussten mit absoluter Vorsicht behandelt werden.

ש

Das hatte Eva bei ihrem ersten Aufenthalt am Meer als kleines Mädchen erfahren müssen. Sie war fasziniert gewesen von den Kugeln, die mit ihren kleinen Pusteln, die wie aufgetupfte Punkte aussahen, fantasievolle Ornamente zeigten. Damals hatte sie ihre Beute in die Jackentasche gesteckt und dann, als sie sie stolz zeigen wollte, erkennen müssen, dass alles zerbröselt war und nur noch ein undefinierbares Durcheinander zum Vorschein kam. Sie war untröstlich gewesen, aber ihre Eltern hatten sie ermutigt, am nächsten Tag einen neuen Versuch zu machen und ihr eine kleine Schachtel gegeben. Sie hatte viele, zarte Funde hineingelegt und mit nach Hause genommen. Immer wieder hatte sie sie hervorgeholt und von den schönen Wochen geträumt. Doch irgendwann waren sie wieder aus ihrem Leben verschwunden.

ש

„Seltsam, das ist der Lauf der Dinge. Wichtiges geht verloren, wenn es mit der Zeit in Vergessenheit gerät, wird bedeutungslos und verschwindet fast unbemerkt aus dem Blickfeld", dachte Eva.

„Ein lehrreiches Beispiel. Damals konnte ich mir nicht vorstellen, diese Schachtel jemals wegzugeben. Ich war zwar noch ein kleines Kind, aber auch heute, als erwachsene Frau, muss ich in vielem erst noch akzeptieren lernen, dass irgendwann wichtige Dinge oder Menschen nicht mehr da sind. Das Leben geht trotzdem weiter und ich muss mich immer wieder dem Neuen stellen, loslassen, ohne so manch Vertrautes auskommen.

So ist es wohl auch mit meinem Mann. Er war mit mir und war mir so wichtig geworden, dass ich dachte, er bleibt. Vieles haben wir miteinander erlebt, war gut und richtig gewesen. Vieles habe ich genossen und ist noch in meinem Herzen verborgen. Und ich schwöre, ich werde es mir erhalten.

Aber die traurige Entwicklung unserer Beziehung mit dem abrupten Ende unserer Ehe, ja, auch das war mein Leben. Ich muss es zurücklassen und sollte nicht mehr darüber nachgrübeln, sollte keine Gedanken mehr daran verschwenden. Ich habe mich entschieden und ich bin mir ganz sicher, es ist vorbei und ich werde nicht mehr zu ihm zurückkehren."

Und irgendwann, wenn sie sich trauen würde, aus ihrer Deckung wieder aufzutauchen, würde sie sich ihm stellen. Eva würde um die Scheidung bitten, nein, sie würde nicht bitten, sie würde die Scheidung einfordern. Und wenn er ihr dann mit Vermögensentzug drohen würde, würde sie darüber nur lächeln. Er könnte sein Geld behalten, sie war autonom, sie war fähig, für sich alleine zu sorgen.

Und wer weiß, vielleicht würde das Schicksal gütig mit ihr sein und sie liebevoll in eine Richtung weisen, in der sie eine richtige Familie haben würde. Einen liebevollen Partner, der an ihrer Seite stünde, aufrichtig, sie unterstützend. Der Kinder mit ihr wollte, nicht nur aus Prestige, sondern weil er mit Herz und Freude Vater sein wollte. Weil er die Vorstellung hätte, etwas Wunderbares weiterzugeben. Die Kostbarkeit des Lebens so zu gestalten, dass es lohnenswert und freudvoll wäre, eine Familie zu gründen und zu erhalten.

Aber jetzt war sie alleine und auch von ihrer Freundin hatte sie sich nicht verabschiedet. Sie hatte Angst gehabt, dass ihr Mann sie unter Druck setzten würde, ihr nicht glaubte, nicht zu wissen, wo Eva jetzt sei. Sie hatte ihr nur eine SMS geschickt. „Mir geht es gut, fange neu an, melde mich später, ich liebe dich." Und dann hatte sie die Karte aus ihrem Handy genommen und in den Müll geworfen. So hoffte sie, keinerlei Anhaltspunkte über ihren jetzigen Aufenthaltsort zu hinterlassen.

Später würde Eva sich mit ihr aussprechen, später würde sie ihr erklären, warum sie so gehandelt hatte. Und später würde sie vielleicht wieder ihre liebste, beste Freundin an ihrer Seite haben. Wer weiß, vielleicht würden sie gemeinsam ein Projekt planen, vielleicht würden sie in einer Gruppe wohnen, in der jede von ihnen ihren Platz hätte.

Und wenn nicht, dann war Eva wenigstens dankbar, diese Freundin gehabt zu haben. Diese Frau, die ihr immer wieder Mut gemacht und sie immer wieder daran erinnert hatte, dass sie, Eva, eine ganz besondere Frau war, und nicht die Sklavin eines wohlhabenden Ehemanns.

Ihre Freundschaft war schwer auf die Probe gestellt worden, so hatte Eva zumindest noch vor kurzem empfunden. Es war für sie befremdend gewesen, dass ihre Freundin so hart über den Mann, den sie liebte, gesprochen hatte. Leider musste Eva ihr nach und nach Recht geben und einsehen, dass sie das richtige Gespür gehabt hatte. Nun drängte sich die quälende Frage auf, ob auch die Vertrautheit und Liebe zu ihr zerbrechen würde.

„Ach, was mache ich mir denn für Gedanken? Schon wieder bin ich am Grübeln", ermahnte sich Eva. „Meine

Freundin, die wird mich verstehen, die hat mich immer verstanden."

₪

Seit ihrem ersten Schultag waren sie miteinander liebevoll verbunden gewesen und hatten sich über so manche Hürde bis zum Erwachsenenleben gegenseitig hinweg geholfen. Sie hatten sich immer wieder darin bestärkt, das Richtige zu tun. Hatten einfach weitergemacht, größere und kleinere Entscheidungen getroffen, das Leben genossen.

Was waren das für schöne Feste gewesen, wo sie ausgelassen getanzt hatten; die ganze Nacht und hinterher im Morgengrauen durch die Pfützen des Sommerregens gelaufen waren, barfuß. Gelacht hatten sie, albern gekichert und sich immer wieder ermahnen müssen, dass sie vielleicht andere Menschen, die noch schlafen wollten, störten.

Und was hatten sie weiterhin für ein Glück gehabt. Nachdem sie beide ihr Abitur in der Tasche hatten und es ins Berufsleben ging, fanden sie in derselben Stadt einen Ausbildungsplatz. Selbstverständlich teilten sie sich eine Wohnung und auch sonst gingen sie weiter gemeinsame Wege.

Erst als Eva ihren Mann traf, veränderte sich langsam ihre Freundschaft. Aber das schien ganz normal, jetzt gehörte sie zu ihm, war ja schließlich seine Freundin geworden.

Doch hatte Eva irgendwie das Gefühl gehabt, dass sie sich zwischen der Liebe zu ihrer Freundin und der zu ihrem Mann würde entscheiden müssen. Und, das wusste sie nun mit absoluter Sicherheit, seine übertriebene Eifersucht ihr gegenüber war nicht normal gewesen und einer der traurigen Gründe dafür, dass sie nicht hatte bei ihm bleiben können.

Jetzt war sie froh, ohne ihn zu sein und musste sich eingestehen, dass er sie noch viel mehr unterdrückt hatte, als sie noch vor kurzer Zeit wahrhaben wollte. Er war so dominant geworden, penetrant und hatte sich in alles eingemischt; auch in das, was Evas ureigenster Persönlichkeit entsprach. Er war so von seinen Vorstellungen überzeugt gewesen, dass selbst so etwas Simples wie die Farbe eines Lippenstifts zum Drama wurde. Er hatte immer mehr über sie bestimmt und Eva war langsam mehr und mehr zu seinem Schatten geworden; manipuliert, verunsichert und zunehmend ohne Lebensfreude.

Eva vermisste ihre Freundin schmerzlich. Sie hatte in ihrem Leben immer einen Platz gehabt und nun, wo sie sie am meisten brauchte, musste sie auf ihren Beistand verzichten. Eva sehnte sich nach ihrer Nähe und wurde langsam wütend darüber, dass ihr Freundin unerreichbar weit weg war, fast wie auf einem fernen Stern.

„Ach, ich muss Geduld haben, es wird sich zum Guten wenden und bis dahin kann ich mich mit den vielen schönen Erinnerungen trösten."

Ja, es war eine schöne, unbeschwerte Zeit gewesen, damals, vor nicht einmal zwei Jahren.

Kapitel 4

Ihwar begegnet der Veleda

„Ich weiß, wer du bist, ich kenne dich, Ihwar; erschrecke nicht, sei ganz ruhig, dein Name ist Ihwar. Ich selbst habe dich in meine Obhut berufen, an diesen Ort, an dem du jetzt sein sollst. Ich selbst habe dich mit den Augen der weisen Eule beobachtet und mit ihrem Ruf hierher geleitet."

Fragend blickt Ihwar auf. „Nein, mehr werde ich dir nicht sagen", spricht die Veleda mit unerwarteter Strenge in ihrer doch sanften Stimme, „ich werde dir nicht sagen, wer du bist, dazu bin ich nicht berufen; du wirst es selbst herausfinden und es ist von größter Wichtigkeit, dass du es alleine tust. In deinem ureigenen Zyklus von *Jera*, im immerwährenden Kreis von Raum und Zeit, im Ablauf deiner ureigenen Wiederholungen, denen, die auch dieses Leben bestimmen.

Jedoch du sollst wissen, dass es einen höheren Sinn hat, dass du dich im Moment nicht erinnerst. Dein Wesen war von einer Kraft überschattet, die dein wahres Sein überdeckt hatte; du hattest verdrängt, wofür du dich einst entschieden hast. Jetzt bist du in Panik darüber, dass etwas geschieht, das dir zum Verhängnis werden könnte, weil du von Dunkelheit umgeben bist. Bitte vertraue, so wie die Eulenvögel in der Nacht sehen können, wirst auch du bald das Verborgene durchschauen; sei dir gewiss, alles soll so sein, wie es geschieht.

Ich werde dich lehren, mit deinem Auge der Weisheit zu sehen, hier hast du die größtmögliche Unterstützung dafür. Die Energien der Drachenschlange werden dir dabei helfen, dein Sein so zu lenken, dass du die absolute Macht über deinen Willen bekommst; nur so kannst du wirklich frei werden, von all den Zwängen und irrigen Taten.

Und du hast dein Herz, das dir ermöglicht, in deinem Körper Liebe zu spüren, so weißt du sofort, ob dein Bestreben nach deinem ursprünglichen Plan verläuft; nutze diese Begabung.

Du wirst dich in Geduld und Achtsamkeit üben müssen, wirst so lernen deine Fähigkeiten zu verfeinern, so zu nutzen, dass du für alle Wesen hier auf Erden, ob Tier, Pflanze, Stein oder Mensch, und auch für dich das Beste erlangst.

Nach und nach wirst du dich erinnern und erkennen, welches deine wahre Berufung ist; wirst feststellen, ob du dich mehr zum Geistigen oder zum Irdischen hingezogen fühlst. Das eine schließt das andere nicht aus. Bitte verstehe das so, wie es ist, alles ist wichtig, nur wie du vordergründig in deinem Dasein als erwachsene Frau bist, dass wird sich dir noch offenbaren.

Sei dir gewiss, mit der Kraft der *Eule der Weisheit* wirst du es schaffen, sie wird dir helfen, dich mit deinen wahren seelischen und körperlichen Aspekten zu verbinden. Eine Weile wirst du nur ihre Gesellschaft haben und wirst dich selbst in unserer Gemeinschaft so einsam fühlen, als wenn du der einzige Mensch auf dem ganzen *Erdenrund* seist; jedoch wenn deine Zeit gekommen ist, wirst du dich erkennen, wirst dich erinnern und wiedererwachen.

Es birgt für dich eine tiefgründige Erfahrung, hier zu sein. Jedoch hab keine Angst, es ist nur ein Stückchen deines Weg, der dich lehren wird, viele Wege zu gehen, und sei dir gewiss, es gibt keinen falschen.

Aber achte darauf, immer deinem Licht zu folgen; widerstehe der Versuchung, Verzweiflung, Hinterhältigkeit und verweigere dich dem Hass, der in dir keimen möchte, auch wenn es dir manchmal als einzige Möglichkeit erscheint, den Schmerz in dir zu ertragen.

Auch ich musste erst durch viele Prüfungen reifen, durch viele Zyklen von *Jera* gehen und nach und nach erfassen lernen, wer ich bin. Das war manchmal so schwer, dass ich fast der Gefahr erlag, den Glauben an die Kostbarkeit des Seins als Mensch zu verlieren. Jedoch Ihwar, es soll dir ein Trost sein, mir ist nur das abverlangt worden, was ich aushalten konnte, und das wird auch für dich so sein. Sei sorglos, du stehst mitten in deinem Leben und es ist von der *Großen Macht* nicht erwünscht, dass du schon in diesem jungen Zyklus von *Jera* diesen Körper für immer verlässt.

Ja, es ist kräftezehrend und überlebenswichtig, dass du immer dein Energiepotenzial achtest, deinen Körper vor Schaden beschützt; und letztendlich bist du alleine es, die darüber bestimmt, wie weit du gehst.

Nimm diesen Rat an, egal was geschieht, sieh auch mit deinen menschlichen Augen, höre auch auf dein liebendes Herz, sei wohlbesonnen, wäge sorgsam ab und treffe kluge Entscheidungen. Sei dir immer im Klaren darüber, du hast zwar ein Schicksal, hast dir ausgesucht, was du in diesem Leben erfahren möchtest; nur Angst davor zu haben, versagen zu können, brauchst du nicht, auch dann nicht, wenn du dich in der Dunkelheit zu verirren glaubst.

Hilfreiche Wesen begleiten dich und durch deine Wünsche gestaltest du dein Leben immer wieder neu. Erinnere dich, du hast als Mensch den freien Willen, deine große Macht; du bist nie hilflos ausgeliefert, du allein kannst immer etwas tun oder dich verweigern.

Keiner zwingt dich zu leben, jedoch ist deine Sehnsucht, zu sein, stärker als alle Überlegungen; so bist du die Herrscherin über dich selbst.

Und auch wenn dieses Leben am Ende nicht das war, was du erfahren wolltest; du bekommst ein neues, hier auf Erden oder irgendwo im Raum, der keine Grenzen kennt. Die Möglichkeiten sind so unendlich vielfältig wie das Leben selbst; sei dir wieder bewusst darüber, erinnere dich, dein Sein hat einen Sinn, dein Wesen kein Ende."

Staunend hatte Ihwar zugehört und erst jetzt wird sie sich wieder ihres Körpers bewusst. Ein feines Kribbeln - wie bei einem Bad in der Heilquelle - auf ihrer Haut; in ihrem Innern die Glut der Sonne, einer gewaltigen Kraft, wie Abertausende Feuer, die zwar gierig zündelnd und lodernd nach ihr greifen, jedoch sie nicht verbrennen.

„Es ist ein Schmerz ohne Schmerzen, es ist die Urkraft des Lebens", flüstert es in ihr und für einen winzig kleinen Wimpernschlag versteht sie.

ᚢ

Ihwars Gespür hatte viele Feinheiten gleichzeitig aufgenommen, die Stimme der Veleda, mit dem Unterton der Gewissheit, den lautlosen Flügelschlag der *Eule der Weis-*

heit, die über ihren Köpfen erschienen war, das Gluckern des Quellwassers, das Raunen des Windes in den Buchenblättern, das kribbelige Durcheinander der Erdbewohner unter ihren Fußsohlen und das sanfte Vibrieren des Lebens, das um sie herum alles erfüllt.

Und da war noch etwas anderes gewesen, ein Gefühl, dass Ihwar bisher nicht kannte; eine Botschaft, die gleichzeitig aus der Erde und vom Himmel zu kommen schien und in ihrem Herzen ein Lied des Gleichklangs anschlug, das unbeschreiblich war.

Mit wachem Blick sieht Ihwar wieder die *Eule der Weisheit* vor ihrem geistigen Auge, wie sie mit ihren riesigen, weißen Schwingen neben ihr fliegt und ihren schnellen Lauf durch die Dunkelheit der grauen Felsmassen begleitet. Und sie hört wieder die Worte, die der wunderschöne Vogel zu ihr spricht:

„Ich, die Eule, habe dich gerufen;
du hast mich gehört.

Ich, die Eule, habe dich gerufen;
du bist in meine Nähe gekommen.

Ich, die Eule, habe dich gerufen;
du hast mir geantwortet.

Nun darf ich bei dir sein und
dich Weisheit lehren."

Mit einer energischen Kopfbewegung schüttelt sie das Bild der Fantasie ab.

Vor ihr die Veleda, eine Frau mit einer magischen Ausstrahlung, voller Rätsel; mit einem Körper aus Fleisch und Blut, eingehüllt in ein weißes Gewand, dass über dem Boden zu schweben scheint, der Umhang mit kostbaren Stickereien und einem Besatz aus weißem Pelz und Federn.

Um den Hals die goldenen Ringe, ihre Insignien, die den Rang der *Hohen Priesterin* bezeugen; darunter auf ihrem Herzen das Amulett, die Rune *Dagaz*. Mit ihren silbernen Dreiecken, einander zugewandt, sich berührend, symbolhaft den zu- und abnehmenden Mond darstellend; und umschlossen mit dem goldenen Kreis der Sonne, der Hochzeit zwischen Tag und Nacht, dem Augenblick des Übergangs, diesem magischen Moment.

Die langen, hellen Haare, zwar noch im Gelb der Jugend schimmernd, jedoch schon mit den zarten Fäden, die die Weisheit des Alters erahnen lassen, durchwebt.

Die schlanke Gestalt, aufrecht stehend, in einem unfassbaren Licht, das gleichzeitig um sie herum und aus ihrer Mitte zu leuchten scheint; und diese hellblauen Augen, die wie funkelnde Edelsteine, die *Portale* zu einer anderen Welt sind; jedoch mit einem Blick, der Ihwar zärtlich umarmt und liebevoll segnet.

Wissend zunickend lächelte sie: „Ja, die *Eule der Weisheit* ist an deiner Seite, denn du kannst Dinge hören und sehen, die anderen verborgen sind. Du weißt es schon, nur musst du noch lernen, mit diesen Fähigkeiten in Harmonie zu leben. Deshalb sei uns willkommen, Ihwar, Wandlerin zwischen den Welten. Sei uns willkommen, hier am *Felsen der Drachenschlange*, wo die Sterne die Erde küssen; sei uns gegrüßt, Tochter von Mond und Sonne.

Ich erwartete dich schon seit vielen Monden und schickte dir die *Eule der Weisheit* als Wegweiserin; doch du musstest noch tun, was du auch begonnen hattest, musstest dich noch dem neuen, anderen Leben zuwenden. Jedoch, dass du jetzt hier bist, legt Zeugnis davon ab, dass du nun reif bist für das, was jetzt geschehen darf.

Ich konnte dich in meinen Visionen näher kommen sehen, nur offenbarte sich nicht, welche Mondkraft dich die *Portale* zum heiligen Bezirk durchschreiten lassen würde. Ihwar, nun bringst du die Botschaft der großen Waage, denn heute steht der Mond in diesem Zeichen.

Ihwar, Wandlerin zwischen den Welten, sei uns willkommen. Begleite mich eine Weile im Kreislauf von *Jera* und nimm Anteil an unseren Ritualen, mit denen wir den Welten huldigen; Schwester, sei ein Teil von uns und bleibe, so lange du willst; komm mit mir, meine Heimat sei ab heute auch die deine."

Und als wenn die Natur dies bejahen wolle, erscheint die große Scheibe des Mondes am Himmel; friedlich klettert sie langsam über den Horizont. Dieser Kreis der Hoffnung, ausgemalt mit seinem Silberschein; bis hoch hinauf über den Buchenwald wird er sich erheben, wird nicht eher ruhen, bis er in seiner Wanderung einmal mehr geholfen hat, die Schwärze der Nacht zu überwinden.

Kapitel 5

Eingewöhnung

Inzwischen hatte Eva sich in ihrem neuen Leben bequem eingerichtet. Nach ein paar Tagen war sie ruhiger geworden und hatte mit zunehmender Unbefangenheit die Zeit genießen können.

Es war wunderschön, hier in dieser Oase der Ruhe, einer Welt ohne Autos. Und den Straßenlärm und den Stress der Großstadt vermisste sie nicht einen Moment.

Die Menschen waren freundlich zueinander, jeder grüßte mit dem typischen „Moin, Moin!" und gab bereitwillig Auskunft. „Fahrräder sind bei Heins Werkstatt zu bekommen." „Es gibt Regen, nehmen sie sich besser ihre Öljacke mit." „Ach, sie haben noch keine, die brauchen sie aber und einen Nordwester auch." „Nee, so ein Regenschirm ist hier denkbar ungeeignet, mit dem fliegt eine so zierliche Frau wie sie ja weg. Der Wind weht hier nicht sachte, stürmt oft mit voller Puste."

Und sie war eingeladen worden. „Morgen ist ein kleines Fest beim Fischhändler, da gibt es prima Matjes, die sind jetzt eine besondere Spezialität. Sie sind herzlich willkommen, um sieben geht's los."

Ja, es war eine gute Entscheidung gewesen, hier auf die Insel zu kommen; hierher, wo sie schon als kleines Mädchen mit ihren Eltern Urlaub gemacht hatte. Zwar hatte sich vieles verändert seit damals, aber der alte

Leuchtturm stand noch immer felsenfest in der Mitte der Insel und schickte unermüdlich seinen Lichtkegel in die Welt.

In den Dünen waren zwar inzwischen überall Verbotsschilder aufgestellt, aber wenn Eva sich unbeobachtet fühlte, verließ sie den Holzsteg und legte sich in den Windschatten einer der Dünenberge.

In so einer Kuhle aus Sand hatten sie, die kleine Familie, die sie gewesen waren, nachts gelegen. Sie hatten es sich nebeneinander auf der kuscheligen Decke bequem gemacht und die Sternschnuppen gezählt. Eva war damals noch ein kleines Mädchen gewesen, wohl das glücklichste auf der ganzen weiten Welt, und wenn sie die Sterne hatte funkeln sehen, die zum Greifen nahe gewesen waren, hatte sie sich sogar als das glücklichste Mädchen am ganzen Himmel gefühlt.

Ihre Eltern hatten sich liebevoll geneckt und waren so miteinander verbunden, dass Eva manchmal eifersüchtig auf ihre Mutter gewesen war. Aber wenn sie ihren Vater stürmisch umarmte, dann hatte er ihr immer: „Na, meine kleine Prinzessin, brauchste mal wieder ein bisschen mehr Aufmerksamkeit als Mama?", ins Ohr geflüstert.

Ihre Mutter hatte das nicht gehört oder nur so getan und die Zweisamkeit zwischen Vater und Tochter mit einem wohlwollenden Lächeln beobachtet.

Es war eine unbeschwerte Zeit gewesen, bis zu dem schrecklichen Tag, an dem ihre Eltern sie im Stich gelassen hatten. Sie waren einfach weg, kamen nicht mehr nach Hause und Eva durfte sie auch nicht mehr sehen.

„Die Verletzungen sind zu stark, muten sie das dem Kind nicht zu, sie kann es nicht verkraften", hatte der Mann im schwarzen Anzug gesagt und nicht geahnt, dass Eva hinter der Tür gestanden und alles mit angehört hatte, was die Erwachsenen sprachen.

Ja, Eva hatte gut gewählt. Hier auf der Insel konnte sie wieder die Geborgenheit spüren, die sie noch heute mit ihren Eltern verband. Es war zwar auch traurig, aber mehr als eine ferne Erinnerung, die inzwischen ihre Schrecken verloren hatte, war von der ersten Zeit ohne ihre Eltern nicht geblieben. Ihre Tante hatte sie zu sich geholt. Eva war zu ihr in die Berge gezogen und hatte in vielem liebevolle Unterstützung gefunden, was ihr half, den furchtbaren Verlust zu überwinden.

Jetzt wusste sie, es war schön, ohne die verzweifelte Wehmut die Plätze auf der Insel aufzusuchen, die ihr die schönen Momente ihre Kindheit zurückbrachten.

„Es ist irgendwann alles gut geworden", flüsterte sie. Sie hatte sogar manchmal ihre Eltern vergessen und ihre Tante genau so geliebt - oder fast so - wie die beiden Verschwundenen. So hatte sie auch ohne Vater und Mutter den Rest ihrer Kindheit eine glückliche Zeit gehabt.

Und da war ja auch ihre Freundin an ihrer Seite gewesen. Sie hatten sich wie Schwestern, fast wie Zwillinge verhalten und zogen sich sogar einige Jahre die gleiche Kleidung an, um ihre Verbundenheit auch nach außen zu zeigen. „Da kommen ja unsere siamesischen Zwillinge!", hatten die Leute im Dorf gescherzt.

Nun konnte Eva wieder neue Kraft schöpfen und auch das leider traurige Kapitel ihrer Ehe abschließen.

Eva genoss alles, die langen Spaziergänge am Strand, die Radtouren auf den vielen Wegen, die die Insel wie ein Spinnennetz durchwoben. Sogar dem Prasseln des Regens auf der Kapuze ihrer Regenjacke, der gestern auf sie eingepeitscht hatte, konnte sie etwas Schönes abgewinnen.

Inzwischen hatte sie die ganze Insel erkundet und saß oft an ihren Lieblingsplätzen und träumte von einer unbeschwerten Zukunft.

„Ich habe mich hier schnell eingewöhnt und fühle mich von Tag zu Tag besser. Bald wird diese Insel meine zweite Heimat sein und ich werde mit liebvollen Menschen zusammenkommen", dachte sie.

„Abends im Winter, wenn der Sturm über die Insel fegen wird, werde ich, gemeinsam mit den anderen, den Geschichten aus Gespinst und Wahrheit lauschend, heißen Punsch schlürfen und mich in wohliger Vertrautheit rekeln. Werde mich hingebungsvoll den Gesetzen einer eigenen Welt zugehörig fühlen", träumte Eva.

Oder wie jetzt im Frühling, am Strand spazieren gehend, den Liebsten an der Seite haben. Noch etwas schüchtern und doch unendlich zärtlich, würde er ihre Hand in seiner halten. Sie würden ganz selbstverständlich zusammen sein, verbunden mit der Natur, als wenn es schon immer so gewesen wäre. Den kühlen Abendwind würden sie auf den heißen Wangen spüren, die Freude des Miteinanders genießen.

Und später in der Düne, in einem Tal aus Sand, auf dem Rücken liegend, einander immer noch an der Hand haltend, über die Nähe der Weite staunen. Und im

Leuchten der Sterne, die hier so viele sind, glitzernd, funkelnd, vertraut wie nie zuvor gedacht, würden sie sich ihre Liebe gestehen.

Aber es gab auch Schattenseiten, die Eva mit zunehmendem Aufenthalt wahrnahm. Sie war eben nicht der Mensch, der sich wie eine oberflächliche Touristin verhielt und sich nur das Schöne und Angenehme ansah. Eva wollte hier leben, eine Insulanerin werden, und da eröffneten sich auch unschöne Hintergründe, denen sie sich stellen musste.

Gestern hatte sie im Hafen das Plakat entdeckt, dass einen Ausflug zu den Seehundbänken als verführerische Touristenattraktion anpries.

Eva wollte unbedingt die kleinen Seehunde sehen und hatte sich darüber mit einem freundlichen Mann unterhalten.

„Ich verstehe ihr Interesse, die Seehunde sind schon besondere Tiere, aber es ist leider gar nicht gut, wenn die Touristenschiffe zu den Sandbänken fahren. Zurzeit sind die Jungen sowieso noch nicht geboren, das wird erst Ende Juni, Anfang Juli sein, dann boomt hier der Betrieb.

Wir von der Seehundstation haben erreicht, dass von der Insel aus nur noch streng kontrollierte Fahrten unternommen werden, aber leider halten sich andere Veranstalter nicht immer an die Vorgaben des Tierschutzes.

Die Natur verändert sich, so hat das Seerobbenweibchen zunehmend nur ein Junges, nur noch sehr selten Zwillinge. Mehrere Jungtiere könnte sie nicht mehr großziehen, denn durch die Neugier der Menschen haben Mutter und Kind Stress. Die kleinen Robben können zwar sofort schwimmen, dass ist auch erforderlich, denn Ebbe und Flut verändern ständig ihren Lebensraum, aber durch zu nahes Heranfahren an die Seehundbänke werden die Tiere aufgeschreckt. Das ist fatal, die Kleinen flüchten ins Wasser und finden dann nicht zurück zu ihren Müttern. Sie können ohne Hilfe noch nicht überleben und geben heulende Klagelaute ab, deshalb nennen wir sie auch Heuler.

Zur Zeit der Aufzucht der Jungtiere ist die Trennung von der Mutter lebensbedrohlich. Und auch wenn sie bei ihren Müttern bleiben, werden sie bei der Nahrungsaufnahme gestört. Ihre Säugezeit wird durch die Nähe der Menschen verkürzt und das schwächt die Tiere.

Der Seehund ist das einzige Säugetier im Wattenmeer, es ist sein wichtigster Lebensraum. Bei Ebbe kommen die Sandbänke zum Vorschein, die er zum Ausruhen braucht. Hier werden die Jungen geboren und in den ersten vier Lebenswochen gesäugt. Im Winter schwimmen die Tiere dann in tieferes Wasser. Sie ernähren sich von Garnelen und Fischen. Im Frühling, wenn sich ihre Nahrungsvielfalt erweitert, kehren sie zurück."

„Dann will ich sie doch nicht sehen, wenn das für die Tiere so schlecht ist", hatte Eva etwas befangen erwidert.

„Das ist sehr löblich, aber wenn du möchtest, dann nehme ich dich auf einer meiner Kontrollfahrten mit, melde dich bei mir. Wie gesagt, die Robben werden in ein paar Wochen geboren."

Eva hatte sich freudestrahlend bedankt und konnte es kaum erwarten, bis es soweit war. Trotzdem schlich sich in ihre neue, heile Welt so etwas wie Realität ein, und das schöne Bild bekam langsam Risse.

₪

Nach und nach wurden ihre Erwartungen von einem zunehmend unbehaglichen Gefühl gestört und Zukunftsangst machte sich wieder in ihr breit.

Sie führte sich zwar immer wieder die Schokoladenseiten des Lebens vor Augen, aber musste erkennen, dass die Zeit der Erholung vorbei war. Es war nun erforderlich, endlich aktiv zu werden. Die Ostersaison stand bevor und sie ermahnte sich, sich dringend eine Arbeit suchen zu müssen.

Das Zimmer, das sie angemietet hatte, würde in den nächsten Wochen viel teurer werden und auch das ständige Essengehen, weil sie sich ja nichts selbst zubereiten konnte, verschlang rasant schnell ihre Ersparnisse.

Morgen würde sie in den Hotels fragen, ja, noch hatte sie die Illusion, in einem der besten Häuser zu arbeiten, und dort würde sie sich zuerst vorstellen. Ihre kaufmännischen Kenntnisse würden ihr helfen, im Verwaltungsbereich oder an der Rezeption eine gut bezahlte Arbeit zu bekommen.

Kapitel 6

Festmahl der *Ostara*

Auf dem Weg zu den Häusern hatte Ihwar plötzlich inne gehalten, weil sie das starke Gefühl empfand, eine verbotene Schwelle zu überschreiten. Ein Schwindelgefühl hatte sich ihrer ermächtigt und sie war beinahe wieder gestürzt. Hilfreich hatte ihr die Veleda die Hand gereicht und sie freundlich ermutigt, weiter zu gehen.

„Du wirst dich daran gewöhnen, habe keine Sorge, lass dir etwas Zeit. Besonders in einer Phase wie dieser stehen die Kräfte der Erde und das Licht des Mondes in einer machtvollen Zwiesprache; sie sind so intensiv, dass du dich erst darauf einstellen musst. Jedoch wirst du lernen, dich immer besser damit zu verbinden, wirst dich auf diese besonderen Momente vorbereiten und recht bald auch in dir in Harmonie mit ihnen sein."

Dann, nach ein paar wenigen Schritten, wird es plötzlich heller; sie waren aus dem düsteren Wald herausgetreten. Nun stehen sie auf einer großen Lichtung, in dessen Mitte ein riesiger Tisch, der aus Steinplatten zu einem großen Rund zusammengefügt ist, steht.

Fasziniert sieht Ihwar: „Es ist ein festlich geschmückter Altar." Um das kleine Feuer, das mitten auf der Tafel in einer Feuerschale brennt, sind die Opfergaben angeordnet; köstlichste Speisen, dazwischen Blumen, die gelb leuchten, und mit Ochsenblut gefärbte dunkelrote Eier. Nur ein Fetzen der Erinnerung schwebt an ihr vorbei, zu wage, um seine Botschaft zu entschlüsseln, aber Ihwar weiß, hier geschieht etwas, was ganz selbstverständlich zu ihrem Leben gehört.

„Sei unser Gast, du musst essen und trinken, dich von deiner langen Reise stärken. Wir feiern heute den Frühlingsbeginn, komm, nimm mit uns Frauen am Festmahl zu Ehren der *Ostara* teil."

Erst jetzt nimmt Ihwar die Frauen wahr, die um den Steintisch stehen und unbeweglich still auf die Ankunft der Veleda gewartet hatten.

Segnend streckt diese die Arme zum Himmel und ihre Worte erfüllen mit klarer Stimme den Platz. „Ich, die Veleda, am *Felsen der Drachenschlange,* bin auch in diesem Jahr dazu berufen für unsere Gemeinschaft zu sprechen. Wir bringen dir diese Gaben dar, aus Dankbarkeit, dass du uns in deiner Gestalt den Frühling zurückbringst. Wir danken dir, dass du uns nicht vergessen hast und nun, nach der Starre des Winters, wieder alles wachsen lässt.

Wir bringen dir das Leben dar im Symbol des Eies, das wir in das Blut des Lebens eingetaucht haben. Bitte nimm du unser Opfer an, durchdringe es mit deinem Sein und bestärke uns so in unserem Geist, lass auch uns wieder von neuem wachsen. Schenke uns Kraft und Gesundheit, unterstütze uns im Tun dessen, wofür wir in diesem Leben bestimmt sind. Lass uns dein Wesen spüren und hilf uns. *Ostara,* wir danken dir."

Nachdem die Veleda auf einem thronartigen Stuhl mit einer verzierten Rückenlehne Platz genommen hat, der, wie auch die anderen Sitzmöglichkeiten, mit weichen Fellen belegt ist, fordert sie Ihwar auf, sich neben sie zu setzen. „Komm, lass es dir wohlergehen."

Die anderen Frauen lächeln sie zunickend an. „Das ist Ihwar, die fortan bei uns sein wird. Seid ihr liebevolle Schwestern und helft ihr, wo immer ihr könnt."

Eine schöne, junge Frau reicht der Veleda eine Schale mit Wasser und diese taucht in einer reinigenden Geste ihre Hände ein. Nach und nach geht sie von einer Frau zur anderen und alle tun es ihr gleich. Als Ihwar an der Reihe ist, sieht sie, dass in dem Wasser getrocknete Blütenblätter schwimmen, die einen betörenden Duft verströmen. Vorsichtig taucht nun auch sie ihre Hände ein, bewegt sie in sanften Wellenbewegungen in der warmen Flüssigkeit und spürt sogleich eine angenehm pulsierende Energie, die sie durchströmt. Als sie ihre Hände aus der Schale hebt, fühlt sie sich am ganzen Körper gereinigt, fast wie nach einem Bad im klaren Sommersee.

„Es ist das Wasser aus *Ostaras* Quelle, mit dem wir den letzten Zyklus von *Jera* beschließen. Morgen, bei Sonnenaufgang, werden wir wieder dort sein, um das neue Wasser des Frühlings in Empfang zu nehmen. Wir werden es in der Kammer am Felsen der *Großen Mutter* aufbewahren und für ein weiteres Jahr bei den Riten des Lebens verwenden.

Damit werden wir die Fruchtbarkeit segnen, von Mann und Frau, Pflanzen und Tieren, auf dem ganzen Erdenrund. Und besonders dem jungen Leben werden wir huldigen und alle werdenden Mütter und ihre ungeborenen Kinder damit weihen, um ihnen mit *Ostaras* Beistand eine glückliche Geburt zu bescheren."

Tröstend lächelt die Veleda Ihwar zu und greift nach ihrer Hand. Ihwar hatte nicht einmal bemerkt, dass ihr die Tränen übers Gesicht fließen, so furchtbar war dieser unsägliche Schmerz, der wieder ihr verzweifeltes Herz erfasst hatte.

„Sei nicht traurig, manchmal scheint ein Schmerz nur als Schmerz, obwohl er gar nicht ist. Auch wenn dich eine Ahnung leiden lässt, wisch deine Tränen fort; habe Geduld mit dir, vertraue. Auch dieses Geheimnis wird sich dir offenbaren, wenn die rechte Zeit im Rad von *Jera* gekommen ist; und sei dir gewiss, dies ist nur eine der Prüfungen, die irgendwann ihren Schrecken verlieren."

Wieder hatte die Veleda geantwortet, obwohl kein Wort über Ihwars Lippen gekommen war; und, obwohl es ihrer ganzen Kraft bedarf, überwindet sie sich und wendet sich dem Jetzt zu.

Nun spürt Ihwar ihren brennenden Durst und das stechende Gefühl des Hungers, dass sich in ihrem Innern festgebissen hat. „Wie viele Tage habe ich nichts mehr gegessen? Wie weit bin ich gelaufen?" Sie kann sich nicht erinnern und beginnt zu frösteln, obwohl überall um sie herum Feuer angezündet sind, zittert sie. Endlich beginnt das Mahl und sie ist froh, auch weil sie von ihren suchenden Gedanken abgelenkt wird.

Gierig trinkt sie von dem heißen Tee aus frischen Birkenblättern. Er ist mit einem Gemisch aus Kräutern und Wurzeln gewürzt, die sie nicht kennt. Sofort beruhigt sich ihr Inneres und ein wärmendes Wohlgefühl breitet sich in ihr aus.

Dann kostet sie von allem, was ihr geboten wird, nur eine Kleinigkeit, denn sie will von all den herrlichen Speisen essen. Von dem Salat aus den ersten Frühlingsknospen, der mit Kräutern und kleinen Blüten bestreut ist, von den gefüllten Pasteten, der kräftigen Suppe mit gekeimten Körnern, dem geschmorten Ochsenfleisch und dem noch warmen Brot, das wie ein Zopf aus golden glänzendem Haar anmutet.

Unbemerkt hatte die Nacht Einzug gehalten und nun steht die leuchtende Kugel des Mondes mitten über ihnen, wie eine riesige Laterne bescheint sie den Platz.

Die Feuer mit ihren goldenen Flammen waren längst erloschen und der kühle Silberschein, der jetzt vom Himmel fließt, wirft gespenstische Schatten in den Raum.

Eine jede der Frauen hatte besonnen, schweigend gegessen und getrunken und nur die zarten Klänge einer Baumharfe hatten das Szenario sanft umhüllt.

„Die Melodie ist nicht von Menschenhand gemacht“, denkt Ihwar verwundert, „da folgt der Klang des Spiels etwas anderem. Er ist wie die leichte Brise des Windes, oder sind es die Strahlen des Mondes, die dieses verführerische Lied der Leichtigkeit spielen?“

Jetzt, wo alle satt sind, stimmt die murmelnde Unterhaltung der Frauen in das wundersame Lied ein und erweckt den Eindruck, dass sie mit ihren geflüsterten Worten den friedlichen Weg des Mondes begleiten.

Ihwars Blick wandert von einer Frau zur anderen und sie genießt diese Gemeinschaft; schon jetzt fühlt sie sich dazugehörig und schaut glücklich zum Himmel. „Danke, dass ich hier sein kann; aber jetzt möchte ich mich ausruhen."

Und wieder, als wenn die Veleda ihre Gedanken gehört hätte, erhebt sie sich und mit einer Geste des Dankes löst sie die Tafel auf.

„Schlaft gut, meine Schwestern, möge *Ostara* in dieser heiligen Nacht ihre schützenden Hände über euch halten."

Kapitel 7

Arbeitssuche

Voller Zuversicht hatte sich Eva auf die Suche nach einer Arbeitsstelle gemacht und zunächst in den schönsten Hotels vorgesprochen.

Aber nach und nach war ihr Traum, in einem der ersten Häuser auf der Insel zu arbeiten, wie eine schillernde Seifenblase zerplatzt.

Nachdem sie einen ganzen Tag von Hotel zu Hotel gelaufen war, musste sie ernüchtert feststellen, dass sie keine Chance hatte. „Was denken sie sich, wir sind ein angesehenes Haus, wir haben hier nur Fachpersonal. Sie können uns nicht einmal ein Zeugnis vorlegen und außerdem haben wir schon seit Wochen alle Stellen an kompetente Mitarbeiter vergeben."

Eva hatte sich eingestehen müssen, dass die Personalplanung in den großen Hotels schon lange abgeschlossen war. Da gab es ein Stammpersonal, das über adäquate Ausbildungen verfügte und jedes Jahr wieder zur Saison auf die Insel kam. So hatten viele der Angestellten schon seit Jahren Daueranstellungen.

Auch als Quereinsteigerin im kaufmännischen Bereich hätte sie Probleme, denn sie hatte nie in der Hotelbranche gearbeitet. Außerdem wollte sie keine Arbeitszeugnisse vorlegen, denn sie hatte Angst, dass Rückfragen bei ihren früheren Arbeitgebern Spuren legten, denen ihr Mann nachgehen könnte. Ohne eine offizielle Bewerbungsmappe wollte sie jedoch keiner einstellen und so musste sie die bittere Pille schlucken und es weiter in den kleineren Hotels versuchen.

Bestimmt würde ihr Mann alle Möglichkeiten ausschöpfen und sie auch unter ihrem Mädchennamen suchen. Sie hatte zwar den alten Reisepass noch nicht auf ihren Ehenamen ändern lassen und konnte sich ausweisen, ohne sofort als seine Frau erkannt zu werden, aber das würde ihr vielleicht trotzdem zum Verhängnis. Ihr war bewusst, wenn er eine Suchmeldung aufgeben würde, dann erschien vielleicht in den Medien ihr Bild. Oder war das schon erfolgt? Schließlich waren seit ihrem Weglaufen inzwischen mehrere Wochen vergangen.

Sie hatte nichts in Erfahrung bringen können und in den Tageszeitungen, die sie angstvoll studiert hatte, war kein Hinweis auf ihr Verschwinden zu finden gewesen.

Jedenfalls fühlte sie sich so sicherer, und sie redete sich ein, man könnte sie unter ihrem früheren Namen nicht erkennen. Keiner würde Verdacht schöpfen und ihr Aussehen hatte sich ja auch völlig verändert.

Doch immer wieder musste sie sich beruhigen und feststellen, dass die letzten Wochen nur gestohlene Zeit gewesen war. Ja, sie hatte eine falsche Spur gelegt, und die Polizei konnte daran ablesen, dass sie keinem Gewaltverbrechen zum Opfer gefallen war. Aber wenn er doch alles daran setzte, sie aufzuspüren?

Eva merkte, dass sie sich mit ihren Gedanken wieder im Kreise drehte. „Aber nein“, beruhigte sie sich, „er wird die Öffentlichkeit scheuen.“ Einen solchen Skandal konnte er sich in seiner Position nicht leisten. Bestimmt hatte er seinen Geschäftsfreunden irgendwelche Geschichten aufgetischt. Öffentlich eingestehen, dass ihm seine Frau abhanden gekommen war, wollte er bestimmt nicht, dass ließ seine Eitelkeit nicht zu.

Vielleicht würde er sie nicht einmal suchen, denn dass sie ihm entglitten war, konnte er nach so langer Zeit nicht mehr leugnen.

Sie musste es schaffen, diese unkonstruktiven Überlegungen einzustellen, sie musste einen kühlen Kopf bewahren. „Was ist denn mit mir los, ich war doch schon viel weiter. Ich will doch frei sein, so kann ich es nicht, mit so einem Verhalten schwäche ich mich nur“, ermahnte sie sich.

„Ich darf meinen Zweifeln nicht Tür und Tor öffnen; also steck den Schlüssel rein und drehe ihn um. Schließ die Tür zu ihm zu und dann wirf den Schlüssel weg. So ist es gut“, beruhigte sie sich.

Doch ihre Ansprüche an die neue Anstellung musste sie neu überdenken und ihr wurde klar, sie müsste sie weiter zurückschrauben. Was hatte sie überhaupt für Möglichkeiten? Irgendwo einen Bürojob annehmen, am besten da, wo sie nicht ständig auf Touristen traf, also auch nicht in der Touristinformation am Hafen. Denn sie konnte sich nicht sicher sein, ob nicht Bekannten sie zufällig fänden. Es war zum Verzweifeln, aber sie wollte das Risiko so gering wie irgend möglich halten.

Nach einer Woche hatte sie alle Stellen, die sie sich als neuen Arbeitgeber vorstellen konnte, kontaktiert. Erst hatte sie einfach die Unternehmen aufgesucht, die sie am schönsten fand, aber dann musste sie immer unattraktivere Alternativen in Erwägung ziehen.

Nein, in einem der Supermärkte wollte sie nicht arbeiten, und auch die Arbeit als Kellnerin konnte sie sich nicht vorstellen. Dafür war sie nicht geeignet und außerdem wäre sie dann ja jeden Tag auf dem Präsentierteller, das war ihr zu öffentlich.

Aber dann hatte sie doch noch Glück gehabt. Das kleine Hotel, das letzte an der Promenade kurz vor den Dünen, schien das Optimale zu sein. Nun, der Chef war charmant und hatte gelächelt, als er mit ihr sprach. „Selbstverständlich können sie bei mir arbeiten. Ich brauche sie am Empfang, im Büro und fürs Frühstücksbuffet. Sie bekommen auch ein schönes Zimmer", hatte er ihr versprochen, „und sie können gleich morgen anfangen."

Sie hatte sich zwar gewundert, dass er keine Referenzen verlangte, aber schließlich war sie erleichtert, dass er sie eingestellt hatte. Seine saloppe Bemerkung: „Eine Probezeit brauchen wir beide nicht, das geht schon in Ordnung", missfiel ihr zwar, aber sie hatte ja keine Wahl mehr.

„Was bekomme ich als Bezahlung?", hatte Eva sich zwingen müssen zu fragen.

„Erst mal 4,50 € auf die Hand und das Zimmer ist selbstverständlich kostenlos, essen können sie in unserer Hotelküche, die ist wirklich gut."

Eva war erleichtert, aber das erwartete Gefühl der Freude stellte sich nicht ein. Trotzdem, sie würde jetzt ihr eigenes Geld verdienen und in finanzieller Unabhängigkeit von ihrem Ehemann leben.

Sie hätte stolz auf sich sein können, aber sie spürte ganz genau, dass da irgendwas nicht stimmig war. Irgendwie machte der neue Chef ihr Angst. Er war zwar freundlich, aber hatte er sie nicht umschmeichelt, wie das bei einer Angestellten unangemessen war? Sie war kein Gast, konnte nicht einfach wieder gehen, wenn es ihr lästig würde, wenn er sie weiter bedrängte. Sie spürte Unsicherheit und Unbehagen, auf gar keinen Fall wollte sie wieder Angst vor einem Mann haben und schon gar nicht vor ihrem Chef.

Und auch wenn die Bezahlung viel geringer war, als sie sich das vorgestellt hatte; sie bekäme ein kleines Zimmer und auch Verpflegung. „Es ist entschieden, nur nicht wieder zweifeln. Das Leben ist so, wie es ist, es wird schon gut werden", hatte sie sich gesagt, aber gleichzeitig gewusst, dass sie sich selber nicht glaubte.

Aber was sollte sie sonst tun? Sie hatte keine Wahl mehr, wenn sie auf der Insel bleiben wollte. Sie hatte ihre letzte Chance auf Arbeit ergriffen und musste sich jetzt den Konsequenzen stellen.

„Und wenn es gar nicht geht, dann suche ich mir etwas anderes; vielleicht habe ich endlich mal Glück, jedenfalls verdiene ich es", versprach sie sich.

Dann hatte sie ihr neuer Chef mit einem „Herzlich willkommen" empfangen. Hatte ihr ein Glas Sekt angeboten und mit einem „Auf gute Zusammenarbeit" zugeprostet, hatte ihren Rucksack genommen und war vorausgegangen.

In diesem Moment war Eva fast glücklich gewesen. Als sie dann aber ihr Zimmer sah, das sich als kleine, schäbige Dachkammer entpuppte, verließ sie jegliche Zuversicht. Er hatte sie über den Tisch gezogen. So winzig klein und ungemütlich hatte sie es sich nicht vorgestellt. Eva hatte nicht damit gerechnet, jemals so wohnen zu müssen.

„Bettzeug ist im Wandschrank vor der Tür, Toilette und Dusche sind am Ende des Flurs“, hatte er sie wieder angelacht und alleine stehen gelassen.

„Bloß jetzt nicht heulen“, hatte sie sich ermahnt. „Ich werde es mir schon gemütlich machen. Ein paar neue Gardinen, eine kuschelige Decke und ein paar hübsche Kissen, einen Strauß Blumen, dann wird es schon gehen. Außerdem wohne ich im Anbau, da kann ich die Hintertreppe benutzen und kommen und gehen wie ich will. Und der Blick in die Äste des Apfelbaumes ist auch ein schöner.“

„Heute werde ich erst mal früh schlafen gehen, denn ich muss um 4.30 Uhr aufstehen. Mein Dienst beginnt unsäglich früh und ich muss jeden Tag arbeiten. Wochenenden oder freie Tage gibt es nicht, aber dafür habe ich dann nachmittags und abends frei und kann mich ausruhen und tun, was ich will.“

Kapitel 8

Ostaras Quelle

Noch in der Nacht waren sie zur Quelle aufgebrochen und die kleine Prozession, die die Veleda anführt, bewegt sich mit bedächtigen Schritten durch den finsteren Wald.

Vorsichtig ertastet Ihwar mit den Fußspitzen den schmalen Pfad; den weichen Boden, die kleinen spitzen Steine und die Baumwurzeln, spürt sie durch die Sohlen ihrer Sandalen. Unsicher geht sie, setzt einen Schritt vor den anderen, kann kaum etwas sehen; nur die schemenhaften Umrisse der Frau, die vor ihr schreitet, tanzen im flackernden Licht irgendeiner Fackel, doch Ihwars Weg ist in undurchdringliche Schwärze getaucht.

„Sie hat eine Gewissheit, geht so sicher und zielstrebig voran, als wenn sie jeden Schritt der Zukunft schon in Gedanken getan hätte; sie scheint jedes Sandkörnchen, jede Tannennadel, jedes Blättchen unter ihren Füßen zu kennen. Vielleicht kann sie, wie die *Eule der Weisheit*, die Dunkelheit durchdringen?“

„Bitte beschütze meinen Schritt“, betet Ihwar still, „damit ich diese heilige Aufgabe erfüllen kann.“ Ihr ist bewusst, dass sie nicht stolpern darf, denn sie hat die Verantwortung für das kostbare Gefäß, dessen Druck sanft auf ihrer Schulter ruht.

Ihwar hatte die zerbrechlich anmutenden Krüge bewundert, die bereitgestellt waren. Sie waren so dünnwandig, dass sie den Feuerschein der Fackeln aufzunehmen schienen, er drang durch sie hindurch und alles erstrahlte in einem heiligen Zauber. Immer wieder hatte Ihwar staunend ihren Blick dorthin gelenkt und zugesehen, wie eine Frau nach der anderen vorgetreten war. Eine jede war von der Veleda in stummem Gebet gesegnet worden und hatte einen der zweiarmigen Krüge anvertraut bekommen.

„Schon seit unendlichen Zeiten holen die Frauen am ersten Frühlingsmorgen aus der Quelle der *Ostara* darin das heilige Wasser. Diese Zeremoniengefäße, die einst aus einem fernen Land des Südens hierher gebracht wurden, sind nur dafür bestimmt", hatte ihr eine der Frauen vor dem Einschlafen erzählt und Ihwar auf den neuen Tag vorbereitet. „Du musst schweigen, morgen, bis die Strahlen von *Ostara* die Nacht überwunden haben."

Es erfordert Ihwars ganze Konzentration, sich dem gegebenen Rhythmus anzupassen; und nur durch tiefes, bewusstes Atmen wird sie langsam Herrin ihrer Gedanken, schafft es endlich in die heilige Stimmung einzutauchen und mit den anderen zu verschmelzen.

Irgendwann beginnen die Vögel die schweigende Finsternis zu durchbrechen und scheinen mit ihrem vielfältigen Getriller den ganzen Wald zu neuem Leben aufzufordern. Noch ist die Nacht nicht überwunden, jedoch auch der Himmel schickt sich langsam an, mit seinem rosigen Schimmer diesem Weckruf zu folgen.

Mit jedem Wimpernschlag kann Ihwar etwas mehr von der Umgebung erkennen. Frischer Tau liegt auf den zarten Grashalmen, die sich schon durch das vertrocknete Laub des letzten Herbstes geschoben haben, sie und kleine Blumen säumen den schmalen Pfad.

Ihwar hatte in dieser Nacht, entgegen ihrer Befürchtungen, tief und fest geschlafen; traumlos war es ihr erschienen und nur für einen winzigen Moment.

Wohlig hatte sie sich gefühlt auf dem Lager aus Buchenlaub mit dem zarten Duft nach Kräutern, der sie liebevoll umschmeichelte. Der kühlende Stoff des Lakens hatte sie kurz erschaudern lassen, aber dann war eine angenehme Wärme zu ihr unter die Bettdecke aus weichem Fell gekrochen und hatte sie sanft in den Schlaf gelullt.

Als sie die Augen öffnete, hatte sie noch die zarte Berührung am Arm gespürt, durch die sie geweckt worden war; aber sie konnte nichts sehen und wähnte sich wieder, umhüllt von Schwärze, im Heiligen Hain.

Einen kurzen Augenblick fürchtete sie sich, jedoch dann nahm sie wieder diesen besonderen Duft wahr und erkannte das vertraute Gesicht einer der Frauen, das im Lichtschein des kleinen Öllämpchens vor ihr erschien. Mit der Geste des Schweigens gebot diese ihr, sich still zu verhalten und erinnerte Ihwar daran, was jetzt ihre Aufgabe war.

Jedoch, das war nicht erforderlich gewesen, denn plötzlich kamen ihr vertraute Bilder in Erinnerung; schon seit sie ein kleines Mädchen gewesen war wusste sie von den heiligen Handlungen ihrer Großmutter. Sie war die Heilerin der Sippe gewesen und hatte Ihwar erklärt, dass es Momente gab, in denen Geräusche die Kraft in den Dingen töten könnten.

ᛃ

„Besonders das Wasser, das schon seit unendlichen Zeiten als heilig und heilend von uns Menschen verehrt wird, birgt an besonderen Tagen Botschaften aus dem *Sternenall,* das allem Leben auf *Mutter Erde* kostbar ist", hatte die weise Frau dem Kind erklärt.

„Jedoch müssen wir es würdigen und bewusst handeln, denn die Schwingungen unserer Stimmen, sogar unserer Gedanken, können die hilfreichen Energien und Informationen schwächen.

Du musst ganz still sein, wenn du mich in den Nächten der Feste von *Jera* zur Quelle begleiten möchtest, du musst schweigen können", hatte sie Ihwar ermahnt, „denn nur mit der gebührenden Andacht, die wir während eines Rituals aufbringen, bleibt die Essenz der ganzen Heilkraft in den Gaben der *Großen Mutter* erhalten."

Das war gar nicht so leicht gewesen, und Ihwar hatte immer wieder dieses Schweigen üben müssen. „Wenn du nicht ganz ruhig bist und nur mit deinem Herzen sprichst, dann kann ich dich noch nicht mitnehmen, dann musst du noch einen Kreis von *Jera* warten", hatte ihre Großmutter zu Recht gefordert.

Sie hatte ihre temperamentvolle Enkeltochter nur zu gut gekannt; denn auf alles, was das Kind sah, wies es begeistert hin. „Schau Großmama, das kleine Vögelchen", rief sie und schon war es aufgescheucht davongeflogen.

„Wenn du nicht leise bist, dann verjagst du nicht nur die Tiere, sondern auch die Elfen und Trolle. Sie zeigen sich nur, wenn die Menschen schweigen, wenn du so laut bist, wirst du sie nie zu Gesicht bekommen."

Aber da hatte sich ihre Großmutter geirrt, auch wenn sie vieles wusste, dass Ihwar mit den Naturwesen sprechen konnte, wenn sie nur flüsterte, dass wusste die weise Frau nicht.

Jedoch, dass das Wasser seine Heilkraft verlor, wenn sie sprach, dass hatte sie eingesehen und dieses Wissen für alle Zeiten tief in sich bewahrt.

ᘐ

Erleichtert hatte sie verstanden, war sofort hellwach und sich all ihrer Sinne bewusst gewesen. Ihr Körper fühlte sich erfrischt und kräftig an, nur die wenigen Stunden der Nachtruhe hatten ausgereicht, um sich von den Strapazen der letzten Tage zu erholen.

Mit einer schwungvollen Bewegung war sie unter dem dicken Fell, das sie in einer wohligen Wärme geborgen gehalten hatte, hervorgeschlüpft und hatte nackt in der morgendlichen Frische gestanden. Doch bevor sie hätte zu frieren beginnen können, ergriff sie ihr Gewand und kleidete sich an; es war wie ein feierlicher Akt gewesen und Ihwar hatte versucht, mit jeder ihrer Bewegungen der friedlichen Stille gerecht zu werden.

Inzwischen war der Mond untergegangen und nur der Schein der Fackel, die ihr eine der Frauen entgegengehalten hatte, war ihr Orientierung gewesen.

ᘐ

Die Frauen, leichtfüßig treten sie an das steinerne Becken von *Ostaras* Quelle und bilden mit dem Blick gen Osten gerichtet einen Halbkreis.

Absolute Stille herrscht, alles schweigt; auch die Vögel haben es wieder den Menschen gleichgetan, ihr Gesang ist verstummt. Sogar die säuselnde Brise des Windes hatte sich gelegt und nun ist nur das gluckernde Plätschern des Wassers zu vernehmen.

Tief verwurzelt mit dem Element Erde und dem Geist des Himmels sind sie mit ihren Körpern Mittlerinnen geworden, starke Verbindungen zwischen unten und oben, und lassen dem jungen Feuer der Frühlingssonne die gebührende Zeit, um zu erscheinen.

Ihwars Augen sind zwar dem Lichtschimmer hinter den Bäumen zugewandt, aber ihr Blick ist leer; nicht eine Spur von aufgeregter Erwartung ist in ihr, nur die tiefe Gewissheit, dass alles gut ist, so wie es ist.

Tief in ihrer Andacht versunken ist sie, und als sich die goldene Sonnenscheibe zeigt, spürt sie die Faszination des Augenblicks, dessen Sinn sie für die Länge eines Pulsschlags vergessen hatte.

Sie kann das Glück, dass sich in ihrem Herzen regt, kaum fassen. Im Gefühl der totalen Zufriedenheit, diesem wunschlosen Sein, dieser Stille der Gedanken, ist sie ganz heil, verbinden sich ihre Seele, ihr Geist und ihr irdischer Körper miteinander.

Nach und nach tritt eine Frau nach der anderen hervor, neigt sich mit dem noch leeren Gefäß vor ihrem Herzen zur Sonne und füllt es mit *Ostaras* Kostbarkeit.

Dann tritt die Veleda aus der Gruppe ans Feuer, das aus den mitgebrachten Fackeln zusammengelegt ist und bevor sie grüßend die Arme zum Himmel erhebt, wirft sie ein Bündel aus Kräutern und heiligen Früchten hinein. Duftender Rauch windet sich empor und erfüllt Mensch und Raum mit den Essenzen seines Geistes.

„Geliebte *Ostara,* du *Göttin der Morgenröte,* nimm diese Opfergabe von uns an, als Zeichen unserer Dankbarkeit, dass du uns aus dem Urquell des Lebens trinken lässt. Wir danken dir für dein heiliges Wasser, dieses kostbare Element, dass du für uns mit der Energie des Lebens verbunden und so für uns zur labenden Quelle unseres körperlichen Seins gewandelt hast.

Ostara, du bist das Licht - das Licht aus dem Osten -, das neues Leben über das ganze *Erdenrund* bringt.

Oh *Ostara,* zeige dich durch die Geburt als Frühling und sei uns auch in diesem Kreis von *Jera* wieder die *Üppige Göttin,* auf das auch wir hier aus dem Schoß von *Mutter Erde* neu geboren werden können.

Schnell wie der Hase, deinem Gefährten von Feld und Wald, erscheinst du; springst du voran, fegst mit deinem Atem, dem Hauch des Windes über das karge Land; machst es fruchtbar. Schon hast du Tausende Sternchen gestreut, als Zeichen deiner Liebe, und birgst in jeder kleinen Blüte deine wärmenden Sonnenstrahlen zu uns.

Mit schnellem Lauf folgst du an diesem Tag der Reise der Sonne und deine Heilkraft verschenkst du an alle Gebärenden, ob Mensch oder Tier. Auch den Pflanzen, die ihre Samen voller Vertrauen auf *Mutter Erde* streuen, gibst du die Kraft des neuen Werdens.

Geliebte *Ostara,* du schmückst der Menschen Leib, der Wiesen Grün, der Bäume Ast, der Steine Grau. Segne uns, damit auch wir wieder im Frühlingsblühn erwachen können, sei uns und unseren Brüdern und Schwestern auf dem ganzen Erdenkreis die Botin des neuen Lebens.

Möge nun aufs Neue, im heiligen Lauf von *Jera,* im Kreis des Lebens, alles behütet und beschützt sein.

So verneigen wir uns vor dem Morgen des Ostens, vor dem Mittag des Südens, vor dem Abend des Westens und vor der Nacht des Nordens."

ᛃ

Mit diesen Worten hatte sich die Veleda in die vier Richtungen des Himmels verneigt, alle hatten es ihr gleich getan und so, mit dem Gleichklang ihrer Gemeinsamkeit, den Gruß an den jungen Tag bezeugt.

Kapitel 9

Das alte Friesenhaus

Und dann hatte Eva das entdeckt, was wirklich ihren Wünschen entsprach und war sofort davon überzeugt, ihr zukünftiges Zuhause gefunden zu haben, das alte Friesenhaus.

Stattlich stand es im Tal der Dünenberge geschützt vor dem ständig wehenden Wind. Umrankt von Brombeer- und Rosenhecken schien es friedlich in der Nachmittagssonne zu schlummern. Vom Strand aus war es nicht zu sehen und Eva hatte es erst auf ihrem Streifzug, bei dem sie die abgegrenzten Wege verlassen hatte, entdeckt. Und sie hatte sich auf Anhieb in diesen Traum verliebt, es sofort als heimelig empfunden und Pläne gemacht, in denen es wieder zu neuem Leben erweckt sein würde.

Zögerlich hatte sie das Grundstück betreten, aber sie brauchte nicht achtsam zu sein, das alte Haus war nicht mehr bewohnt. Vor der Eingangstür wucherte das Unkraut und der Zuweg aus kleinen Kieselsteinen war schon fast ganz vom wilden Thymian eingenommen. Heckenrosen säumten den kleinen Platz und umgaben die Flächen, die wohl einst gepflegte Rasenstücke gewesen waren. Jetzt schauten auch hier hohe Grasbüsche und vielerlei Unkraut über die verwilderten Hecken.

Doch die grün-weiße Eingangstür, mit den schönen Schnitzereien und den kleinen Glasfenstern, gab noch eine Ahnung von der einladenden Gastfreundschaft, die es hier bestimmt gegeben hatte. Prächtig betonte der hohe Mittelgiebel, der bis zum Dachfirst hinauf reichte, die Höhe des Hauses und verband die beiden Teile des lang gestreckten Gebäudes zu einer eindrucksvollen Einheit.

Die Wände waren aus gebrannten Ziegeln gemauert, diesen roten Steinen, die jedem Wetter trotzen konnten und trugen das tief gezogene Dach aus Reet. Darunter lugten einige Fenster hervor, die noch mit Gardinen aus gehäkelten Spitzen dekoriert waren, fast als wenn hier noch jemand wohnte. Aber dem war nicht so, denn die Blumentöpfe, in denen nur noch vertrocknetes Gestrüpp war, erzählten die Geschichte der Verlassenheit.

Ja, das alte Haus war unbewohnt, das war offensichtlich, aber noch immer hatte es Charme und lockte Eva an, so als wenn es ihr sagen wollte, ich bin auch einsam, komm her und leiste mir Gesellschaft.

Vorsichtig hatte sich Eva an der Brombeerhecke, die inzwischen fast bis zur Hauswand wucherte, vorbeigezwängt. Erschrocken hatte sie inne gehalten, als eine kleine Eidechse an ihr vorbeigehuscht war. Sie war zusammengezuckt, es war fast lächerlich, vor so einem kleinen Tier Angst zu haben. Dann hatte Eva sich besonnen und war lachend weitergegangen.

Der kleine Garten hinter dem Haus hatte wohl auch bessere Zeiten gesehen. Ein wildes Durcheinander zeigte sich, einige der Pflanzen hatten sich wieder ausgesät und Eva konnte sich vorstellen wie hier Kräuter, Tomaten und Gurken, Erbsen und anderes Gemüse wohlgeordnet gestanden hatten. Die Johannisbeersträucher waren voller hellgrüner Blüten, die erst ansatzweise zeigten, dass sich daraus bis zum Sommer eine üppige Ernte von roten Beeren entwickeln würde. Ein Apfelbäumchen, das im Windschatten Schutz gefunden hatte, war voller Knospen, die sich bald entfalten würden. Vergissmeinnicht, die um das kleine Stämmchen wuchsen, bildeten einen blauen Teppich. Bienen und andere Insekten umschwärmten die kleinen Blüten und es schien fast, als wenn sie einen fröhlichen Reigen um den kleinen Baum tanzten.

Hier gab es eine Terrasse, überdacht war sie, ganz aus Holz gebaut und mit Wein berankt. Eva stellte sich vor, wie es hier am Morgen sein könnte, wenn die Sonne langsam mit ihrer Wärme die feuchte Morgenluft vertrieb und wie in der Mittagszeit, wenn die Ranken kühlenden Schatten spendeten.

Jetzt, am späten Nachmittag, verabschiedete sich der Tag mit einer bezaubernden Stimmung aus Orangetönen, und Eva wusste, erst würde das farbige Licht hinter den Dünen verschwinden und dann ins Meer eintauchen.

Eva besann sich, voller Fantasie taten sich Bilder vor ihr auf. Die alten Möbel erschienen in neuem Glanz, die Tische bedeckt mit Stoffdecken, auf denen sich Blumen öffneten, Kerzen flackerten in Windlichtern, edles Geschirr stand bereit und in Kristallgläsern funkelte roter Wein. Evas Vorstellungskraft gaukelte ihr ein Szenario vor, dass längst der Vergangenheit angehörte. Und dann verschwand die Illusion und sie musste feststellen, dass der Verfall der Zeit an allem genagt hatte.

„Ob der Stuhl noch zu benutzen ist?", dachte sie und probierte ihn vorsichtig aus. „Ja, ganz bequem und jetzt wo ich hier so sitze und mir die Abendsonne ins Gesicht scheint, kann ich wunderbar entspannen. Bestimmt könnten meine Ideen Wirklichkeit werden, jedenfalls fühlt es sich so an."

„Meinen Gästen werde ich hier das Frühstück servieren und am Abend gibt es einen kleinen Imbiss, ein frisches Bier oder ein Glas Wein. Das würde allen gefallen, die noch mit ganzem Herzen die einfachen Dinge genießen können. Ich möchte dieses alte Haus kaufen und zu neuem Leben erwecken."

Über ihre Träumerei hatte sie die Augen geschlossen und war eingedöst.

„Urrr, urrrr." „Welch sanftes Geräusch", hatte sie noch gedacht und da war die Katze schon auf ihren Schoß gesprungen. Fast hätte Eva die Fassung verloren, aber dann erkannte sie, dass es die weiße Katze war, der sie ja schon an ihrem ersten Abend begegnet war.

Sofort hatte sich ihr Schreck verflüchtigt und einem Gefühl von Zärtlichkeit Raum gegeben. Sie war ganz zutraulich, schaute Eva mit ihren hellblauen Augen an und ließ sich entspannt nieder. Ihr Schnurren, dieses „urr, urrrr", verstärkte sich noch, als Eva begann sie zu kraulen.

„Was für ein schönes Tier du bist, fast wie ein Geschenk des Himmels", sprach Eva. Wissend ruhte der Blick der Katze auf ihr.

„Wohnst du hier? Ist das dein Zuhause? Aber wer sorgt denn jetzt für dich, wo hier keiner mehr ist?"

Jedoch die Katze antwortete nicht, ließ sich die Streicheleinheiten noch eine Weile gefallen, sprang plötzlich auf und verschwand im Gestrüpp.

„Hallo wo bist du denn? Komm doch zurück!" Aber sie tauchte nicht mehr auf und da es schon dunkel wurde ging Eva zurück ins Hotel, in die schäbige Dachkammer, die ihr jetzt noch mehr wie ein zynischer Scherz erschien. „Sie ist nur eine zwangsläufige Bleibe, kein behagliches Zuhause, das sie sein sollte. Ich muss mich nach etwas Gemütlicherem umsehen", grübelte sie. Aber sofort wurde ihr bewusst, dass sie es sich nicht leisten konnte, höhere Ansprüche zu stellen. „Ich kann keine andere Wohnung bezahlen, noch nicht, denn ich werde jeden Cent, den ich erübrigen kann, für meine Zukunft sparen."

Später, als sie müde im Bett lag, versuchte sie ihre Gedanken in eine erfreuliche Richtung zu lenken. „Wenn es das Schicksal gut mit mir meint, dann werde ich das kleine Häuschen kaufen und darin glücklich sein." Und zum ersten Mal seit langem war sie zuversichtlich und fiel sofort, mit einem Lächeln auf den Lippen, in einen erholsamen Schlaf.

Eva war zufrieden, dass sie das alte Haus entdeckt hatte, und es war ihr seitdem immer wieder ein Bedürfnis zu schauen, ob alles mit ihm in Ordnung war. Inzwischen kam sie jeden Nachmittag hierher und wenn sie die letzten Meter auf dem kleinen Dünenweg voran schritt, stellte sie sich vor, heim zu kommen, weil sie schon hier wohnte. Für einen Moment vergaß sie alles Unschöne und genoss die wohltuende Stimmung, endlich angekommen zu sein.

„Ich werde ein paar kleine Gästezimmer einrichten, mit einem Ambiente, das Schönheit und Heimeligkeit ausstrahlt und nur für Leute, die diese Qualität zu schätzen wissen, da sein wird."

Auf der alten Holzterrasse würde sie einen Biergarten gestalten, an die Pergola Blumentöpfe und Laternen hängen und an lauen Sommerabenden Dinner für Verliebte anbieten.

Zum Frühstück gäbe es Spezialitäten von der Insel und aus dem Meer und selbst gemachte Köstlichkeiten, mit denen sie ihre Gäste verwöhnen würde.

Und nachmittags würde sie eine Kaffeetafel mit Kuchen und Torten bereithalten, die ihresgleichen suchen würde.

In der kleinen Teestube, die sie im größten Zimmer des Häuschens einzurichten gedachte, könnte sie auch bei schlechtem Wetter und im Winter zum Genießen einladen.

Und Eva war davon überzeugt, dass sie mit freundlichen Menschen schöne Zeiten erleben würde. Sie würde zwar viel arbeiten müssen, jedoch mit den vielen zufriedenen Gästen, die bestimmt zu ihr finden würden, auch ein wirtschaftlich stimmiges Geschäft betreiben können. Schließlich war auf der Insel das ganze Jahr über ein Bedarf an Schönem.

Doch, auch wenn sie mit ganzem Herzen davon überzeugt gewesen war, dass es möglich wäre, sich ihren Traum zu erfüllen, als sie sich bei der Bank erkundigte, zerplatzte alles wie eine zarte Seifenblase, die von einer kräftigen Windböe erfasst worden war.

Der anfänglich freundliche Bänker schien sie nach ein paar Sätzen fast auszulachen. „Sie haben kein Eigenkapital, keinen finanziellen Hintergrund? Dann brauchen wir uns gar nicht weiter zu unterhalten. Gewinnen sie erst mal im Lotto und dann kommen sie wieder. Und jetzt entschuldigen sie mich bitte, ich habe Wichtigeres zu tun."

Mit einer auffordernden Geste hatte er die sprachlose Eva fast zur Tür herausgeschoben. Erst auf der Straße nahm sie dieses unangenehme Rauschen in ihren Ohren wahr und das Schwindelgefühl, das in ihrem Magen einen Brechreiz verursachte. Mit letzter Kraft schwankte sie zu einer Bank, die in ihrer Nähe stand.

Sie hatte es vermasselt, fühlte sich dumm und naiv. „Ja, vielleicht habe ich alles nicht bis zu Ende gedacht, nicht richtig geplant? Ach was ist schon richtig, es geht sowieso nichts, in meiner Situation." Und sie fragte sich ernsthaft, ob sie eine hoffnungslose Spinnerin sei?

Wie konnte es denn sein, dass sie von ihrer eigenen Pension geträumt hatte? Wovon sollte sie das denn bezahlen, ohne das Geld von ihrem Mann, mit ihrem kläglichen Einkommen? Ein Grundstück auf einer Insel, wo die Bauflächen klein und teuer sind. Ein altes, baufälliges Haus zu einem horrenden Kaufpreis, in das man ein Vermögen investieren müsste, um es bewohnbar zu machen. Und dann für Gäste, die sich heutzutage nur mit dem Besten zufrieden geben? Sie erwarteten Bequemlichkeit und einen Luxus, den man zusammen mit dem nostalgischen Touch eines alten Hauses anbieten musste. Plötzlich verstand Eva die Welt nicht mehr.

Das schrille Geräusch des Weckers hatte sich in ihren Traum gemischt und passte so gar nicht zu dem, was sie soeben erlebt hatte. Sie schreckte auf und für einen Moment wusste sie nicht, wo sie sich befand. Sie blinzelte, es war noch stockdunkel und eine kühle Brise wehte ihr ins Gesicht. Erst dachte sie, dass sie irgendwo auf einer Wiese läge, jedoch dann spürte sie die Bettdecke und etwas Schweres auf ihren Beinen. Der salzige Geruch nach Meer half ihrer Orientierung auf die Sprünge und sie erinnerte sich, dass sie gestern Abend das Fenster geöffnet hatte, weil es in ihrer Dachkammer so stickig gewesen war.

Jedoch, wo war sie noch vor wenigen Minuten gewesen? Verschwommene Bilder, die von Sekunde zu Sekunde noch unschärfer wurden, verblassten, und Eva konnte nichts mehr in ihnen erkennen.

„Ich war nicht weg, habe nichts wirklich erlebt, es waren nur Fantasien", sagte sie sich mahnend. Und doch, sie schienen etwas so Reales gehabt zu haben, als wenn Eva wirklich dort gewesen wäre, nur wo?

„Der Schlaf bringt mir eine Wahrheit, die ich mit einer solchen Gewissheit spüre, dass es etwas schon lang Gekanntes, nur Vergessenes, zu sein scheint. Irgendwie ist da eine Vertrautheit, der ich jedoch mit meinen Tagesgedanken nichts mehr abgewinnen kann."

Sie grübelte noch einen Moment, hatte die Augen wieder geschlossen und zuckte zusammen, als der Wecker sich erneut meldete und sie mahnte, endlich aufzustehen. Eva zwang sich und öffnete die Augen, tastete nach dem Lichtschalter und erschrak vor dem grellen Lichtblitz, der sie traf.

Abrupt richtete sie sich im Bett auf und dann erst sah sie die Katze, die zusammengerollt auf ihrer Decke lag und schlief. Eva konnte ihren gleichmäßigen Atem in den sanften Bewegungen des kleinen Knäuels aus weißem Fell ablesen und Glücksgefühle erfüllten sie.

„Wie schön, dass du hier bist, und wie wunderbar, dass du so friedlich schlafen kannst, obwohl der Wecker und meine Bewegungen dich doch eigentlich stören müssten."

Wieder einmal vernahm sie diese Stimme in ihrem Innern, die ihr zuflüsterte: „Das ist Vertrauen, die totale Entspannung in das Leben, mit der Gewissheit, dass alles gut ist und dir hier nichts Schlimmes passiert."

Zärtlichkeit durchströmte Eva und sie konnte der Verlockung nicht widerstehen, das weiche Fell zu berühren. Die Katze wachte auf, hob ihr Köpfchen und Eva hatte sofort ein schlechtes Gewissen, die schöne Stimmung zerstört zu haben. Doch die Katze ließ sich kraulen und genoss mit liebevoller Hinwendung Evas Hand. Sie begann wieder mit diesem seltsamen Schnurren, dass ein genüssliches „urr, urrr, urrrr", verlauten ließ.

„Bestimmt hast du schon einen Namen, leider weiß ich ihn nicht. Kannst du ihn mir nicht verraten?", schmunzelte Eva über ihre Naivität, mit einer Katze reden zu wollen. Jedoch als das Tier sein Schnurren noch verstärkte, ließ Eva sich dazu hinreißen, ihr den Namen *Urrh* zu geben. „Ich nenne dich Urrh, das ist doch bestimmt dein richtiger Name", stellte sie fest. Und als wenn die Katze ihr sagen wollte: „Dann ist ja alles geklärt", stellte sie sich auf ihre Beine, streckte sich genüsslich, machte mit ihrem Rücken einen kraftvollen Bogen, streckte den Schwanz in die Höhe und verschwand mit einem selbstsicheren Sprung auf die Fensterbank übers Dach. „Schade, bleib doch hier", dachte Eva und dann rief sie ihr schnell nach, „bitte besuch mich bald wieder, meine kleine Urrh!"

Als der Wecker sich wieder meldete, drückte Eva auf die Ausstelltaste und sprang hellwach aus dem Bett.

Jetzt musste sie sich beeilen wenn sie pünktlich unten bei ihrer Arbeit sein wollte.

Kapitel 10

Das *Göttliche* und der Mensch

Aufrecht sitzt die Veleda auf dem Stuhl mit der hohen Rückenlehne, die aus sich kreuzenden Ästen des Holunderstrauches gearbeitet ist; sie spricht mit dieser warmen, liebevollen Stimme, und doch suchen sich die Worte mit mahnender Dringlichkeit den Weg in Ihwars Herz.

„Es liegt in der Natur des Menschen, dass er mit sich selbst hier auf *Mutter Erde* sein Leben gestaltet; und glaube mir, auch wenn sich sein Wesen von allen anderen zu unterscheiden scheint, er bewusst oder unbewusst im Sinn seines Seins ist, ein jeder ist eine einmalige Kostbarkeit.

So steht es uns nicht zu, dass wir die anderen verurteilen, uns anmaßen, besser als sie zu sein, sogar glauben, mehr über das Leben zu wissen, als ein jeder selbst; jeder ist so wie er ist und genau so, wie er sein soll.

Und auch wenn es uns so scheint, dass ein Mensch in seiner Spiritualität nicht erwacht, glaube mir, er tut es; denn mit jedem Atemzug nehmen wir den *Göttlichen Odem* in uns auf; egal ob Mann oder Frau, egal ob groß oder klein, alt oder jung. Wir können nicht anders, gierig saugen wir von dieser wunderbaren Energie, soviel wir von dieser Seinskraft bekommen können; und in jedem noch so kleinen Augenblick von *Jera* sind wir damit verbunden. Wie ein Fisch, der im Wasser schwimmt; wie ein Wurm, der in der Erde kriecht; wie ein Vogel in der Luft, selbst das Feuer ist mit diesem Elixier gesegnet und wenn es verlischt, lebt es in der kalten Asche weiter.

Was auch immer wir nach außen zeigen, für andere sichtbar machen oder sogar selbst nicht wahrnehmen, weil es noch so winzig klein in uns ist, alle Menschen und alles, was sonst noch ist, sind ein kleiner, wichtiger Teil vom *Allgöttlichen*, vom großen Ganzen, in dem alles miteinander verwoben ist und sich gegenseitig braucht.

Und es ist egal was geschieht, es gibt kein Falsch oder Richtig, auch wenn wir Menschen dazu aufgefordert sind, unser Innerstes zu Rate zu ziehen, unser Gewissen und unsere Gefühle mitbestimmen zu lassen. Wir haben den freien Willen, können uns einem Geschehen hingeben oder uns dagegen zur Wehr setzen, und je nachdem, wozu wir uns entschieden haben, kann es für uns Freund oder Feind sein. Und doch ist es egal was wir tun oder nicht tun; egal, wohin uns der Weg führt, ob wir ihn gehen oder nicht, es ist immer die Entscheidung eines jeden selbst.

Das hört sich vielleicht brutal und ungerecht an, jedoch wenn sich ein Mensch dazu bereit erklärt hat, hier auf Erden in einem Körper zu wandeln, hat er auch seinen Platz und seinen Grad der Erinnerung an all die Seinsweisheiten gewählt, um das zu erfüllen, was ihn unabwendbar an sein Ziel bringt. Weißt du Ihwar, das Leben hier als Mensch ist eine große Herausforderung an das Vertrauen in die alldurchwirkende Liebe; dass ist für jeden so, nur viele haben das schon heute vergessen.

Da ist es leichter, wenn wir uns, so wie du und auch ich, offen für den spirituellen Weg entschieden haben, denn da haben wir unser Dasein mit Menschen, denen wir uns offen zeigen, da sind unsere Übungen und die Rituale, die wir hier zelebrieren ein Segen. Sie stehen uns zur Seite, helfen uns, unser inneres Auge zu öffnen, unsere menschlichen Zweifel zu bannen und nehmen uns die Ängste, denen ein jeder ausgesetzt ist.

Und wenn auch wir manchmal mit unserem Schicksal hadern - dass ist menschlich - und es unseren Körpern und unseren Gedanken unendlich schwer fällt, die Disziplin aufzubringen, die wir uns ja selbst auferlegt haben, wir bekommen dafür reichen Lohn.

So habe ich die größte Achtung vor denen, die sich für ein Leben in Unwissenheit entschieden haben und sich mit der Einfachheit des Alltags zufrieden geben."

Die Handflächen aufeinander gelegt und mit geschlossenen Augen vertieft sich die Veleda einen kleinen Moment, bevor sie weiterspricht.

„Wir dürfen diesen Menschen dankbar sein, dass sie uns diesen Raum überlassen; hier am *Felsen der Drachenschlange* oder an einem der anderen Kraftorte, wo wir uns in einem heiligen Kreis auf unser spirituelles Wesen zentrieren und so lernen können, unser Licht zu erhellen.

Ihwar, bedenke, es gibt kein Dumm oder Dümmer, es gibt kein Schlau oder Schlauer, es gibt kein Klein oder Kleiner, aber auch kein Groß oder Größer."

Ihwar sieht die Veleda mit fragendem Blick an, jedoch muss sie, wie schon mehrmals erfahren, nicht laut sprechen.

„Ja, du bist in der Nacht ohne Erinnerungen hierher gekommen, jedoch bedenke, dass gibt dir die Möglichkeit, deine Wahrnehmungen zu schärfen. Sei geduldig bis der Morgen graut und lass dich unbefangen sein, vertraue auf die Liebe in dir, bis es soweit ist, es zu erkennen.

Noch fragst du nach dem Sinn der Ereignisse, die dich in den Nebel des Vergessens gestürzt haben, lass es; du tust dir den größten Liebesdienst, wenn du deine Emotionen mit ihren Versagensängsten zur Ruhe bringst. Es geschieht sowieso das, was geschieht, und du selbst hast ja deinen Lebensplan festgelegt.

Hier im Schoß der *Großen Mutter* darf das menschliche Sein mit all seinen Sinnen und in seiner Dreiteiligkeit als Körper, Seele und Geist zu einer bewussten Einheit zusammenschmelzen. Dabei ist die erste Stufe deiner Weihen die Hochzeit mit dir selbst, um dann Schritt für Schritt die Verbindungen zu vollziehen mit dem, was auch noch ist.

Du bist hier an einem besonderen Ort, wir nennen ihn Kraftort und du hast schon in deiner ersten Nacht, als du glaubtest, dich verirrt zu haben, im *Heiligen Hain* seine besondere Energie gespürt.

Überall in *Mutter Erdes* Schoß, überall auf dem Erdkreis, gibt es solche Kraftorte wie diesen. Sie unterscheiden sich nur in Feinheiten, in ihren besonderen Botschaften; so ist nicht nur der *Felsen der Drachenschlange* ein Ort, an dem die Seele der Menschheit ein Zuhause hat.

Die Menschen, die hier verweilen, beginnen sich zu erinnern, erkennen einander und finden Harmonie und Frieden. Sie hören das Lied der Liebe, das aus den Weiten des *Weltenalls* hier im Schoß von *Mutter Erde* neu erklingt; das Oben umarmt das Unten, das Innen durchdringt das Außen; eine untrennbare gewaltige Energie, die *Große Hochzeit* von *Vater Himmel* und *Mutter Erde.*

Alles hier ist von Friedlichkeit und Freude geprägt. Du wirst erfahren, nicht nur der Mensch, sondern alle Lebewesen werden hier in ihrem geistigen und körperlichen Sein bestärkt; so auch die Pflanzen und Bäume, die hier in ihrer faszinierenden Üppigkeit gedeihen; das Wasser, das eine unbeschreibliche Klarheit hat und all deine Sinne mit seinem Wohlgeschmack verwöhnt; selbst das Licht von Sonne, Mond und Sternen erzählt dir vom Geheimnis dieses Ortes.

Menschen und Tiere achten instinktiv die Grenzen um diesen Ort; obwohl wir keine sichtbaren Zäune oder Tore errichtet haben, fühlen sie sie. Das ist auch gut so und zeigt, dass sie ihre Empfindungen achten und den allumfassenden Gesetzen noch gehorchen.

Jedoch, es gibt Veränderungen, inzwischen geschieht es, das Unwissende so gierig danach sind, hierher zu kommen, das sie hier eindringen und glauben, den Energiegewalten trotzen zu können. Sie achten nicht auf ihre innere Stimme, kommen dem *Felsen der Drachenschlange* unvorbereitet zu nahe und wenn wir in einer Phase der erhöhten Schwingungen sind, zu den großen Festen oder bei Vollmond, verbrennen ihre Körper und sie bezahlen diesen Frevel mit ihrem Leben."

Ihwar schreckt zurück. „Auch ich habe die Kräfte gespürt, als ich mich im Wald verlaufen hatte, aber eine Stimme in mir hatte mir befohlen, weiter zu gehen. Warum bin ich nicht gestorben?"

„Du bist auserwählt, hier zu sein, um für deine große Aufgabe vorbereitet zu werden und ich habe dich unter den Schutz der *Eule der Weisheit* gestellt."

„Jetzt bekomme ich eine Ahnung von dem, was mit mir geschieht“, spricht Ihwar und sie ist erfüllt von einer solchen Ehrfurcht, dass ihre Stimme nur ein flüsterndes Zittern ist.

„Ja, auch du bist hier diesen gewaltigen Kräften ausgesetzt, die uns Menschen formen; was manchmal nur eines Kreislaufs von *Jera* bedarf, um uns zu dem zu machen, wofür wir hier sind; die uns zur Hilfe kommen, damit wir selbst uns erkennen.

Dabei zeigen sich für eine jede von uns andere Aufgaben, reagiert ein jeder anders auf seine Empfindungen; es kann sein, dass du ruhig und gelassen wirst, entspannt bist; es kann aber auch sein, dass du ganz unruhig wirst, dein Herz zu rasen beginnt, dein Atem sich erschwert und dir Visionen vom Sterben kommen.

Du hast es schon erfahren, dein Bewusstsein verändert sich, deine Wahrnehmung für überirdische Erlebnisse und Seinserfahrungen wird geschärft, und noch nie gekannte Gefühle und Ideen erwachen in dir. Dein Selbstbewusstsein wird ein Neues und du hast vielleicht sogar Angst davor, dass du ein ganz anderer Mensch bist als du bisher annahmst.

Doch du lernst nur schneller, was du schon weißt, hebst du aus deinen inneren Tiefen; wisse, Bewusstheit ist nichts anderes als die Gewissheit deines ureigensten Seins. Eigentlich wirst du kein anderer Mensch, du erkennst nur deine Ganzheit, wirst in deinem Körper heil.

Deine Ausbildung und deine Einweihungen bereiten dich auf dein späteres Leben vor. Als Frau erwacht dein Wissen, das vordergründig deinem weiblichen Wesen entspricht, und du erfährst die Kunst der Heilung, mit seinen Zeremonien, Heiltränken, Räucherungen, lernst deine Visionen zu lenken und bekommst Antworten, die dich bei deinen späteren Entscheidungen leiten werden.

Ebenso ist es bei den Männern, die vordergründig ihr männliches Sein bestärken. Aber beide Geschlechter müssen auch die Aspekte des jeweils anderen in ihr Wesen einbeziehen können, denn nur so reifen wir zu harmonischen und vollständigen Menschen heran.

Wir alle bekommen hier die größtmögliche Unterstützung, aus den unversiegbaren Quellen allen Lebens; aus den Tiefen von *Mutter Erde* und den Weiten des *Weltenalls,* von den anderen Orten, die in einem riesigen Netz unser Dasein umspannen, aus der Kraft unserer Gedanken und von den Wesenheiten, die uns ganz individuell leiten.

So stehen dir die Kräfte der *Eule der Weisheit* zur Seite; sie wird dir helfen zu lernen, deinen Willen zu lenken und so zu handeln, dass du die absolute Macht über dich erlangst. Nur damit kannst du frei werden, von all den Zwängen, dem Zögern und irrigen menschlichen Taten.

Ihwar, du bist hier, um entsprechend der Rune *Algiz* zu erkennen, dass du als bewusste und aufrechte Frau durch dieses Leben gehen sollst, du selbst hast es dir so erwählt. Du wirst lernen, deinen freien Willen, der dir wie jedem Menschen von der *Großen Mutter* gegeben ist, so zu steuern, dass du im Einklang mit *Mutter Erde* und *Vater Himmel* schwingst und mit dem ganzen *Weltenall* verbunden bleibst.

In dieser Phase von *Jera* ist dir deine seherische Gabe genommen, und du musst dieses Stück deines Lebenswegs ohne dieses Talent gehen, jedoch dein liebendes Herz wird dir eine Freundin sein, ebenso wie die *Eule der Weisheit,* die du immer um Rat fragen kannst.

Du wirst wieder dein wahres Sein erkennen, jedoch musst du es mit deinem ganzen Bestreben wollen. Du wirst dich immer wieder prüfen und dann selbst entscheiden, wie du dein großes Ziel, dass du dir für dieses Leben ersonnen hast, erreichen willst.

Was in Zukunft geschieht ist noch ein großes Geheimnis für dich; manche deiner Brüder und Schwestern werden Priester oder Priesterin, auch die Frau, die meine Nachfolge antritt, kann schon in unseren Reihen sein, manche sind auserkoren, Stammesfürst oder Stammesfürstin zu werden und müssen dann die große Verantwortung für die ihnen anvertrauten Menschen und Tiere tragen können.

Ihwar, frage dich nicht, was du einst tun wirst und quäle dich nicht mit dem Verschlossenen in deiner Vergangenheit, es nimmt dir nur die Konzentration auf die Erfahrungen des Augenblicks. Widme dich in ganzer Achtsamkeit dem was jetzt ist, nur so kannst du die kostbaren Erfahrungen in seinem Ganzen erfassen, dann wirst du immer zum rechten Zeitpunkt erkennen, welches der nächste Schritt in deinem Leben ist.

Das, was sein soll, wird geschehen, auch wenn du glaubst, dass du es nicht willst; Ihwar, ich sage dir nur soviel, du hast dir für dieses Leben viel vorgenommen, sei bedenkenlos und lass es mit der dir größtmöglichen Gelassenheit auf dich zukommen.

Noch etwas musst du wissen, auch die unermessliche Energie der *Drachenschlange* steht dir zur Seite. Durch sie bekommst du die Hilfe, um deine *Lebensportale* zu öffnen und deine *Energieknospen* ganz zum Erblühen zu bringen; aber du musst dabei Vorsicht walten lassen und das erfordert Langsamkeit, nur nach und nach kannst du ertragen, welch allumfassendes Geheimnis sie bergen.

So wirst du mit der ersten Stufe beginnend, geduldig eine steile Treppe erklimmen, deinen energetischen Aufstieg im für dich angemessenen Tun vorbereiten; und erst deine Aufnahmeweihe empfangen, nachdem du dich gründlich geprüft hast und ehrlich „Ja" sagst, wenn du bereit dazu bist.

Auf jeder dieser Stufen erwartet dich eine neue Erkenntnis und du wirst bewusst wahrnehmen, was darin für dich von Wichtigkeit ist; du wirst dich mit deinen Urkräften verbinden und wissen, welche Botschaften deines außerirdischen Seins schon in diesem Körper gespeichert sind. Deine Talente erleichtern es dir, dich dann so anzunehmen und dir die Kraft zu geben, entsprechend zu wirken, um genau deinen ureigenen Beitrag in diesen Läufen von *Jera*, in diesem Leben, dir und allen Wesen, die mit dir sind, angedeihen zu lassen.

Die Erkenntnisse, die du bei deinen Einweihungen hast, werden sich immer durch Visionen aus deinem bisherigen Leben zeigen; dass kann dir vertraut sein und dich erfreuen, kann es dir leichter machen.

Aber auch dann ist es immer ein schmerzhafter Prozess, den sich die Einzuweihenden, Frauen wie Männer, hier unterziehen. Es bedarf den bedingungslosen Einsatz deines Willens, die Zentrierung auf die Essenz der jeweiligen Weihestufe und die totale Hingabe in das Vertrauen der *Großen Mutter*; nur so schreitet ihr ins Erwachen, ins bewusste Werden zum ganzen Sein, nur so könnt ihr in eurer Körperlichkeit der Zerstörung widerstehen. Das Maß aller Dinge ist zu beherzigen, nur in totaler Harmonie könnt ihr eure ureigenen Kräfte ertragen und zum Nutzen dieses Menschenlebens gebrauchen, nur so Geist und Körper als gleichwertige Teile in euch erfassen.

Es sind die höchsten Weihen, die du in diesem menschlichen Körper ertragen kannst und es ist von größter Wichtigkeit für dich, dass du sorgfältig darauf vorbereitet bist. Viele Sonnenläufe, gar Mondläufe kann es dauern, damit die folgenden Weihestufen, die auch immer mit noch intensiveren Energien verbunden sind, von dir erreicht werden können. Eine absolute Notwendigkeit, sonst kann dein menschlicher Körper, mit seinem Blut, seinen Knochen, den Muskeln und Sehnen, den lebenserhaltenden Organen und seinen Nerven, diese gewaltige Anstrengung nicht überleben.

Ihwar, ich mahne dich noch einmal, nur wenn du in deiner ganzen Kraft bist, kannst du die Knospen deiner *Energieblüten* so aktivieren, dass sie sich öffnen, ohne dich in diesem Körper zu töten.

In den nächsten Wochen wirst du dich nur auf deinen Wurzelbereich konzentrieren. Es wird deine erste Weihe sein in der du feststellst, ob du hier deine neue Heimat findest und weiter geschult werden kannst.

Dies geschieht je nach Ausprägung deiner spirituellen Begabung, der Fähigkeiten, die du in dieses Leben mitgebracht hast; es gibt die vielfältigsten Formen; für jeden ist es anders und so mancher kommt nicht so weit, wie er es sich vielleicht gewünscht hat.

Deshalb ist Gehorsam zu leisten eine der wichtigsten Disziplinen; ich werde ihn dir abverlangen, ja werde dich damit quälen, bis du verstehst. Dieser Gehorsam ist nur so lange qualvoll, wie du nicht alles über dein Leben weißt; nach und nach lernst du dann selbst die Botschaften zu verstehen, einzuordnen und kannst alleine entscheiden.

Ihwar, da gibt es noch etwas, was ich dir sagen soll, du hast noch eine wichtige Frage?"

Wieder ist Ihwar von der Sensibilität der Veleda berührt und dankbar, dass sie sie ermutigt zu sprechen.

„Gibt es ein Wesen, das über der *Großen Mutter* steht und ist die *Allgöttlichkeit* eine noch höhere Energie?"

„Nein, alles sind nur Namen, die wir Menschen verwenden, um unserem unerklärlichen Empfinden Ausdruck zu verleihen.

So unterscheiden die Männer und Frauen manchmal zwischen einer männlichen oder einer weiblichen Gottheit, manche wechseln zwischen den verschiedenen Worten, so wie auch ich das tue.

Zu dir spreche ich heute von *Mutter Erde* oder der *Großen Mutter,* weil wir Frauen sind und ich möchte es dir leichter machen und unserem kindlichen Sein helfen, das gerne zur *Großen Mutter, Großen Göttin, Großen Allmutter* oder zur *Gütigen Mutter* betet oder auch *Mutter Erde* oder *Großmutter Mond* verehrt.

Und so drücken es auch die Männer aus, wenn sie zu *Gott* oder *Gottvater,* zu *Allvater,* zum *Großen Schöpfer,* zu *Vater Sonne* oder zum *Himmlischen Vater* und in der Gemeinschaft mit uns Frauen zum *Mutter-Vater-Schöpfergott* oder zur *Großen Göttlichen Kraft* beten.

Dabei gibt es eigentlich gar keine Unterscheidung, denn die *Zentrale Gottheit,* das *Göttliche,* das alles mit seinem Sein durchwirkt, ist weder männlich noch weiblich, das ist nur eine Erfindung von uns Menschen. Wir beten zu einem Wesen, ordnen ihm bestimmte Attribute zu, stellen uns eine Person vor, weil es für die meisten ohne bildliche Vorstellung nicht geht, wir sind da sehr kreativ; wir könnten auch einfach der *Allheit* oder *Allgöttlichkeit* oder der *Großen Macht* huldigen.

Jedoch wollen wir mit unserem menschliche Bedürfnis auch die verschiedenen Aspekten unterscheiden, so drücken wir auch die heiligen Feste von *Jera*, die Botschaften auf dem Jahreskreis, aus.

Wir verehren im Frühling *Ostara* in der Wesenheit der *Göttlichen Morgenröte* und weihen ihr den Jahreslauf. Im Sommer huldigen wir dem Licht von *Vater Sonne* und freuen uns mit allen Lebewesen über seine Kraft, die uns wachsen lässt. Der Herbst führt uns an die Pforte des Todes, auch an unsere eigene, und schenkt uns die Früchte von *Jera*. Zur Wintersonnenwende bitten wir die *Große Göttliche Kraft*, dass sie uns hilft, die Dunkelheit zu überwinden und uns in unserem Vertrauen stärkt, dass bald wieder alles zum Leben erwacht.

Auch die *Drachenschlange* ist nur eine Manifestation der menschlichen Vorstellung, sie steht für den Geist des freien Willens, den jeder Mensch von der *Großen Allmutter* als Geschenk bekommen hat.

So nennen wir oft nur kleine Teile vom *Allgöttlichen*, damit wir Menschen uns nicht verlieren; denn erfassen, was das Wirkliche ist, können wir in dieser Lebensform nicht. Wir können den göttlichen Funken in uns nur erahnen, spüren, als eine Sehnsucht nach Heimat. Er ist uns so vertraut, weil alles Leben damit durchwirkt, untrennbar mit ihm verwoben ist.

Und so ist es ganz egal, ob wir ein Phänomen, eine für uns vorstellbar machende Figur, Symbole schaffen oder das *Göttliche* in einer Blume, im Hauch des Windes, im Grollen des Donners oder worin auch immer erinnern.

Oder ob wir Handlungen vollziehen, Rituale schaffen, die zu jedem neuen Tag gehören und das Lebensrad von *Jera* sichtbar machen. Ob wir Wasser segnen, Feuer entzünden, Rauch und Düfte opfern und damit dieses Lebenselixier einatmen, es mit unseren Gedanken erfassen, in unserem Körper spüren oder in tiefem Glauben davon erfüllt sind, immer sind wir Menschen, die sich mit dem *Göttlichen* verbinden.

Liebe Ihwar, du wirst noch viel erkennen und verstehen lernen, aber jetzt habe ich dir erklärt, was du heute wissen musst.

Wenn du bei uns bleiben willst, musst du um deine Aufnahme bitten; dann wird dir hier eine neue Heimat geschaffen, weil es dein Wille ist.

Wenn du aber zurück willst, dorthin wo vielleicht deine Familie auf dich wartet, bitte um Erinnerung und das Dunkel wird sich lichten.

Noch kannst du dich entscheiden, noch kannst du gehen. Überlege es dir gut, Ihwar, bedenke, was du willst! Bis hierher bist du geführt worden, was jetzt geschieht, entscheidest du alleine."

Kapitel 11

Nachts im Zimmer

Als Eva aufwachte hatte sie noch den Nachhall harter Schläge im Ohr. Jemand hatte ungehalten mit den Fäusten an ihre Tür gehämmert. Hatte sie verschlafen, hatte sie ihren Wecker überhört, hatte er nicht geklingelt?

Nein, es war noch mitten in der Nacht, alles war still. Urrh lag zusammengerollt auf der Bettdecke und Eva kuschelte sich erleichtert wieder ins Kopfkissen und schlief sofort wieder ein.

₪

Immer wenn Urrh bei ihr war, träumte sie aus einer anderen Zeit und tauchte ein in dieses Leben, das ganz anders war als das, was sie hier hatte. Wenn sie dann aufwachte, verflog leider dieses angenehme Prickeln und machte dem Unbehagen, das sie nun immer öfter beschlich, Platz.

„Was hatte sie geträumt? Da war eine Frau, die unglaubliche Geschichten erlebte und Eva seltsame Phänomene zeigte. Wo lebte sie? Was war das für eine eigenartige Welt? Es war ganz anders als hier auf der Insel, wollte so gar nicht in ihren Alltag passen. Jedoch waren da auch Vertrautheit und Geborgenheit, die sie im Schlaf glücklich machten.

Und dieses Glücksgefühl erinnerte sie auch noch, wenn sie aufwachte, nur das genaue Traumgeschehen konnte sie schon Sekunden danach nicht mehr fassen.

Jedoch eine Ahnung blieb. Diese schien aus ihr selbst zu kommen und drang ganz selbstverständlich in ihr Tagesbewusstsein ein. Irgendwie war alles gut, hatte alles seine Richtigkeit.

„Ich habe mit dieser Frau zu tun, sie ist wie ein Teil von mir. Seltsam“, dachte Eva, „nur, was will sie mir sagen?“

„Sooofooart aufmachen, sooonst schschlage ich die Tür ein!“, brüllte es von draußen. Jetzt war Eva sofort hellwach und saß mit zitternden Knien auf der Bettkante. Unentschlossen zögerte sie noch einen Moment, fühlte sich dann aber genötigt aufzuschließen. Mit aller Gewalt flog die Tür auf und Eva schlug hart an den Stuhl, der hinter ihr stand. Ihr Chef stürmte mit solcher Wucht in den Raum, dass er drohte, vor die Deckenschräge zu rennen. Sein wirrer Blick und seine Alkoholfahne schürten Evas Angst und versetzten sie in Panik.

„Woooh ist dddas Viech?“, brüllte er. „Dddu weisst doooch, ich dddulde hier kkein Tier. Wwwir sind ein Hoootel und kein Tttierhaaim!“

Zum Glück hatte Eva bei geöffnetem Fenster geschlafen und sich nach dem ersten Schrecken erleichtert besonnen, dass Urrh bestimmt inzwischen geflüchtet war. Aber als sie sich umdrehte sah sie erschrocken, dass Urrh ganz ruhig dalag. „Aber nein, merkt sie denn nicht, dass sie sich in größter Gefahr befindet? Hat sie denn von dem Radau nichts mitbekommen?“

Jetzt hatte Eva keine Angst mehr um sich, sondern nur noch um Urrh. Von einer Sekunde zur nächsten musste sie mit kühlem Kopf handeln. Mit schnellem Griff schlug sie die Bettdecke über Urrh und baute sich beschützend vor dem Bett auf. Sie hoffte, dass ihr tobender Chef Urrh noch nicht entdeckt hatte. Egal, sie würde mit jeder Faser ihres Körpers um ihren kleinen Liebling kämpfen.

„Zuuur Saaite", schrie er und machte sich mit rudernden Armbewegungen Platz. Er torkelte und drohte aufs Bett zu fallen, packte die Bettdecke und zog sie zur Seite.

Eva stockte der Atem, doch Urrh war völlig entspannt. Gelassen schaute sie mit ihren hellblauen Augen auf und schien durch den aufgebrachten Mann hindurch zu sehen.

„Oh bitte nicht", flüsterte Eva und dann riss sie sich zusammen. „Ich habe hier keine Katze und außerdem ist es eine Unverschämtheit, dass sie hier nachts in mein Zimmer eindringen", erwiderte Eva mit fester, selbstbewusster Stimme. „Raus hier", schrie sie und wies ihm die Tür.

Urrh hatte ihr Mut gemacht und tatsächlich war es wie ein Wunder. Er war zu betrunken, wohl zu benebelt, um dass weiße Kätzchen auf der hellen Decke zu erkennen.

Eva staunte, konnte es denn sein, dass die Gelassenheit von Urrh völlig berechtigt war, sie sich auf ihren Instinkt verließ und gar nicht in Gefahr gewesen war?

Abrupt drehte er sich um. „Stell dich maaal niiicht so aaan, Määädchen. Sei froh, daaass du baai mir aaarbaaiten kannst. Uuund wenn duuu nicht paaarierst, dann bringe ich es diiir baai. Laaass dich nicht erwischschen. Wenn ich die Kaatze zuuh paackken bbbekomme, daann Gnade dir Gott."

Bedrohlich schwankte er hin und her und grapschte mit seinen Händen nach Eva.

„Hände weg, fassen sie mich nicht an. Raus hier, und wenn das noch einmal vorkommt, zeige ich sie an."

Eva hatte ihren Chef fest an den Schultern gepackt und mit aller Kraft aus dem Zimmer geschoben. Nicht nur sie, sondern auch er waren von diesem eindeutigen Verhalten überrascht und er nuschelte nur noch ein paar Worte des Protestes, die sie nicht verstand, oder war es eine Entschuldigung?

Jedoch die nächtliche Aktion blieb ohne negative Folgen für sie. Zufrieden stellte Eva fest, dass er sie am nächsten Morgen nicht anschaute und grußlos an ihr vorbeiging. Arbeitsanweisungen formulierte er kurz und knapp und ließ sie dann ihre Arbeit unbeaufsichtigt erledigen. Auch nach Dienstschluss wich er ihr aus und wagte sich nie wieder in die Nähe ihres Zimmers.

Aber in Eva hatte die Sehnsucht nach einem anderen Leben zu keimen begonnen, und ihr wurde immer unbehaglicher. Nur wenn sie sich in die Natur flüchten konnte, fühlte sie sich wohler, dann saß sie stundenlang ganz still und stellte sich vor, wie schön das Leben war. In Gedanken war sie an einem anderen Ort, hatte dort ihre Heimat gefunden, den Platz, an dem sie ein erfülltes und glückliches Leben führen konnte.

Immer, wenn es Eva möglich war, verließ sie das Hotel und war draußen, egal ob die Sonne schien oder es regnete. Oft fand sich Urrh bei ihr ein und leistete ihr Gesellschaft. Sie war längst nicht mehr nur ein niedliches kleines Tier, das sich streicheln ließ und zärtlich ankuschelte. Urrh war ihr wie eine beste Freundin geworden, der sie alles erzählen konnte. Und auch wenn sie sich nicht mit ihr unterhalten konnte, hatte Eva immer mehr das Gefühl, dass Urrh sie verstand. Sie sprang dann auf ihren Schoß und schnurrte ihr mit ihrem weisen „urrr, urrrr, urrrr" Zuversicht ins Herz. Sofort konnte sich Eva entspannen und war froh und dankbar, dieses wunderbare Wesen bei sich zu haben.

Kapitel 12

Ihwars erste Prüfung

„Mich scheint eine Disziplin zu ereilen, eine Disziplin, die ich nicht erwartete, von anderen nicht und nicht von mir. Und doch ist sie da. Vielleicht bin ich zu streng, vielleicht sollte ich noch abwarten, sollte mich noch einmal zurückziehen; vielleicht, aber ich kann nicht.

Dieses Werden, das Verlangen nach Nichterklärung, das überfordert mich, das lähmt mich. Ich kann diesen Zustand kaum ertragen. Und doch ist er da, ist er präsent, hält mich gefangen, mich und vielleicht auch euch? Was ist das für ein Anspruch, was ist das für ein Wesen, das in mir um Beachtung kämpft? Was ist es, ist es das, was ich wirklich will? Oder ist es nur das, was mich will? Es scheint nicht nur, es ist.

Ich möchte Frieden, ich möchte Gelassenheit, ich möchte das erleben, was meiner vollen Aufmerksamkeit bedarf, dem, was mir entspricht.

Ich möchte mich von den anderen ein Stückchen absetzen, besonders von denen, die wie ich in Panik verfallen sind, mit dieser Ungeduld, die ich kaum zu ertragen vermag. Und doch möchte ich damit nicht alleine sein, was soll ich nur tun?

Ich sollte inne halten, sollte dieser Unruhe den Rücken zuwenden und hoffen, Ruhe zu finden; diesen Sturm des Lebens zu bannen.

Und ich sollte diesen Überblick erlangen, der mich ganz sein lässt; hin zum ewigen Ursprung zieht, für dieses Leben in Freiheit.

Jedoch, es ist nicht einfach; vorstellen kann ich mir vieles, es leben noch nicht. Ich muss mich wirklich anstrengen, mich ganz öffnen, dem hingeben was unumgänglich ist, bedingungslos vertrauen lernen.

Mit dieser Erkenntnis gehe ich meinen Weg schon mutiger, bin tapferer als zuvor, wenn auch manchmal noch zögerlich.

Aber wenn ich es ganz genau betrachte, ich gehe, Schritt für Schritt und noch einen und noch einen und ich komme weiter; trete aus dem Nebel, der am Morgen zum Himmel aufsteigt und mich den neuen Tag sehen lässt.

Ich freue mich, ich bin fast glücklich, denn ich weiß, dass etwas in mir, die Geduld herausfordernd, mich langsam vorankommen lässt und irgendwann an mein Ziel bringen wird.

Ich rede von mir, immer nur von mir und möchte euch doch bitten, euch alle bitten, auf meinem Weg als meine Schwestern an meiner Seite zu sein.

Ich begrüße euch, ich freue mich, dass ihr da seid und ich lasse euch eure Zeit, weil ich die Hoffnung in mir habe, dass wir an einem Tag, ob fern, ob nah, ganz egal, wirklich nebeneinander, Auge in Auge, Schulter an Schulter, gehen. Schritte tun, die uns gemeinsam in unser Glück schreiten lassen."

Gedankenversunken, mit fernem Blick, kehrt Ihwar in die Wirklichkeit zurück. Hatte sie diese Worte laut gesprochen? Sie waren mit einer Klarheit in ihr Wesen eingeschrieben, dass sie sie genau so wiederholen würde, wenn sie gleich die Veleda und die anderen Frauen hier am *Felsen der Drachenschlange* um Aufnahme bitten würde.

„Dies ist meine erste Weihe, die Erfüllung meiner Selbstwahrnehmung, meinen körperlichen Willen zum Sein der *Großen Mutter* zu verschenken. Eins zu werden, so wie hier, wo die Wurzeln der stattlichen Fichte den harten Stein umklammern. Hält der Baum den Felsen fest oder gibt ihm der große Steinbrocken Halt? Ist es diese starke Verbundenheit, die sich so gegenseitig bedingt?"

„Fast ein Mysterium der Harmonie", denkt Ihwar. „Hier verbinden sich die Kräfte von Himmel und Erde miteinander, die Energien aus Krone und Wurzeln umschlingen sich und vereinen sich im Stamm."

Und auch die zwei kleinen Löcher, oben auf dem Felsen, in denen der Stein der Erde das Wasser des Himmels aufgenommen hat, sind so ein Symbol des ausgewogenen Miteinanders.

Verändert sich die Betrachtung, sind es die Augen, im Profil von Mann und Frau, von Gesichtern, die sich ansehen und deren Blick untrennbar scheint; oder es zeigt sich das Augenpaar der *Eule der Weisheit*, das durch den letzten Frühlingsregen einen wissenden Blick bekam.

Harmonie, dass sind die Gegensätze in den beiden Waagschalen, die in ihrer Mitte zur Ruhe kommen, die nicht mehr zwischen den Polaritäten schwingen, sondern still stehen. Das ist es, das glückliche Sein, das die Hochzeit eingeht und so ein untrennbares Miteinander bildet.

Und Ihwar erinnert sich an das Gebet, das sie die Veleda erst vor wenigen Tagen gelehrt hatte.

„Es ist das Gebet des Mensch-Seins, im Bewusstsein, dass du als Mensch in Gestalt von Geist, Seele und Körper eins bist; mit der *Göttlich Allmächtigen* gesegnet und untrennbar mit allem, was auch noch ist, verbunden bist", hatte die Veleda erklärt.

„Mit den Gesten deines Körpers kannst du es zum stärkenden Ritual machen", hatte sie ihr geraten. „Deine linke Hand, die nimmt, ruht auf deinem Herzen, mit der rechten, der Hand der Taten, formst du mit gestrecktem Zeige- und Mittelfinger einen energetischen Stab.

Dann berührst du dein drittes Auge, setzt den Punkt als Zeichen für den *Göttlichen Funken*, der in dir ist; beschreitest die Vertikale bis zu deinem Sonnengeflecht, als Zeichen für Geist und Seele, und bildest das Kreuz mit der horizontalen Linie, der Verbindung deiner beiden Seiten, der weiblichen und der männlichen, berührst erst deine linke und dann deine rechte Schulter.

Und mit dem Kreis, der alles umspannt, besiegelst du dein vollkommenes Wesen.

Dann lass deine rechte Hand auch auf deinem Herzen ruhen, verneige dich in stiller Harmonie und sprich:

„Deinen Atem,
Große Mutter,
schenkst du mir,
für meinen Körper,
meine Seele
und meinen Geist.

So bin ich,
heil allen Seins.
Wie es immer war,
wie es ist
und immer sein wird."

Ihwar hatte ihr Gewand abgelegt, hatte mit dem heiligen Nass die Haut über ihrem dritten Auge mit dem Symbol der Sonne gezeichnet, um Segen gebeten, und war nackt in die kleine Öffnung gestiegen in der sie *Mutter Erde* empfing.

Sie hatte sich ihr anvertraut, ihren Schutz genossen und ihrer beider Herzschlag gehört. Ein tiefes gleichmäßiges Pochen, das nebeneinander klopfte, hatte sie langsam mit dem Gestein verschmelzen lassen.

Aber dann ergriff ein fernes Rauschen von ihr Besitz. Es war immer intensiver in ihre Ohren gedrungen, hatte sie schwindeln lassen. Verzweifelt hatte Ihwar versuchte, sich an den glatten Wänden festzuhalten.

„Zürnt mir *Mutter Erde*?"

Wie in einem Erdbeben hatte sie Ihwars kleine Gestalt durchschüttelt und ein Sog, der mit gnadenloser Macht aus der Dunkelheit der Erde nach ihr griff, hatte brutal an ihr gezerrt. Sie fühlte sich verloren und alles bisher Erlebte erschien ihr nutzlos und winzig klein.

Nagende Angst hatte Ihwar in Besitz genommen und sie in einer nicht enden wollenden Tiefe, haltlos, im Abgrund ohne Wiederkehr gefangen genommen.

Verzweifelt hatte sie um Hilfe geschrien, auf *Mutter Erde* gehofft, die sie mit einer zärtlichen Umarmung wieder zurückbringen würde.

Aber mit Erschrecken musste Ihwar erkennen, dass sie alleine war, auf sich selbst gestellt. Das Rauschen war noch gewaltiger geworden, hatte alles übertönt und gedroht, ihr die Sinne zu rauben, hatte sie ergriffen und gänzlich zu verschlingen gedroht. Kaum noch ihrer selbst mächtig, hatte Ihwar noch einmal versucht, ihren Mund zu öffnen; hatte rufen wollen, aber mit letzter Kraft, der Ohnmacht nahe, war es nur noch ein Wispern gewesen.

„*Mutter Erde* schweigt?"

Aber nein, mit ferner Stimme sprach sie zu Ihwar. Und nun quollen die Worte hervor, aus ihrem eigenen tiefsten Selbst, ihrer Intuition, der sie gespannt lauschte.

„Tief in mir sind deine Erinnerungen verwurzet, sieh sie dir an, erkenne ihre selbstzerstörerischen Kräfte; nicht ich, sondern du allein bist für sie verantwortlich. Ihwar, du kannst deine eigene Wahrheit nicht länger unterdrücken, du musst sie dir ansehen, musst sie anerkennen. Du bist ihr nur gewachsen, wenn du deinen alten Standpunkt vollkommen aufgibst.

Geh in dein Zentrum, nimm mit deinen irdischen Schritten den Weg, den dir die weißen Steine weisen. Geh mit Bedacht, aber zögere nicht, halte nicht an und kehre nicht um, bevor du in der Mitte warst. Spüre mit deiner Feinfühligkeit die abnehmende Energie von *Großmutter Mond* bis sie sich im Schwarz verliert und dann lade dich auf, koste von ihrer Kraft, bis sie wieder zum vollen Rund gewachsen ist.

So sei fortan wieder mit allem eins; sei Mensch, Erde und Himmel gleichzeitig. Deine eigenen Wurzeln hast du in meinen Schoß geschoben, deine Zweige sind die Finger, die nach den tanzenden Wolken greifen, dein

Stamm bist du, die in sich selbst Halt findet; weil du es so willst, weil du es kannst.

Du selbst bist es, die über ihr ganzes Wesen entscheidet, so nutzt du deinen Körper, wie es dir gefällt; bist in ihm die eigene Herrin; du allein kannst dir gewiss sein, wann du in ihm bist, weißt, wann du ihn verlassen kannst; dann wirst du immer wieder in ihn zurückfinden."

Jetzt steht Ihwar wieder auf dem weichen Waldboden, mit sicherem Fuß, bestärkt und zuversichtlich.

Ja, sie wird den Rat von *Mutter Erde* annehmen, wird immer wieder in der weißen Spirale zu ihrer Mitte finden, wird ihre Übungen machen. Jedoch wird sie auch ihrem eigenwilligen Gefühl nachgeben und ihrem Lieblingsplatz, dort wo die große Fichte den Felsen umklammert, treu bleiben.

Ihr Herz hat sich beruhigt und sie spürt die tiefe Gewissheit, ihre erste Prüfung bestanden zu haben.

Dankbar und gleichzeitig unendlich erleichtert ergreift sie das Festgewand mit der roten Bordüre, und es scheint ihr, dass es wie von Zauberhand aus *Mutter Erde* gewachsen und gleichzeitig für sie vom Himmel gefallen ist.

„Ich habe sie überwunden, die Angst, die Ungewissheit und auch die Zweifel." Zärtlich drückt sie es an ihr Herz und wiegt es wie ein kleines Kind. „Jetzt darf ich hier sein, mich weiter erkennen und als sichtbares Zeichen die Farbe der ersten Blüte tragen; das Rot der Wurzelenergie wird mich fortan bestärken, ich habe es erlangt, nun gehört es zu mir."

Schnell kleidet sie sich an, denn gleich werden die anderen kommen und sie in ihre Mitte aufnehmen.

Kapitel 13

Tagträume

„Urrr, urrrr, wenn du es aufschiebst, versäumst du das Leben. Urrrrr, urrrrr!"

„Was hast du gesagt?", das ist doch ein Zitat von Seneca, „woher kennst du denn das? Ach was rede ich, du kannst doch gar nicht sprechen. Es wird höchste Zeit, dass ich nette Leute treffe, mit denen ich mich unterhalten kann, sonst fange ich noch an zu spinnen."

₪

Aber Urrh hatte irgendwie beleidigt getan, war auf die Fensterbank gesprungen und über das Dach verschwunden. „Schade", dachte Eva, „ich fühle mich ohne mein Kätzchen einsam. Bestimmt kommt sie heute Abend zurück."

Aber da hatte sie sich geirrt, die nächsten vierzehn Tage blieb Urrh verschwunden, und selbst am alten Friesenhaus tauchte sie nicht auf, um ihr Gesellschaft zu leisten.

₪

Inzwischen machte sich Eva große Sorgen; hatte ihr Chef sie eingefangen und umgebracht? „Lieber Gott, mach, dass das nicht wahr ist, bitte gib sie mir zurück", betete sie, wie damals, als sie noch ein kleines Kind gewesen war. Und sie mochte gar nicht daran denken, dass ihr

Flehen, als ihre Eltern gestorben waren, nichts geholfen hatte.

Grübelnd saß sie in der schönen Teestube und versuchte sich zu konzentrieren.

„Vielleicht wäre Kellnern doch eine Möglichkeit. Woanders zu arbeiten als im Hotel wäre prima, zumindest hier in diesem schönen Ambiente. Aber dann müsste ich ungeschützt in der Öffentlichkeit stehen und eigentlich traue ich mir diesen anstrengenden Job überhaupt nicht zu."

Und was, wenn es auch hier hinter den Kulissen so unpersönlich zuginge? Das würde sie nicht einmal verwundern; auch das kleine Hotel hatte für sie beim ersten Eindruck einen schönen Anschein gehabt, und dann? Noch eine Enttäuschung wollte und konnte sie sich nicht antun. Dann lieber da bleiben, wo sie sich trotz allem schon ein bisschen zuhause fühlte."

Die kurze Zeit, die Sommersaison lief noch nicht einmal drei Wochen, hatte ihr gereicht und sie musste erkennen, wie gnadenlos dieses Geschäft war.

„Ja, ja, es ist mir nicht gelungen, hier auf der Insel eine Situation zu schaffen, in der ich entspannt leben kann", dachte sie. „Mein schlechtes Gefühl, dass mich vor meinem Chef gewarnt hatte, hat sich leider schnell bestätigt. Er ist ein cholerischer Typ, der nur vor den Gästen Freundlichkeit heuchelt. Ich muss mir ein dickeres Fell zulegen, so wie Urrh, denn ich werde ihm auch weiterhin nichts gut genug machen können; er hat eben an allem etwas auszusetzen."

Am liebsten hätte sie ihr Arbeitsverhältnis sofort beendet, aber sie war inzwischen auf das Geld angewiesen, das er ihr zahlte, und wo hätte sie wohnen sollen? Irgendwie war sie von ihm abhängig geworden, und das erinnerte sie an die Zeit mit ihren Ehemann.

Die versprochene Arbeit im Büro hatte sich schon nach zwei Tagen als Lüge entpuppt. Ihr Dienst an der Rezeption wurde für mehrere Tage in der Woche zum „Nachtdienst", und Eva war froh, dass sie wenigstens nicht die ganze Nacht wach bleiben musste, sondern um 23.00 Uhr schlafen gehen konnte.

Und das war erst der Anfang einer unerfreulichen Entwicklung gewesen. So nach und nach hatten sich, ganz in der Art ihres Chefs, Veränderungen eingeschlichen, die schlicht und ergreifend unverschämt waren.

Vor einer Woche hatte er die Küchenhilfe vergrault und Eva musste nun nach dem Frühstücksservice auch noch den Spüldienst übernehmen.

Inzwischen waren die Arbeitsbedingungen völlig unakzeptabel geworden und hatten mit dem, was Eva noch vor kurzer Zeit versprochen worden war, nichts mehr zu tun. Eva war froh, wenn sie abends in ihrem Bett lag, und er sich keine weitere Unverschämtheit hatte einfallen lassen. Sie war immer todmüde und schlief tief und fest, trotz der Hitze, die inzwischen in der kleinen Dachkammer unerträglich geworden war.

Ihre Hoffnung, dass sich noch alles zum Besseren wenden würde, hatte sie inzwischen aufgegeben, und sich kaum darüber gewundert, dass er sie auch noch im Zimmerservice einplante, als das Hotel ausgebucht war.

Selbstverständlich ohne Lohnerhöhung und auf Freizeitausgleich war jetzt in der Hauptsaison auch nicht zu hoffen.

„Die Sommersaison ist unser Geschäft, also machen sie mal. Wir können alle nicht zimperlich sein, das ist nun mal so in diesem Job. Da stehen ihre Bedürfnisse nicht zur Diskussion, und wenn es ihnen hier nicht passt, dann können sie ja gehen", hatte er sie nur arrogant angegrinst.

Eva ärgerte sich über sich selbst, dass sie sich das gefallen ließ, aber fand nicht den Mut, sich einer Auseinandersetzung mit ihm zu stellen.

Der Chef war so eine falsche Schlange, dass ihr schon bei dem Gedanken an ihn übel wurde. An der Rezeption und wenn er durch sein Hotel schritt, als wäre er der Manager vom Grandhotel, gab er sich als strahlender Mann. War überfreundlich und umschmeichelte seine Gäste. Besonders die alleinreisenden älteren Damen schienen das auch noch zu genießen. Aber sobald er nicht repräsentieren musste, zeigt er sein äußerst unfreundliches Wesen.

Eva wurde immer mehr ausgenutzt und hatte immer mehr das Gefühl, dass sie sich vielleicht doch falsch entschieden und ihren Ehemann zu übereilt verlassen hatte. Der Preis, den sie für ihre neue Freiheit zahlen musste, war zu hoch geworden, und frei war sie ja auch schon lange nicht mehr.

Wo war es geblieben? Wo war das Gefühl für die neue Heimat? Jetzt, wo einige Monate auf der Insel verstrichen waren, hatte sich ein Alltag eingeschlichen, der nur noch aus anstrengenden Pflichten zu bestehen schien.

Ja, da waren noch die wenigen Stunden, die sie draußen verbrachte, und sie versuchte sich wenigstens diese kleinen Verschnaufpausen freudvoll zu gestalten.

Dann stand sie an einem ihrer Lieblingsplätze und spürte ihre Füße, fest verbunden mit der Erde, erhob die Arme zum Himmel, sog gierig den Wind ein und stellte sich vor, mit ihm Glück und Zufriedenheit einzuatmen. Dieses Ritual half ihr zwar, die Zuversicht nicht noch weiter zu verlieren, aber ihr Empfinden für die Faszination der Natur wurde schon längst von einem faden Geschmack begleitet.

Die familiäre Geborgenheit, die sie anfänglich auf der Insel genossen hatte, mit diesem Gefühl der Sicherheit, war durch die vielen Touristen verschwunden. Vorbei war es mit der verträumten Einsamkeit.

Mit jedem Schiff, das im kleinen Hafen anlegte, ergossen sich neue Menschenmassen auf die Insel. Eva bekam eine Ahnung davon, wie es die nächsten Wochen hier sein würde. Schon jetzt konnte sie sich kaum vorstellen, dass für all die Besucher genügend Zimmer zur Verfügung standen. Schon jetzt war hier alles gnadenlos überbevölkert.

Um alleine zu sein, mied sie inzwischen den Hauptstrand, der zu einer Stadt aus Strandkörben geworden war. Imbissbuden und Händler machten sich breit, überall war Lärm, und Evas heile Welt bekam immer mehr Risse.

Hatte sie erst nur die schönen Dinge gesehen, die das Meer auf die Insel spülte, so musste sie jetzt feststellen, dass die Müllabfuhr nicht nur die Tonnen und Container des Hausmülls leerte, sondern am Strand Tag für Tag Berge von Unrat zusammentrug. Da waren Plastikstühle, Kanister, Plastikflaschen, die mit Sicherheit keine Flaschenpost enthielten, kaputte Stiefel und Latschen, sogar Möbelteile und Matratzen; der Müll der Zivilisation, den die Gezeitenströme auf den weißen Sand geschwemmt hatten. Der Kranwagen mit der großen Greifzange war ihr vorgekommen wie ein Fahrzeug auf einem Schrottplatz.

Inzwischen war Eva froh über die Schilder und sah ein, dass das Verlassen der Wege und Holzstege, die durch die Dünen führten, bei Strafe verboten war. Es war ein zwingender Schutz der Natur, die gegen die vielen Tausenden Touristenfüße nicht standhalten könnte. Der Strandhafer und die anderen Pflanzen, die mit ihren verzweigten Wurzeln den losen Sand festhielten und den Vögeln und kleinen Tieren Schutz gaben, wären in kürzester Zeit zertrampelt.

Irgendwie fühlte Eva sich für die Insel verantwortlich, aber gleichzeitig empfand sie Fernweh, das nicht in Richtung Meer gerichtet war.

Was war denn nur los mit ihr? Sie hatte sich doch dieses neue Zuhause freiwillig ausgesucht, warum ging es ihr denn jetzt so schlecht? Warum steigerte sich dieses anfängliche Unbehagen immer mehr in das Gefühl, eingesperrt zu sein?

Sie fing an, die Landschaft auf dem Festland zu vermissen, die Hügel und Berge, die weiten Felder und Wälder. Und mit ihrem Auto Ausflüge zu unternehmen, einfach so Hunderte von Kilometern zu fahren, auch wenn es Benzinvergeudung war. Sich ungehindert bewegen zu können, nicht vom Wasser eingeschlossen zu sein, zog sie in Betracht.

Diese Möglichkeit der grenzenlosen Freiheit, entlockte ihr sehnsuchtsvolle Bilder. Irgendwie wurde ihr die Insel zu eng, irgendwie fühlte sie sich wie in einer Sackgasse. Sie würde in nächster Zeit keine Gelegenheit haben, wenigstens mal für einen Tag rüber zu fahren und erkannte: „Jetzt kriege ich auch noch diesen dämlichen Inselkoller."

Ja, sie war es gewohnt gewesen, von einer Landschaft umgeben zu sein, die ihr nicht nur die Freiheit der Weite gezeigt, sondern auch die Möglichkeit, sie zu erleben, gegeben hatte. Und die Erinnerungen an die wenigen, unbeschwerten Unternehmungen, die sie mit Ihrer Freundin unternommen hatte, waren zu einem wichtigen Halt in ihrem neuen Leben als Ehefrau geworden.

Aber das war schon lange Vergangenheit, denn seit sie verheiratet war, hatten sich ihre Ausflüge zunehmend in eine andere Richtung entwickelt. Immer häufiger war sie in die City gefahren, zu einer ihrer ausgiebigen Shoppingtouren, und war kaum noch ins Umland gekommen.

Die Vorstellung, jederzeit mit ihrem kleinen Sportwagen durch das dünn besiedelte Bauernland zu rasen, war zunächst verlockend gewesen und hatte ihrer Fantasie Raum gegeben. Das Dach offen, über ihr die Sonne, die warmen Strahlen im Windschatten wohlig auf ihren nackten Armen und Beinen, das lange Haar unter einem Tuch vor dem Wirbel des Fahrtwindes gebändigt. Doch wie selten hatte sie sich diesen Luxus gegönnt, der sie vergessen ließ, wie einsam und alleine sie sich ohne einen Menschen an ihrer Seite fühlte.

Keiner hatte in den immer langweiliger werdenden Wochen Zeit für sie. Für ihren Mann zählten Geschäftsreisen in die ganze Welt zum Alltag, aber auch ihre Freundin konnte dann nur selten mit ihr sein. Sie musste sich ihren Lebensunterhalt in vielen Arbeitsstunden im

Institut verdienen, und wenn auch noch Überstunden anstanden, war Eva auch an den Abenden alleine.

Eva verfügte zwar über unbeschränkte Geldmittel, konnte sich überall verwöhnen lassen; im Spa-Bereich der Luxushotels, aber sie reiste nicht gerne alleine; oder bei einer kleinen Segeltour mit Champagner und allerlei Leckereien, aber nur das Personal leistete ihr dabei Gesellschaft und sie vermisste ihre Liebsten. Oder beim Hairstyling bei George, der sie aufzuheitern versuchte und ihr die aufwendigsten Frisuren gestaltete. Aber auch dieser Trost war nur von kurzen Momenten, denn bewundert wurde sie von Menschen, die ihr fremd waren und deren Beruf es war, mit ihren Kunstwerken ihr Geld zu verdienen.

All das war sie schnell leid geworden, es war nicht das, was sie ersehnte.

Ihr Alltag bestand bald nur noch darin, sich schön zu machen, die neueste Mode und luxuriöse Accessoires an ihrem Körper zu drapieren, sich angemessen ihres neuen Standes zu geben und zu langweilen.

Oft sahen nur die Haushälterin oder der Gärtner, wie anspruchsvoll sie sich hergerichtet hatte. Und wenn sie sich nach so einem einsamen Tag abschminkte, fragte sie sich einmal mehr, für wen? Und sie konnte sich nicht damit trösten, dass sie es für sich tat, denn die Frau, die ihr das Spiegelbild zeigte, war schon lange nicht mehr sie selbst.

Ihr fehlte eine sinnvolle Beschäftigung und sie hatte darum gebettelt, wieder arbeiten zu dürfen. Aber das war für ihren Mann ein Tabuthema gewesen. Er hatte seine Sichtweise und machte Eva mit scharfem Blick klar, dass er keinen Widerspruch duldete.

Tapfer hatte sie versucht, sich in die neue Gesellschaft einzubringen, die nun zu ihrem Leben gehören sollte, so wie eine Ersatzfamilie aus lauter guten Freunden. Aber sie schaffte es nicht, sich in dieser Welt der Reichen einen Platz zu ergattern. Ihre Scheu wurde ihr als Arroganz ausgelegt, ihre Unfähigkeit, sich für die Themen der anderen zu interessieren, als Dummheit; immer mehr wurde sie zur Außenseiterin. Nur wenn ihr Mann dabei war, bei einer dieser Partys der High Society, wagte niemand, unfreundlich zu ihr zu sein.

Sie wurde natürlich zu allerlei Events gebeten, aber ihr war klar, dass es nur offizielle Einladungen waren, die nicht sie, sondern die Ehefrau eines einflussreichen Mannes meinten. Nach und nach sah keiner mehr sie, Eva, sondern nur die, die in diese künstliche Welt hineingeheiratet worden war. Sie wurde nur geduldet, ohne Herzlichkeit mit Floskeln abgetan und so wie ein schönes Dekostück behandelt.

Irgendwann ließ sie sich entschuldigen; Migräneattacken, die sie dann wirklich fühlte, wurden ihre Ausrede, um sich zu entziehen.

Ihr Mann hatte ihr Vorwürfe gemacht, denn die Gastgeber fühlten sich beleidigt, und er verlangte von Eva, sich anzupassen. „Es ist vielleicht für dich nur ein Spiel, aber meine Freunde fühlen sich von dir vernachlässigt", hatte er sie gerügt. „Ich verlange von dir, dass du dich angemessen benimmst, schließlich bist du meine Ehefrau."

Sie hatte sich trotzdem geweigert und musste erkennen, dass sich nun auch zwischen ihnen eine immer angespanntere Atmosphäre entwickelte.

Nun war Eva auf der Insel, streifte durch die Natur, träumte von einer schöneren Welt, von Erfüllung und Lebensglück.

Doch selbst an ihrem Friesenhaus, empfand sie inzwischen dieselbe Enge, wie noch vor wenigen Wochen in ihrer Ehe. Wie konnte das denn sein? Sie hatte sich doch verändert, war an den Ort ihrer Wahl gegangen. Und jetzt?

Sie musste sich freie Luft zum Atmen verschaffen und kletterte schnaufend auf einen der Berge aus Sand. Aber die gewünschte Wirkung von Weite stellte sich nicht ein.

„Ich muss höher hinauf, muss auf den Leuchtturm, dann geht es mir bestimmt besser", dachte sie.

„Oder ich muss dringend auf die Weite des Meeres hinaus." Aber ihre Freizeit erlaubte es ihr nicht, mit einem der Ausflugschiffe zu fahren. Die wenigen Stunden zwischen ihren vielen Aufgaben im Hotel ermöglichten ihr nur kurze Wege.

Inzwischen war der Druck so groß geworden, dass sie ihn kaum noch ertragen konnte und nicht wusste, wie sie dieses Leben aushalten sollte. Wären da nicht ihre kleinen Ausflüchte in die Natur gewesen und ihr kleines Kätzchen, dass ihr treu beigestanden hatte, hätte sie längst aufgegeben.

„Ach Urrh, wo bist du denn nur? Bitte komm zurück, ich brauche dich doch."

Auch in ihrer Ehe hatte sie sich nach einem Kätzchen gesehnt, hatte ihren Mann angefleht, ihr diesen Wunsch zu erfüllen. Aber es hatte nicht in sein Schema gepasst, ein Tier im Haus duldete er nicht.

Als Eva dann ein Kätzchen aus der Nachbarschaft angelockt hatte, war das Glück nur von kurzer Dauer gewesen. Sie hatte das kleine Wesen sofort in ihr Herz geschlossen. Aber als ihr Mann davon erfuhr, dass sie es fütterte, hatte er den Gärtner gezwungen, es einzufangen und wegzubringen.

„Ich will nicht, dass du so ein unsauberes Tier anfasst, das ist schauderhaft. Igitt, wenn ich mir vorstelle, dass deine Hände, die so ein Viech gestreichelt haben, mich berühren, fange ich an, mich auch vor dir zu ekeln." Mit scharfem Ton hatte er gesprochen und seine Augen hatten diese Schwärze bekommen, mit diesem brutalen Funkeln, dass ihr Angst machte.

Eva war in Tränen ausgebrochen und er hatte sich sofort besonnen. Als wenn ein Schauspieler einen Szenenwechsel spielte, hatte er seine Geste und den Ton seiner Stimme geändert. „Entschuldige, ich wollte dich nicht erschrecken", hatte er gesäuselt, „aber zukünftig bist du artig und hältst dich an meine Anweisungen."

Er hatte sie mit diesem falschen süßlichen Lächeln, das sie inzwischen hasste, angesehen und sie an sich gezogen. „Komm beruhige dich, es ist ja nicht so schlimm. Hör auf zu weinen, ich liebe dich doch, ist ja gut."

Aber nichts war mehr gut und würde es auch nie mehr sein!

Mit zärtlicher Geste hatte er angefangen, ihre Tränen von den Wangen zu küssen. Aber sein Griff, mit dem er fest, viel zu fest, ihre Arme umklammert hatte, sprach eine andere Sprache. Er tat ihr weh; morgen würden seine Finger als blaue Flecken auf ihrer Haut zu sehen sein.

Und als er dann mit ihr schlafen wollte wurde er immer rücksichtsloser, mit steigender Erregung verlor er die Beherrschung. Die Liebesszene verlor alles Schöne und Eva wusste, dass er gelogen hatte. Er liebte sie nicht! Brutal war er in sie eingedrungen, hatte sie fast vergewaltigt und in Eva stieg Ekel hoch, Ekel vor sich selbst und vor ihrem Ehemann.

„Ich habe mich verkauft, ich bin nicht nur ein Dekostück für ihn, ich bin auch seine Hure."

Und jetzt musste sie sich eingestehen, dass auch hier auf der Insel ihr alles zu entgleiten drohte. Alles, was an diesem Tag, als sie hier angekommen war, zum Greifen nahe gewesen schien. Wo, wo waren denn all die Möglichkeiten geblieben? Was sollte nur aus ihr werden? Alles was sie sich wünschte, schien sich mehr und mehr von ihr zu entfernen, schien immer unmöglicher zu werden.

Sie würde sich noch sehr umgewöhnen müssen. Sonst würde ihre Realität, dass musste sie sich eingestehen, langsam zum Albtraum.

Morgens in der Früh, frisch und fit ausstaffiert mit der Uniform des Hotels, die sie nicht ausstehen konnte, im Frühstücksraum.

Der dunkelblaue Stoff und der biedere Schnitt des Kleides, mit dem weißen Schürzchen und dem Spitzenhäuptchen, machten aus ihr das Mauerblümchen, dass sie nicht sein wollte, und sie fühlte sich unwohl. Sie musste parat sein, allen zu Diensten, ihrem Chef, den anderen Angestellten und den Gästen, die zwar meistens in guter Ferienlaune waren, aber Eva fiel das Lächeln immer schwerer.

„Möchten sie Kaffee oder Tee?“ „Ja gerne, ich bringe ihnen sofort neuen Toast.“ „Möchten sie ihr Ei wachsweich oder wachshart?“ „Ja, die Butter ist von den Kühen am Deich.“ „Nein der Tee wird hier auf traditionelle Weise mit Kandis serviert.“ „Ja gerne, ich bringe ihnen den Süßstoff.“

Und dann auch noch der Dienst in den Zimmern, der ihr besonders zuwider war. Alles in Ordnung bringen, gegen das Chaos und die Nachlässigkeit der Gäste ankämpfend. Persönliche Gegenstände der Fremden anfassen, befleckte Bettlaken austauschen, Betten machen, Toiletten putzen, Bäder und Räume wieder herrichten und zu wissen, morgen wieder das Gleiche zu tun.

Jeden Tag, jeden Morgen und nun schon seit viel zu langer Zeit, eine Arbeit die ihr trotz der Routine immer schwerer fiel. All dies verlangte ihr eine Beherrschung ab, die sie langsam zerstörte, für sie war ihr Job zur Strafarbeit geworden.

Auch hatte ihr Chef sich ihr gegenüber immer anzüglicher verhalten und Eva bekam noch immer Herzrasen, wenn sie an die Nacht dachte, als er in ihr Zimmer eingedrungen war. Aber er hatte seine Lektion gelernt und belangte sie zumindest nicht mehr mit seinen sexistischen Witzen und Gesten.

„Soll er sich doch vorstellen was er will, er hat schon verstanden, dass er mich nicht bekommt.“

„Eigentlich ist er ein großer Feigling, warum habe ich denn immer noch Angst? Ich muss dringend weiter an mir arbeiten, mich klarer abgrenzen lernen und mich wehren. Vielleicht sollte ich ihn als Übungspartner sehen?

Schon irgendwie witzig der Gedanke, dass ich ihn zum Kampf herausfordere und er gar nicht merkt, dass ich es bin, die ihn in Schach hält. Ich darf nicht so weitermachen wie bisher, dann bin ich verzweifelt und traurig und das schadet nur mir und keinem anderen."

Eva wusste, auf Dauer konnte und wollte sie so nicht leben, denn wenn sie schon aus ihrer gewohnten Umgebung hatte ausbrechen müssen, so wollte sie doch eine Arbeit tun, die ihr Freude machte.

Aber sie war nicht die einzige, die unglücklich war. Längst hatte sie erkannt, wie nicht nur sie, sondern auch viele andere, besonders die, die die Arbeiten im Hintergrund bewerkstelligen mussten, von morgens bis abends schufteten. Und ihre Kollegen im Hotel wurden, genau wie sie, ausgebeutet und wehrten sich nicht.

Das war ja kein Wunder, die Küchenhilfe hatte kaum Deutsch gesprochen und da hatte ihr Chef freie Hand gehabt. Aber es war inzwischen unwichtig geworden, sie war ja sowieso nicht mehr da. Und der Koch, er spielte sich zwar Eva gegenüber wie der Star der Küche auf, aber auch er wurde vom Chef traktiert.

Eva war alleine, keine freundschaftlichen Kontakte ergaben sich, keine Menschen, mit denen sie etwas privat sein konnte, begegneten ihr. Keine Insulaner, die sie zu sich nach Hause einluden und sie an ihrem Privatleben außerhalb des Tourismus teilhaben ließen.

Sie musste sich eingestehen, dass sie immer noch eine Fremde war, und fast noch mehr als bei ihrer Ankunft.

„So fühlt sich bestimmt auch so mancher Urlauber, der seiner eigenen Fremdheit des Alltags zu entkommen sucht, aber in nur ein oder zwei Wochen dazu keine Chance hat. Meistens wird die kurze Zeit des Aufenthalts nur mit anderen hektischen, unruhigen Unternehmungen ausgefüllt. Diese gestressten Menschen, die zwar mit einer Erwartung nach Wohlgefühl und Geborgenheit ankommen, jedoch wenn sie es geschafft haben, wenigstens ein bisschen Ruhe zu finden, wieder abreisen. Wirklich ankommen und sich zuhause fühlen schafft heutzutage kaum jemand", hatte Eva erkannt.

„Ach, wenn doch wenigstens Urrh wieder bei mir wäre", dachte sie. „Und diese Träume, so seltsam sie auch sind, habe ich auch nicht mehr."

Immer öfter erwischte sie sich bei Gedanken, die um ihre Unzufriedenheit kreisten. „Ich will meine eigene Chefin sein", wusste sie, „aber wie soll ich das nur erreichen?"

Die Vorstellung, das alte Friesenhaus zu kaufen und umzubauen war eine Utopie geworden. Es war ja lächerlich, sie könnte noch so sparsam sein, ihr Verdienst ließ keine Möglichkeit, in einem solchen Rahmen zu planen. Sie könnte froh sein, wenn ihre Ersparnisse ausreichen würden, um nach dem Sommer das Wichtigste bezahlen zu können.

Und eigentlich war das, was sie als feste Einnahmen geplant hatte, schon lange eine verlorene Illusion. Wenn sie es genauer betrachtete, verdiente sie ein Taschengeld, das ihr keinerlei Gestaltungsraum ließ.

Vom ersten Lohn hatte ihr Chef einen großen Geldbetrag für das Essen, welches sie in der Hotelküche eingenommen hatte, abgezogen. „Ich dachte, das gehört wie die Zimmermiete mit zu meinem Verdienst", hatte sie fassungslos erwidert.

„Na, haben sie denn gedacht, sie können sich hier auf meine Kosten durchfressen?!" hatte er sie angebrüllt.

Ach, das war ja auch schon egal, jetzt musste sie erst einmal diese Saison durchhalten. „Später werde ich neu entscheiden."

So bestärkte sie sich weiter und versuchte, all ihre Kraft in Zuversicht zu investieren. Immer wieder flüchtete sie zu dem alten Friesenhaus, verdrängte die knallharte Realität. „Ich baue mir eine heile Welt auf", versuchte sich Eva in Tagträumen zu entspannen.

Ja, ihre liebevollen Gäste würden sich in ihrem Haus wohlfühlen, Evas besondere Art der Gastfreundschaft genießen. Sich freudig den Tagen auf der Insel hingeben, entspannte Leichtigkeit zelebrieren. Das Frühstück auf der kleinen, überdachten Terrasse in der Morgensonne genießen, einfach und doch so köstlich, wie es eben nur im Urlaub möglich ist.

„Schön ist es hier, bleiben möchte ich." Lachend würde sie das Geschirr in die kleine Küche tragen und sich dann selbst eine Tasse Tee gönnen.

Gedankenverloren wägte sie ab: „Vielleicht komme ich ja doch irgendwie zu Geld, vielleicht kann ich von meinem Noch-Ehemann eine Art Startkapital verlangen?"

„Jetzt ist aber Schluss, das ist doch die totale Spinnerei, hör sofort damit auf!", schimpfte sie mit sich selbst.

„Meine liebe Eva, du bist vor ihm geflüchtet, hast du das schon vergessen? Und du hoffst immer noch, dass er dich nicht findet, also mach die Augen auf, deine Wahrheit ist im Moment eine andere!"

„Wie kann denn das sein, was ist denn bloß schief gelaufen?", grübelte sie weiter.

Früher hatte sie das Lachen der Möwen genossen, als fröhliche Botschaft empfunden, doch heute fühlte sie sich ausgelacht und verspottet.

„Was ist denn mit mir geschehen? Ich bin noch lange nicht am Ziel, meine Flucht ist noch lange nicht zu Ende." Und erschrocken fragte sie sich: „Laufe ich denn vor mir selbst weg?"

„Schmeckt ihnen der Tee nicht?", riss sie die freundliche Bedienung aus ihren Gedanken. „Doch, doch, es ist alles in Ordnung", stotterte Eva verlegen. „Sie müssen erst ein Kluntje in die Tasse geben und dann den heißen Tee darauf schütten."

Eva kannte diese Teezeremonie und riss sich zusammen. Diesen Moment wollte sie genießen und nicht weiter ihren traurigen Erinnerungen nachsinnen.

Sie nahm sich einen der dicken Kandisklumpen und legte ihn vorsichtig in die zierliche Tasse. Dann goss sie von dem heißen kräftigen Ostfriesentee darüber und sofort begann dieses zarte Knistern. Es war wie das Brechen von Eis und gleichzeitig das leise Knacken eines Kaminfeuers.

„Und nun noch die Sahne", dachte sie und gab etwas davon mit der winzigen Silberkelle hinein. Ganz dicht über der Teeoberfläche musste dies sein und augenblicklich stiegen unzählige kleine weiße Bläschen auf, zerplatzten und bildeten eine wunderschöne Rose.

Eva schloss die Augen und nahm einen winzigen Schluck. Zu ihrer Überraschung schmeckte es noch köstlicher als in ihrer Erinnerung. „Seltsam, ich mag doch eigentlich gar keinen süßen Tee und schon gar nicht mit Sahne."

Aber hier im Norden passte es, zu der Landschaft, zu den Menschen und auch zu Evas Stimmung, die immer etwas Melancholisches hatte.

„Hier verstehen die Menschen das Beste aus den Dingen zu machen und sich das Leben, wenn auch nur für einen Moment, zu versüßen", dachte sie und schlürfte genüsslich weiter.

Kapitel 14

Ihwar und die Energie der *Drachenschlange*

Unaufhaltsam kämpfen zwei Wesen in Ihwars Brust; sie spürt ihre Bestimmung, hier am *Felsen der Drachenschlange* zu leben, immer stärker werden. „Ist es das, was ich erfüllen muss; ist es der Wille der *Großen Mutter*, dass ich ihr fortan hier im heiligen Bezirk zu dienen habe?"

Jedoch, da gibt es auch ihre Erinnerungen aus der Vergangenheit, die immer klarer, von Tag zu Tag lebendiger werden; und die Sehnsucht nach diesem anderen Leben, wieder bei ihrer Sippe zu sein, zerreißt ihr fast das Herz.

Immer öfter hatte sie sich in den vergangenen Monden in eine Geborgenheit geflüchtet, sich vorgestellt, als Auserwählte hier an die *Felsen der Drachenschlange* zu gehören, hatte ihre Lieblingsplätze aufgesucht und bei den Naturwesen um Rat gebeten. Aber obwohl sie sich mit der *Eule der Weisheit* zu beraten gelernt hatte, musste sie auch ihrer Erkenntnis Gehör geben, dass sie in den Momenten, wo sie ihre Gedanken umherschweifen ließ, nach wie vor von ihren Zweifeln hin und her gerissen wurde und letztendlich noch immer nicht wusste, was sie tun sollte.

„Es ist unsäglich schwer, meinen Geist zu zentrieren, meinen eigenen Willen einer höheren Macht unterzuordnen, gehorchen zu lernen, bedingungslos, und trotzdem frei zu sein, frei von allen Zwängen und Ängsten. Was ist, wenn ich es nicht schaffe?"

Vieles zerrt an ihr und dieses Gefühl, alleine und gleichzeitig tief verbunden mit allem zu sein, raubt ihr fast den Verstand.

Obwohl Ihwar weiß, dass sie mit ihren Sorgen und Nöten nicht alleine ist, sie jederzeit weise Ratgeber und liebevolle Menschen um sich hat, und auch ihre Visionen sich nach und nach wieder einstellen, ihr hilfreich sein könnten, ihre Zweifel sind so übermächtig, dass sie keine Ruhe findet. Unaufhaltsam martern sie sie weiter, selbst in ihren Träumen ringt sie um eine Entscheidung und ist voller Angst, dass es nie aufhört.

Doch eines Nachts sieht sie die *Drachenschlange*, wie sie, zwar in Stein gehauen, sich trotzdem in eigenwilliger Geschmeidigkeit windet. Sie umschlingt mit ihrem Körper ein Menschenpaar; links eine Frau, rechts einen Mann, die kniend Richtung Himmel schauen. Jedoch tut ihnen die *Drachenschlange* kein Leid an und sie scheinen sich freiwillig diesem Zustand hinzugeben, vereint sind sie, vereint in der *Heiligen Hochzeit*. Voller Verzückung durchströmt sie diese Energie, die alles Leben durchwirkt und beschützt, und Ihwar wähnt sie in absoluter Harmonie, in der sicheren Gewissheit, ihrer Bestimmung zu folgen, das Richtige zu tun.

„Seltsam", denkt sie, als sie erwacht, „dieses Bild will mich trösten, schenkt mir Hoffnung, nur wo ist es? Ich bin doch schon an allen Felsen gewesen und habe kein solches von Menschenhand geschaffenes Werk gesehen, aber es muss hier am *Felsen der Drachenschlange* sein. Ich werde die Veleda fragen, sie hat bestimmt eine Erklärung", grübelt Ihwar, und ist sich unerschütterlich sicher, dass sie die Abbildung wirklich gesehen hat.

ᛝ

„Ich kann es dir nicht zeigen, kann dir nicht sagen, wo das Bild aus Stein ist, denn es wird erst in der Zukunft geschaffen werden. Das, was du schon heute siehst, ist die Manifestation unseres Wirkens, eine Botschaft, die wir der Nachwelt zu hinterlassen gedenken."

„Erschrecke nicht über deine Fähigkeiten, sie sind ein Teil von dir", tröstet die Veleda mit einer zärtlichen Berührung die verwirrte Ihwar. „Es ist gut so, es soll dir zeigen, dass du dich schon mehr überwunden hast, als du glaubst; du bist stark und gehst unserer Zukunft schon voraus.

Es werden Veränderungen auf die Menschheit zukommen, die es erforderlich machen, dass irgendwann dieses Bild, das in den unendlichen Kreisen von *Jera* von so vielen von uns erdacht wurde, Wirklichkeit werden kann.

Das alte Wissen von *Mutter Erde* wird einst nicht mehr gelebt, die alten Riten hier im *Heiligen Bezirk* nicht mehr zelebriert werden, schließlich ganz in Vergessenheit geraten.

Das Weibliche wird unterdrückt sein, das Männliche übermächtig werden, alles wird aus der Harmonie in der Natur des Menschen, diesem selbstverständlichen Miteinander von Mann und Frau, herausbrechen.

Dieser Ort hier, der riesige *Felsen der Drachenschlange,* dieses große Heiligtum auf *Mutter Erde,* wird für unendliche Zyklen von *Jera,* nicht nur unter der Last der Erde begraben sein, er wird nicht nur durch die Bäume, die darauf wachsen, versteckt sein, sondern er wird vergessen werden; und die Menschen werden sich in jenem Zeitalter des Mannes immer mehr verlieren, werden immer weniger verstehen können."

Tränen laufen über Ihwars Wangen und auch die Veleda lässt mit fernem Blick ihre Trauer zu. Dann schüttelt sie energisch den Kopf und ermahnt sich mit eindringlichen Worten. „Es wird so geschehen, weil es der Wille des *Allgöttlichen* ist. Es wird so geschehen, damit irgendwann, wenn *Jera* im Zeichen des Kindes erscheint, die Menschen aus ihrer Vergangenheit gelernt haben werden. Es wird so geschehen, damit die vielen wieder anfangen können, sich zu erinnern. Sie werden aufwachen wie aus einem langen, tiefen Schlaf, werden erkennen, dass es genug ist mit diesem Ungleichgewicht. Sie werden in die linke Waagschale wieder das Weibliche hineinlegen und damit die Übermacht des Männlichen ausgleichen; daraus wird das Neue geboren werden, das Kind in uns allen wiederkehren.

Von diesem Ort aus, im rechten Zyklus von *Jera,* wird Stille Einkehr halten und der neue Frieden wird sich, wie die Kreiswellen eines Steines, der in den Teich geworfen wurde, über das ganze Erdenrund ausbreiten.

Unsere Träume werden Gestalt annehmen und die Zeichen, die wir heute nur sehen, noch nicht anfassen können, sie sind jetzt noch nicht feste Materie, werden von denen neu geschaffen werden, die sie einst ersannen; sie werden sie dann für all die anderen sichtbar machen.

Das Unwesen wird sein Treiben einstellen und das Erwachen des *Neuen-Mensch-Seins* wird geschehen; mit diesem Überblick und der Erkenntnis, schon alles in sich zu haben. Die selben Energieströme, die wir hier erfahren, werden in ferner Zukunft helfen, sich auf die verschiedenen Dimensionen einzulassen, in denen der Geist des Menschen unterwegs sein kann, dort wo die Erkenntnis schon Gewissheit ist."

Und wieder kann Ihwar die Verbundenheit mit dieser großen Frau spüren, wieder braucht Ihwar ihre Fragen nur in Gedanken zu stellen, wieder kommen die Antworten ganz selbstverständlich.

„Noch drücken wir den Aspekt des Kampfes, dieses Ringen um unsere innere Harmonie, nicht in Kriegstaten aus", fährt die Veleda fort, „noch leben die Menschen friedlich miteinander, achten gegenseitig das kostbare Geschenk des Lebens.

Noch ist es möglich, den inneren Konflikt ausgleichen zu lernen; hier und anderswo kann sich jeder der Einzuweihenden, ob Mann oder Frau, diesem friedlichen Ausgleich der ureigenen Gegensätze stellen. Noch ist die Hellsichtigkeit in vielen von uns ganz selbstverständlich. Noch können wir uns erinnern an all das Große und in Dankbarkeit die alte Verbundenheit mit *Mutter Erde* und *Vater Himmel* in uns feiern.

Jedoch auch für dich, meine liebe Ihwar, ist der Weg der Erkenntnis vorbereitet; kann ein Erblühen deines eigenen Seins nur erfolgen, indem du hier bist, um zu lernen, der Stimme deiner Seele, deiner Intuition zu gehorchen. Jeder Mann und jede Frau, die hierher kommen, werden in ihren menschlichen Körpern erwachen, um ihr Leben dieser Erkenntnis zu weihen; jedoch es ist allein der freie Wille des Menschen, der dies vermag.

Die *Drachenschlange* ist das Symbol für diese Energie, hier an ihrem Felsen kannst du dir deiner inneren Konflikte bewusst werden, kannst aus ihnen lernen und dein Gleichgewicht wiederfinden.

Der Sinn des Lebens als Mensch besteht darin, stetig mit allem Sein Harmonie zwischen den Dingen zu schaffen. Wir sind in der bewussten Polarität wie kein Tier und keine Pflanze hier auf Erden und haben den freien Willen, der uns quälen oder erfreuen kann.

Einst wird den Menschen gelehrt werden, dass sie sündige Wesen sind, dass sie falsch denken und handeln und wenn sie zuviel davon angesammelt haben, auf ewig verdammt sein werden.

Es ist eine Lüge; jedoch allein die Vorstellung, sündig zu sein, wird immer mehr Menschen davon abhalten, ihre Bestimmung auf Erden zu erfüllen. Es ist ein ungnädiger Rat, keine Hilfe zum Leben, denn alle werden es früher oder später spüren, wie zerrissen sie sind, wie schwer es ist, durch Unterdrückung der vielfältigen, ureigenen Fähigkeiten von sich und allem was auch noch ist, getrennt zu sein.

Als wenn man einem Kind sagen würde, du sollst Laufen lernen, aber du darfst nicht erst krabbeln und schon gar nicht rückwärts, das ist eine Sünde. Und du darfst nicht hinfallen, schon gar nicht nach links, denn das ist eine Todsünde. Wenn die Menschen ihren Lebensdrang unterdrückend, dem gehorchen werden, was für die Machthaber Gültigkeit hat, dann werden sie nach und nach unfähig sein, eigene Schritte zu tun.

Jedoch werden sie aus der Angst und Verzweiflung, die ihr tägliches Brot wird, irgendwann wieder der großen Sehnsucht nach Freiheit in sich nachgeben und aus ihren Zwangsjacken ausbrechen.

Ja, liebe Ihwar, ich sehe deine Fassungslosigkeit und auch deine Zweifel, und zu Recht weißt du über die Fähigkeit der Menschen, eines jeden einzelnen, das Leben hier auf Erden selbst zu gestalten, nach dem *Göttlichen Willen*, der in uns ist. Wie gesagt, noch sind wir uns darüber bewusst und lassen es gemeinsam zum Guten wenden, wir alle haben diese Chance, immer und überall; so entdecken wir sie immer wieder, können uns erinnern und mit unserer Macht, die in alles Sein untrennbar eingebunden ist, bewusst handeln.

Mann und Frau werden von der *Drachenschlange* umwunden und zeigen so die Verbindung beider Energien - das Gleichgewicht - an. Denn wir leben als Menschen mit der Polarität, mit der Gegensätzlichkeit von Schwarz und Weiß, von Nacht und Tag, von Kälte und Wärme, dass ist ganz normal, dass ist in unserem Sein als Mensch verankert. Wir sind uns im Gegensatz zu den Tieren und den meisten Lebensformen hier auf *Mutter Erde* darüber bewusst. Die *Allgöttlichkeit* hat uns den freien Willen gegeben, nutzen wir ihn zum Wohle von uns und den anderen, seien wir für die ganze Schöpfung verantwortlich.

Und es ist wichtig zu akzeptieren, wir Menschen sind nicht in Gut oder Böse einzuordnen; wir haben nur verschiedene Auffassungen, denen wir uns je nach Potential stellen müssen und dabei sind wir über unser Handeln keinem Rechenschaft schuldig, nur uns selbst."

„Aber ist es nicht gefährlich, wenn wir für unser Tun nicht verantwortlich sind?", drängen aus Ihwar die fragenden Worte.

„Das habe ich nicht gesagt, denn jeder Mann, jede Frau und auch schon mit zunehmendem Alter jedes Kind haben ein Gewissen, und mit diesem Gewissen, mit diesem Maßstab für unser Wesen, können wir unterscheiden, wie wir handeln sollen, können wir es in unserem Körper spüren, träumen wir es in unserem Nachtbewusstsein, merken wir es in der Resonanz mit den anderen.

Es ist die Lenkung der Lebensenergien, die manchmal aus dem Gleichgewicht geraten; ich sagte es schon und auch du hast es selbst gesehen, die *Drachenschlange* ist das Symbol dafür. Ihr Wesen ist es, sich selber zu überwinden, mit sich selber ins Reine zu kommen, Ängste, das Böse, das Dunkle in sich selber akzeptieren zu lernen, hinnehmen zu können, ohne in einen selbstzerstörerischen Kampf zu geraten; so auch die eigenen Schattenseiten anzunehmen, ja lieben zu lernen, das, was keiner bei sich haben will. Denn das, was der Mensch an sich schön und gut findet, kann er leicht bejahend bei sich belassen, das andere dagegen muss er erst durch Übungen der Disziplin und Akzeptanz überwinden lernen."

Laut vernehmlich zieht Ihwar den Atem ein und aufmerksam blickt sie die Veleda an.

„Ich nehme wahr, dass du in deinem inneren Wesen all das schon weißt, trotzdem zweifelst du an dir, das ist menschlich; lass dir Zeit, nach und nach wird alles in dein Bewusstsein dringen, was du wissen musst, und von Tag zu Tag wirst du mehr verstehen. Hab keine Angst, du kannst das, vertraue dir; hast du das verstanden?"

Ihwar ist erschöpft und nickt ermattet.

„Da gibt es noch etwas sehr Wichtiges, was du wissen musst; bevor ich dich ausruhen lasse, möchte ich es dir ans Herz legen. An einem Ort wie diesem ist die Anbindung an weit Entferntes gegeben, verbunden über Energielinien sind wir hier, mit dem ganzen *Erdenrund,* mit *Vater Sonne,* all den anderen Planeten, Sternen und all dem, was wir Menschen uns nicht vorstellen können.

Über diesen *Pfad der Drachenschlange* werden Kraft der Gedanken Botschaften übermittelt; besonders fähige Eingeweihte können auch Gegenstände zu anderen Plätzen der Kraft überleiten, und so nutzen sie diese Lichtstraße, die hier dem Lauf von *Vater Sonne* Richtung Nord-Westen folgt.

Wie schon in vergangenen Zeiten sind nicht nur sie es, sondern auch du und ich sind in der Verantwortung, diesen machtvollen Energiestrom zu behüten. Das ist auch die Erklärung dafür, dass an unseren *Portalen* denen, die unfähig sind, in Weitsicht zu handeln, der Zugang zum *Felsen der Drachenschlange* verwehrt wird.

Wir sind in der Verantwortung für die ganze Menschheit, haben die Aufgabe, dieses große Wissen zu verbergen, für alle folgenden Generationen zu bewahren, und so an die, die dazu berufen sind, weiterzugeben.

Und wir sind es, die im Kreislauf von *Jera* das zu tun haben, was für alles Leben auf *Mutter Erde* von Wichtigkeit ist; in Verbindung mit dem ganzen *Weltenall,* mit all jenen, die sich ebenfalls dem *Göttlichen Bewusstsein* geweiht haben.

Wir hier am *Felsen der Drachenschlange* gehen den Kreisen der Zukunft voraus; wir sind hier, um Vorboten zu sein, Vorboten für ein neues Bewusstsein in der Entwicklung der Menschheit, einst in ferner Zeit; wir sind hier, um die Kostbarkeit der Erkenntnis zu bewahren, für jeden Mann, jede Frau und jedes Kind.

Und alle stellen sich diesem großen Experiment freiwillig, haben sich dazu bereit erklärt, bevor sie sich dem Körperlichen hingaben; sie alle sind bereit, das bewusste Erwachen zu erleben, auch wenn es erst irgendwann geschieht.

Und wenn wir hier auch immer wieder im Prozess der Reife in andere Zeiten und Welten reisen können, so sind wir doch in diesem Sein an unseren Körper und unser Menschsein gebunden. Ja, uns wird manchmal vieles abverlangt, auch das, woran wir uns im körperlichen Sein orientieren können, denn wenn wir im Geistigen bleiben, stirbt dieses Leben; so müssen wir immer wieder hierher zurückkehren, in dieses Bewusstsein des materiellen Seins. Wir können nicht dauerhaft das hohe Geistige mit dem Materiellen verknüpfen, unsere Körper würden darin verbrennen, wenn wir das derart wollten, müssten wir eine ganz andere Gestalt haben und wären keine Menschen mehr.

So, meine Tochter, jetzt ruhe dich aus, versorge deinen Körper mit Nahrung und lass es dir wohl ergehen; und Ihwar, höre auf, gegen dich zu kämpfen."

Kapitel 15

Evas Mann

„Da bist du ja, mein Schatz, schön, dass du endlich da bist.“ Er war aufgestanden und hatte wieder versucht sie zu küssen. Aber sie hatte schnell ihren Kopf zur Seite gedreht und nur noch seinen heißen Atem auf der Wange gespürt.

„Du siehst bezaubernd aus, setz dich doch.“ Und obwohl er lächelte, konnte er seinen abschätzenden Blick nicht vor ihr verbergen. Eva glaubte ihm nicht und mahnte sich zur Vorsicht. „Komm, setzt dich, und lass uns auf unsere gemeinsame Zukunft anstoßen. Das ist ein ganz edler Champagner. Du siehst, das Beste ist mir gerade gut genug für uns.“

Eva nahm das Glas und hielt es krampfhaft fest.

„Prost mein Schatz. Schau nicht so böse, lass mich erklären, was ich mir überlegt habe. Du brauchst gar nichts zu sagen, ich habe mich verändert.“ Strahlend stieß er die Gläser zusammen. „Auf unser Wiedersehen, komm, lass uns feiern.“

Eva nahm einen Schluck. Sie hatte ganz vergessen, wie köstlich das kühle Getränk schmeckte und begann es zu genießen. „Lass dich nicht einwickeln, schau nicht so zaghaft, himmle ihn nicht an!“, ermahnte sie sich. „Ich muss ihm die Stirn bieten, muss ihm zeigen, dass auch ich mich verändert habe.“

₪

Als Eva am Nachmittag von einem ihrer Ausflüge zurückkam hatte sie sich gewundert, dass ihre Zimmertür nicht verschlossen war. Und als sie sie zaghaft aufschob, war ihr Herz vor Schreck fast stehengeblieben.

Er hatte sie völlig überrumpelt, hatte ganz selbstverständlich auf ihrem Bett gesessen und sie schmunzelnd angestarrt. Dann war er aufgestanden, hatte den üppigen Rosenstrauß in die Hände genommen und war mit dramatischer Geste langsam auf sie zugegangen.

„Endlich habe ich dich gefunden, mein Schatz, was machst du denn für Sachen? Ich habe dich so vermisst." Er hatte ihr die Blumen entgegengehalten und sie mit einer ungeschickten Geste küssen wollen.

Eva hatten die Stacheln der Rosen gestochen und sie war zurückgewichen. „Was hast du denn? Wieso bist du in diesem schäbigen Hotel und wie siehst du überhaupt aus?"

Eva hatte einen dicken Klos im Hals gespürt und nichts sagen können. Auch wenn sie immer wieder Angst vor einer Begegnung mit ihm gehabt, sich für diese Eventualität gedanklich gewappnet hatte, nun war sie völlig verunsichert.

„Du sagst ja gar nichts, freust du dich denn nicht? Komm, lass uns Essen gehen und über alles reden; wir müssen unser Wiedersehen feiern."

„Ich kann jetzt nicht, ... ich habe zu arbeiten“, hatte Eva sich geräuspert und versucht so selbstverständlich wie irgend möglich zu klingen.

Wieder hatte er sein gekünsteltes Lächeln aufgesetzt, diese Maske, die ihr während der letzten Zeit ihres Zusammenseins immer wieder einen Gruselschauer über die Haut geschickt hatte.

„Ich verstehe nicht, aber du wirst mir sicherlich alles genau erklären können.“

Eva hatte sich zusammengerissen und besonnen. Sie durfte ihm keine Schwäche zeigen, sonst wäre sie verloren. „Pass auf dich auf“, hatte sie sich still ermahnt, ihre Lungen gefüllt, sich aufgerichtet und zurückgelächelt. „Heute Abend habe ich frei, wir können uns in der *Dünenrose* treffen. Du brauchst mich nicht abzuholen, ich komme um 21.00 Uhr dort hin.“

Überrascht hatte er heftig seinen Atem ausgestoßen und seine Augen hatten gefährlich zu funkeln begonnen, aber er hatte sich beherrscht. „Ganz wie du meinst, mein Schatz, sei bitte pünktlich. Und mach dich für mich hübsch, hier habe ich dir was Geeignetes mitgebracht.“

Mit einer gönnerhaften Geste hatte er auf die Geschenktüte gezeigt, die neben ihrem Bett stand. Sie trug die Aufschrift der besten Boutique der Insel und hatte Eva sofort ins Bewusstsein gebracht, dass Geld für ihn keine Rolle spielte. „Er kann sich alles kaufen, alles was er will. Auch mich?“

Dann war er aus dem Zimmer gestürzt und hatte nicht einmal bemerkt, dass er sie dabei grob anrempelte.

Eva hatte eine ganze Weile regungslos dagestanden und musste ihren Schock erst mal überwinden. Ihr war unbehaglich zumute gewesen, Angst war in ihr aufgestiegen, die Vergangenheit hatte sie eingeholt.

„Wie hat er mich denn gefunden? Ich war mir doch so sicher, dass er mir nicht folgen könnte. Was habe ich denn falsch gemacht?“ Und dann war die Erinnerung an ihre Ehe zurückgekommen und hatte begonnen, wie ein schrecklicher Film vor ihrem inneren Auge abzulaufen. „Es ist eine Katastrophe, was soll ich denn jetzt machen?“, hatte sie sich verzweifelt gefragt.

Wie eine Antwort hatte sie das vertraute „urr, urrrr, urrrrr“ vernommen. Die Katze war um ihre Beine gestreift und hatte sie mit ihrem Schnurren in die Gegenwart zurückgeholt.

„Gott sei Dank“, hatte sie noch hervorgebracht, Urrh auf den Arm genommen und ihr Gesicht in das weiche Fell gedrückt.

„Wie gut du riechst, ich habe dich so vermisst. Ich bin so glücklich, dass du lebst, mein Schatz“, sprach sie in Gedanken und hörte in Urrhs Schnurren ihre entspannten Worte: „Ich kann dich ja nicht im Stich lassen, du brauchst mich doch.“

„Danke, mein Schatz“, schluchzte sie jetzt ungehalten und ließ die Tränen der Erleichterung zu. „Bitte lass mich nie wieder alleine, hörst du?“

Und wieder hatte Eva diese Ahnung, als wenn in dem „urr, urrr, urrr“ eine Antwort zu hören wäre.

„Ich werde nie wieder deine Weisheit anzweifeln. Entschuldige bitte, dass ich dich gekränkt habe. Hast du Hunger, komm, ich habe was Leckeres für dich.“

Und als wenn sie niemals weg gewesen wäre, schleckte Urrh gierig schmatzend zuerst die Soße und dann die Fleischstückchen in ihr kleines Maul. Voller Glück hockte Eva sich hinter sie und vergrub ihre Hände tief in Urrhs Fell. Die ließ sich das unbeirrt gefallen und fraß weiter, streckte ihr Hinterteil in die Höhe und schien schon wieder zum Alltag übergegangen zu sein.

Das dicke weiße Fell war etwas struppiger geworden, aber sonst schien es ihr gut ergangen zu sein. Auch konnte Eva fühlen, dass Urrh nicht abgemagert war.

„Ich glaube, du kannst immer gut für dich sorgen“, dachte Eva, „daran sollte ich mir ein Beispiel nehmen.

„Urr, urrr, urrr, dann ist´s ja gut, dann bin ich beruhigt, du hast es endlich kapiert, urr, urrr, urrr.“

„Ja, du hast Recht, ich schaffe das schon, dass mein Leben wieder gut wird. Mir wird schon eine Lösung einfallen“, versprach Eva mehr sich als der Katze.

Später machte Eva sich zum Restaurant auf, nachdem sie das rote Kleid, das er für sie bestimmt hatte, wieder ausgezogen hatte. Es war ihr fast zu eng gewesen und der tiefe Ausschnitt hatte ihr Dekolleté so betont, als wenn sie sich einer Brustvergrößerung unterzogen hätte. Entsetzt hatte sie sich angestarrt, war auf den High Heels unsicher auf ihr Spiegelbild zugestochert und hatte sich wie eine Nutte gefühlt.

„Was habe ich mir bloß dabei gedacht? Ihm einen Gefallen tun, damit er zufrieden mit mir ist?“

Ihr war bewusst geworden, er wollte seine schöne Sklavin zurückhaben. „Ich muss mich in Acht nehmen, er wird alles tun, um mich wieder einzuwickeln“, hatte sich Eva ermahnt.

Dann hatte sie sich eine Jeans und die Bluse mit den roten Rosen angezogen. Ihre Kleidung, die zur neuen Eva passte, Sachen, die sie sich hier auf der Insel selbst ausgesucht hatte, und die ihrem neuen Selbstverständnis Unterstützung gaben.

„Es tut mir ja alles so leid, bitte entschuldige, dass ich dich so vernachlässigt habe. Ich weiß ja, das ich viel zu viel gearbeitet habe“, riss er sie mit seinen Worten aus ihren Gedanken.

„Ich weiß ja, dass du viel zu viel alleine warst. Ich habe darüber nachgedacht, dass du jetzt endlich schwanger werden darfst. Du hast es dir doch immer gewünscht, ein Kind von mir zu bekommen, ich bin jetzt bereit dazu, Vater zu werden.

Gib uns eine zweite Chance, ich liebe dich doch, ich kann nicht ohne dich leben. Die Zeit ohne dich war so schrecklich für mich, lass mich nie wieder allein.“

Eva wusste ihm nichts zu erwidern, hatte er sich vielleicht doch geändert? Er schaute sie so sehnsuchtsvoll an, dass sie zu überlegen begann. War es denn wirklich so schlecht gewesen, in der schönen Villa, mit den teuren Möbeln, den Designerkleidern, dem kostbaren Schmuck? Er klang plötzlich so weich, lächelte wie ein kleiner, vorsichtiger Junge und es hatte den Anschein, dass er es wirklich ernst meinte.

Als Eva seinen Blick erwiderte, sprach er weiter. „Sie stehen dir gut, deine schwarzen Haare, obwohl deine blonde lange Mähne, das war schon was ganz Tolles, damit sahst du so sexy aus."

Verstohlen griff Eva hinter ihr Ohr und zupfte an den Haarspitzen, die sie dabei zu fassen bekam. „Mir gefällt es so besser", sagte sie so selbstbewusst, wie sie nur konnte.

„Lass uns nicht streiten, Schatz, jetzt wollen wir erst mal essen. Ich habe für uns Austern bestellt, die magst du doch so gerne."

Eva schluckte, sie hatte sie noch nie gemocht, diese schwabbeligen Dinger. Und wenn sie dann die Zitrone darauf geträufelt hatte und sah, wie sie zusammenzuckten, hatte sie jedes Mal ein Würgen im Hals bekommen.

„Wenn du mir etwas Gutes tun willst, dann lass mich mein Essen selber auswählen."

Wieder hatte er den Blick erhoben und Strenge über den Tisch geschmettert, so wie Eva das von ihm kannte. Aber dann hatte er sich besonnen und sie angelächelt.

„Selbstverständlich mein Schatz, mach´ nur, du darfst selber aussuchen, worauf du Appetit hast."

Eva zweifelte immer mehr an der Ehrlichkeit seiner Worte, ihre feinen Antennen für seine unachtsame Denk- und Handlungsweise waren wieder sensibilisiert. Auch wenn sie ihm jetzt noch seine Freundlichkeit hätte glauben wollen, er belog sie, spielte nur dieses falsche Spiel, würde ihr bald wieder gefährlich werden.

Gedankenverloren rührte sie in ihrer Fischsuppe, die zwar köstlich schmeckte, aber Eva musste erkennen, dass sie sie in seiner Gegenwart nicht genießen konnte. War sie denn auch in ihrer Ehe so gewesen, so ruhelos und nie bereit, inne zu halten und den Moment zu genießen? Alles fühlte sich so verkrampft an, alles war so falsch. „Das ist nicht mein Leben, das liegt hinter mir, unwiederbringlich und weit entfernt, das will ich um keinen Preis zurück."

„Wir werden in eine andere Stadt ziehen, wir werden noch einmal ganz von vorne anfangen."

Eva schreckte auf, er hatte schon alles geplant, hatte wohl nur darauf gewartet, sie zu finden und sie ohne Rücksicht auf ihre Gefühle vor vollendete Tatsachen zu stellen.

Er merkte nicht, wie er Eva, die immer zurückhaltender wurde, bedrängte. Wie denn auch, er hatte sich nicht verändert, nicht einmal ein ganz kleines Bisschen.

Er redete sich in Rage und trank zu viel, schüttete den teuren Rotwein wie Wasser in sich hinein. Von Glas zu Glas wurde er ungehaltener, kommandierte den Kellner herum und wurde immer bestimmender.

„Erst einmal werden wir in Urlaub in die Berge fahren, dass hast du dir doch immer gewünscht. Ich wollte schon immer mal nach Alaska, um dort einen Bären zu erlegen. Das Fell kommt dann als Kuschelteppich vor unseren Kamin. Was glaubst du, passt ein braunes oder ein weißes besser?"

Wissend grinste er sie mit betrunkenem Blick an. „Lass mich mal machen, dann hast du auch wieder mehr Lust auf Sex."

Eva wurde immer grauseliger zumute und als er dann auch noch ihre Hand ergriff und so fest drückte, dass es ihr weh tat, hörte sie seine Worte in sich dröhnen.

Er hatte seinen Plan verlassen, jegliche Haltung verloren und angefangen, laut zu schimpfen. „Morgen fahren wir und du kommst mit, ich dulde keinen Widerspruch!“

„Flucht, nur weg hier“, dachte Eva und sprang auf. Der Stuhl kippte um und krachte auf den Parkettboden.

„Ich fordere die Scheidung, du hörst von meiner Anwältin, und wenn du keinen Skandal willst, dann akzeptiere es einfach!“ Streng zischte ihre Stimme durch das Restaurant, inzwischen war es Eva gleichgültig, was die anderen Gäste dachten. „Komm nie wieder in meine Nähe, denn dann mache ich dich fertig.“

In die Dünen hatte sie sich geflüchtet und zitterte noch immer am ganzen Körper, konnte sich kaum beruhigen. Würde er akzeptieren oder ihr doch folgen? Vorsichtig atmete sie nur ganz leise und lauschte auf jedes Geräusch; und als Urrh vor ihre Füße sprang, schrie sie vor Schreck auf.

Jedoch ihr Kätzchen schnurrte nur sanft und forderte Eva auf, sie auf den Arm zu nehmen. Zärtlich kraulte sie das weiche Fell und beruhigte sich langsam.

Urrh schenkte ihr Trost, auch wenn sie nur ein Tier war. Sie gehörte inzwischen mehr zu ihrem Leben als irgendein Mensch; viel mehr als ihr Mann, von dem sie hoffentlich bald geschieden sein würde.

„Ja, ich brauche ihn nicht mehr, ich habe ja jetzt dich.“ Und wieder einmal wurde es Eva bewusst, wie entspannt sie sich fühlte, wenn dieses kleine Wesen nur bei ihr war.

„Urr, urrr, urrr.

Komm, leg die Hektik ab,

setz dich zu mir
und sei bei dir.

Komm, schau mir zu
und lerne Stück für Stück zu tun.

Komm, lebe jetzt
und nimm dir deine Zeit.

Urr, urrr, urrrr."

Was hatte ihr Urrh gerade gesagt? Oder hatte ihre Fantasie ihr wieder einmal einen Streich gespielt? „Völlig egal, ob du wie wir Menschen sprechen kannst oder nicht", dachte Eva, „ich werde es beherzigen, du hast ja völlig Recht."

Immer wieder hatte Eva davon geträumt, dass sie sich so richtig mit Urrh unterhalten könnte. Und dabei hatte diese vom Wesen der Katzen erzählt.

„Es ist uns ganz wichtig, dass die Menschen ein Gefühl für unsere Harmonie bekommen, dass sie diese Ausgeglichenheit spüren. Wir haben noch diese Klarheit der Dinge, die ist für uns Katzen ganz selbstverständlich. Und alles was geschieht sind nur Momentaufnahmen, dann ist es erledigt.

Es ist so, dass ich auf meine innere Stimme höre, auf meine Intuition, auf meine Wahrnehmung außerhalb des Wachbewusstseins. Und du weißt ja, wie oft ich so vor mich hin zu dösen scheine. Denk dir mal nicht, dass ich versponnen in den Tag hinein träume, nein, ich lausche dem Leben.

Das solltest du auch mal probieren, du solltest darauf achten, was deine Wünsche und Bedürfnisse sind, was du dir als Ziel ausgesucht hast.

Wir Katzen lieben unsere Freiheit, lassen uns nicht zwingen oder gar dressieren. Was glaubst du denn? Ich habe mir den Platz in deinem Leben ausgesucht. Ich komme dich immer wieder besuchen, weil ich das so will. Ich habe mich dazu entschieden, bei dir zu schlafen. Ich bin es, die sich von dir streicheln lässt. Ja, ureigens, ich habe mich dazu entschieden mich von dir füttern zu lassen.

Was glaubst du denn, dass du nur mein Dosenöffner bist? Nein, es ist eine Geste von Geben und Nehmen, es ist meine Dankbarkeit. Du hast es verstanden, ich kann mich auch alleine ernähren, es gibt Mäuse und Tiere genug. Jedoch ich freue mich, wenn ich von dir das Futter als Geschenk annehmen kann, denn dafür kann ich dir dann etwas anderes schenken.

Diese Kommunikation mit uns Tieren ist gar nicht so etwas Unmögliches. Es gibt viele Menschen, die intuitiv die Worte von uns Tieren hören können. Du kannst das auch, mir zuhören, dem was ich dir immer wieder sagen möchte, du musst es nur wollen.

Ihr Menschen habt es nur vergessen im Laufe der vielen Jahrtausende. Denn ihr könnt nicht nur mit euren Ohren hören, sondern auch mit eurem Herzen. Es liegt noch immer in eurem Wesen, wenn auch tief verborgen. Es ist ein großes Geschenk, einer der Wege, wieder diese ureigene Liebe zu euch selbst und allen Lebewesen erfahren zu können."

„Urr, urrr, urrr", mahnte die Katze und rief Eva zurück.

„Ach, du bist mein Schatz“, seufzte sie, „es ist so schön, dass du dich um mich kümmerst.“ Und Urrh gab ihr das Gefühl, als wenn auch sie ihr bestätigend zuhörte.

Langsam stieg die schmale Sichel des zunehmenden Mondes am Himmel auf. Und mit diesem vertrauten Bild kam ein tiefer Friede in Evas Herz. Es war schon sehr seltsam, wie nahe Panik und Ruhe zusammen lagen. „Es ist wie damals“, dachte Eva, „ja, wie damals, als ich mit meiner Mutter und meiner Tante bei der Maiandacht war.“

Eva, noch ein kleines Mädchen, war fasziniert gewesen von der schönen Statue der *Gottesmutter*. Dieses Lächeln hatte sie sich in ihrem Herzen bewahrt und diese Zärtlichkeit, die vom kleinen *Jesuskind* ausgegangen war.

Die Frauen und auch die kleine Eva hatten in der Kapelle, wo die *Heilige Maria* wie über einem Meer aus Lichtern schwebte, gekniet und inbrünstig gebetet.

Es war Mai gewesen und in diesem Monat, wo sich das Leben in der Natur voller Üppigkeit zeigte, huldigten sie der, die ihrer aller Mutter war. Der kleine Raum, die winzig kleine Kapelle, war voller Blumen und es hatte nach Pfingstrosen geduftet.

„Die Pfingstrose ist die Rose ohne Dornen“, hatte ihre Tante geflüstert, „sie ist wie ein Symbol der Liebe für uns alle.“ „Rose ohne Dornen, oh *Maria* hilf“, so hatten die Frauen die Heilige in ihren Gesängen verehrt.

Eva hatte sich ganz in sich vertieft und in dem kühlen dunklen Raum, der sie vor der ungewöhnlichen Gluthitze dieses Frühsommers schützte, geborgen gefühlt. *Ma-*

ria und das *Jesuskind* hatten sie angesehen, und wenn es auch nur eine aus einem Stück Holz geschnitzte Abbildung war, für sie wurden sie lebendig und schenkten ihr Trost.

„Eva, verzweifle nie, auch wenn es im Leben mal schwer wird. Die Kinder haben es nicht besser gewusst, als sie dich heute gehänselt haben. Du bist nicht schlecht, du bist nicht sündig. Auch wenn viele Christen in *Eva* die Botin der Verführung verteufeln, sei stolz auf deinen Namen. *Eva* war die erste Menschenfrau, sie war die erste Mutter hier auf Erden, ohne sie gäbe es keine Kinder - auch nicht das *Jesuskind* -, ja wir wären alle nicht hier und auch die *Heilige Maria* hätte es nie gegeben."

„Du wirst auch einmal eine solch strahlende Frau sein, so ein kleines Kind im Arm halten, wissen, wie schön das Gefühl ist, Mutter zu sein", hatte Evas Mutter ihrer Schwester zugestimmt.

Damals hatte Eva die ganze Tragweite dieses Maitages noch nicht verstehen können, doch das flackernde Schattenspiel der Kerzen und diese unfassbar schöne Stimmung hatten sie in ihren Bann gezogen.

Bevor sie wieder nach Hause gefahren war, war sie noch einmal alleine zur kleinen Kapelle geschlichen. Mit schlechtem Gewissen hatte Eva aus der Streichholzschachtel, die sie gestohlen hatte, vorsichtig eines der kleinen Hölzer entnommen und sich getraut. Fast explodiert war die Flamme in ihrer Hand, mit einem Zischen, dass ihre Angst geschürt hatte. Jedoch dann, als die Kerze friedlich brannte, hatte sich Eva wieder in diesen Zauber ziehen lassen.

Irgendwie war es gespenstisch, fast unheimlich, doch Eva hatte sich bis hierher getraut und nun wollte sie es schaffen, alleine, nur mit der *Heiligen Maria* und dem *Jesuskind* zu sein.

Freundlich lächelte die *Madonna* auf sie hinab. Die Falten ihres blauen Umhangs schimmerten im Zwielicht und Eva bewunderte ihr rotes Kleid. Um den Kopf erstrahlte ein goldener Kranz. Andächtig schaute Eva und sah sich auch den kleinen *Jesus* genauer an. Der war zwar nackt, aber auch er hatte diese alles durchwärmenden Strahlen um seinen kleinen Kopf.

Und die Botschaft, die ihr das *Jesuskind* zugeflüstert hatte, in diesem Blick der totalen Gewissheit, hatte Eva nie vergessen. Es war noch ganz klein und trotzdem hatte ihm Eva geglaubt, dass alles seinen richtigen Weg gehen würde, dass alles in ihrem Leben gut werden würde.

„Es ist nicht mein Kind, er ist ihr Kind", hatte das kleine Mädchen gedacht. Und doch erkannt, „Es ist nicht nur Marias Kind, es ist das Kind aller Frauen."

Und *Maria* hatte auf der schmalen Sichel des Mondes gestanden, die zart und zerbrechlich schien, aber trotzdem der schweren Statue Halt gab.

Fast wie nach einer langen Nacht holte Urrhs Schnurren Eva wieder einmal aus ihrer Träumerei zurück auf die Insel. Die Sichel des Mondes war ein Stückchen weitergewandert und zeigte ihr, dass inzwischen einige Zeit vergangen war.

„Ja, ich wünsche mir, Mutter zu werden, ich möchte mein eigenes Kind in diese Welt bringen. Aber nicht jetzt und unbedingt mit dem richtigen Mann."

„Urr, urrr, urrr", schnurrte das kleine Knäuel auf ihrem Arm.

„Ja, du hast ja Recht, heute habe ich etwas sehr Wichtiges geschafft, etwas ganz Wichtiges. Ich erkenne, dass ich fest in meinem Leben stehen kann, dass ich ihn und all die Versprechungen machenden Menschen nicht mehr brauche. Ich habe ihn weggeschickt, habe meine Angst besiegt, mich von ihm befreit und mein Selbstbewusstsein wiedergefunden."

Frohen Herzens erfasste Eva dieses Gefühl von Stolz, das sie in letzter Zeit fast wieder vergessen hatte. „Ich bin frei, ich werde hier auf der Insel bleiben. Ich werde weiterarbeiten, werde Geld verdienen und dann kaufe ich das alte Friesenhaus, meinen Platz, an dem ich meine Träume verwirklichen kann. Und ich werde nie wieder zu ihm zurückgehen, dass schwöre ich, denn ich bin eine freie Frau."

„Urr, urrr." Fast war es so, als wenn die Katze Eva lobte.

„Kann es schaden, einen Schwur zu erneuern? Wohl nicht, oder?", fragte sich Eva. „Und du Urrh, du bist meine Zeugin."

Eva stand auf, fühlte den Boden unter ihren Füßen, streckte die Arme zum Himmel atmete tief ein und aus und wiederholte die Worte, die sie schon bei ihrer Ankunft gesprochen hatte.

Es waren seitdem nur ein paar Wochen vergangen, doch Eva fühlte sich, als wenn es in einem anderen Leben gewesen wäre.

„Nicht er hat sich verändert, sondern ich mich und das ist gut so."

Kapitel 16

Sowilo - Das Kind der Sonne

„Flamme der Sonne, die du uns mit deinem Licht und deiner Wärme die Kraft des Lebens schenkst. Nimm dieses Opfer an, den heiligen Rauch von Eichenmoos und Fichte, der den Duft der Erde zu dir bringt. *Mütterliche Göttin*, sei Ihwar nah und beschütze sie, hilf ihr, sich des Lichtstrahls aus Gelb und Rot hinzugeben und ihre orange Blüte der Mütterlichkeit zu gebären."

Trotz der tiefen Meditation, in der Ihwar versunken ist, spürt sie die Nähe der Veleda, die an ihrer Seite steht. „Ich werde da sein, wenn du von dieser Reise zurückkommst", verspricht diese.

Ihwar weiß, dass sie bereit ist und nimmt die Seele der heiligen Essenzen in sich auf. Der waldmoosige Duft von Eichenmoos hilft ihr zu entspannen, gibt ihr Geborgenheit und vermischt sich mit der würzigen Frische der Fichte, die sie erdet.

Und auch wenn ihre Empfindungen schon fern ihres Körpers sind, weiß sie, dass sie auf der kleinen Lichtung vor dem Felsen der *Großen Mutter* steht; aufrecht, die Hände in der Form von *Algiz* zum Gebet erhoben, die Augen geschlossen und vom heiligen Rauch eingehüllt. Ihre Ohren hören noch das leise Knistern des Feuers, ihr Körper spürt noch den leichten Lufthauch, der mit ihrem Unterkleid spielt. Doch immer mehr versinkt sie in sich selbst und ist im nächsten Augenblick der Wind, der sie mit seinem Atem in die Weiten des Himmels trägt.

„Ich bin der Wind.

Ich wehe von Ost,
bringe das Leben,
sterbe niemals.

Ich schüre die Glut,
entfache das Südfeuer
und erhalte es.

Ich türme die Wasser,
schicke Wellen aus West,
bringe sie an Land.

Ich streichle die Erde,
schenke ihr Trost
und heile ihre Wunden“,

säuselt es in ihr und Ihwar antwortet mit ihrem ganzen Sein:

„Und ich verneige mich
vor dem Wind des Ostens,
dem Feuer des Südens,
dem Wasser des Westens und
der Erde des Nordens.“

ש

Schöne und schreckliche Bilder tun sich vor ihr auf; erst spürt sie Liebe und Geborgenheit, aber dann nagt Sehnsucht an ihr und wandelt sich zu Schuld, Schmerz und Verzweiflung.

Die Hitze wird immer unerträglicher, ihre Haut beginnt zu brennen; der warnende Ruf der *Eule der Weisheit* soll sie aufhalten, aber Ihwar hört nicht auf ihn, kehrt nicht um, will nur weiter, weiter, immer weiter, denn dort in der flirrenden Glut sieht sie ihre kleine Sowilo. Noch lacht das Kind und tanzt mit dem goldenen Schleier des Lichts fröhlich umher, noch erkennt es nicht die Gefahr, die ihm nach dem Leben trachtet.

„Ich muss sie diesem Flammenmeer entreißen, muss sie vor der alles verschlingenden Sonne retten; ich muss es tun, darf nicht noch einmal versagen, denn ich habe sie schon einmal im Stich gelassen."

Verzweifelt greift Ihwar nach ihr, händeringend versucht sie Sowilo zu folgen, aber sie kann sie nicht erreichen und kommt selbst den Flammen zu nahe.

Noch ist Ihwar zu eng mit ihrem stofflichen Körper verbunden, kann den stechenden Strahlen nicht widerstehen und spürt den schrecklichen Schmerz, der an ihr zündelt. „Ich kann nicht umkehren, ich darf es nicht, denn noch einmal diesen Verlust ertragen, dass ist tausendmal schlimmer als alles andere, was ich aushalten kann."

„Hilf mir, *Große Allmutter*, lass mich mein Kind beschützen", fleht sie mehr tot als lebendig, aber Sowilo ist unwiederbringlich verloren und Ihwar schwinden die Sinne.

„Ihwar, komm zurück meine Tochter. Ihwar, ich bin bei dir." Die Veleda hatte über Ihwar gewacht und geahnt, dass sie zu weit gehen würde.

Sie war ihr in Gestalt der weißen Eule gefolgt. „Ihwar, gehorche, komm zurück“, hatte sie gemahnt und alle Kraft aufgewandt, um die junge Frau zu retten. Aber Ihwar hatte nicht auf sie gehört.

ᛝ

Jetzt spielen die Gespenster des Fiebers mit Ihwar ein grausames Spiel. Immer wieder sieht sie Blut und darin ihr kleines Kind, das hilflos versucht, daraus zu entkommen, das nicht aufgeben will, das das Ringen um seine Geburt gewinnen will.

Die Veleda fühlt mit Ihwar, sieht ihre furchtbaren Träume und hält den fiebernden Körper in ihren Armen. Sie drückt Ihwar an ihr Herz, versucht, mit aller Kraft das Leben in ihr festzuhalten.

„Danke *Göttliche Mutter*“, flüstert sie und greift *Jera* voraus, „danke, dass du sie bei mir lässt.“ Und ihre eigenen Erinnerungen an ein fernes Leben mischen sich mit Ihwars Wesen und lassen sie das ganze Ausmaß eines verpassten Seins erkennen.

Es ist der furchtbare Schmerz einer Mutter, die ihr Kind verloren hat; und das längst vergessene Gefühl ist auch in der Veleda wieder erwacht.

ᛝ

Die Veleda hatte den leblosen Körper in ihr Haus getragen, Ihwar auf ihr Nachtlager gelegt und sich alleine um die Pflege der Gemarterten gekümmert. Niemanden hatte sie an das Krankenlager gelassen; hatte Ihwar immer wieder die brennenden Lippen mit dem Wasser aus der heiligen Quelle der *Ostara* benetzt, ihr kühlende Heiltränke eingeflößt und Tage und Nächte um ihr Leben gebangt.

Die bittersten Vorwürfe hatte sie sich gemacht: „Habe ich versagt?“, fragte sie sich immer wieder, „habe ich Ihwar nicht von der Wichtigkeit zum Gehorsam überzeugen können, bevor ich ihr erlaubte, sich dieser zweiten Weihe hinzugeben? Ich wusste doch, das sie noch nicht reif dafür ist, die Erinnerungen aus ihrem alten Leben zu verkraften.“

Und doch, Ihwar war mit ihrer ganzen Hingabe den Anweisungen der Veleda gefolgt. „Oder hat sie mich nur getäuscht? Ihwar schien doch bereit zu sein?“, ja aber jetzt musste sich die Veleda eingestehen: „Ich weiß, was die Liebe einer Mutter zu ihrem Kind bedeutet, die mit jeder Faser ihres Seins dafür einsteht, für es da zu sein, ich wusste es ja, dass sie nicht gehorchen würde.“

Ihwar hatte sich von ihren Gefühlen in die Irre führen lassen, und nun rang sie mit ihrem Leben, würde dafür bezahlen - so oder so - und entweder mit den furchtbaren Erinnerungen weiterleben müssen oder daran sterben.

„Mach sie gesund, *Große Mutter*“, hatte die Veleda immer wieder gefleht, „mach aus dem Lager einer Sterbenden einen Raum der Heilung.“

Aus der Asche der Wachholderbeeren hatte sie Ihwar das Kreuz mit dem schiefen Balken auf die Stirn gezeichnet, hatte die Kraft von *Naudiz* gefordert; hatte die *Nornen* angefleht, das Schicksal mit der Energie der Notwende beschworen, gehofft, unerbittlich gehofft und ihr eigenes Leben als Pfand geboten.

„Ich vertraue auf deine Weisheit, *Große Mutter*“, hatte sie gebetet, „bitte spinne den Lebensfaden für Ihwar neu, und wenn du dafür meine Lebensenergie brauchst, dann nimm sie, dann gebe ich mich gerne dafür hin."

Nach der vierten Nacht kam die Wende; Ihwar war in der Morgendämmerung ganz ruhig geworden. „Bitte bleib bei mir, Ihwar, wir brauchen dich hier am *Felsen der Drachenschlange*, hier in diesem Leben, gib nicht auf", hatte sie geflüstert, „aber wenn es dein Wille ist, *Göttliche Mutter*, dann lasse ich los; dann lasse ich dich gehen, geliebte Tochter."

Doch zu ihrer Erleichterung hatte sie durch einen Schleier aus Tränen gesehen, wie der zarte Körper sich im Rhythmus einer gleichmäßigen Atmung hob und senkte. Es war der ruhige Atem einer Schlafenden, nicht mehr das Ringen einer Kranken; Ihwar hatte den Kampf um dieses Leben gewonnen.

„Danke, *Göttliche Mutter,* für deine Gnade, die du mir gewährst, danke für mein Kind, das leben darf", flüsterte sie, mehr mit dem Herzen als mit ihrer Stimme.

Als Ihwar aufwacht ist sie untröstlich, erkennt in der Erinnerung ihrer Visionen die Wahrheit, die sie nicht akzeptieren kann und weiß, dass sie mit diesem unsäglich schmerzlichen Verlust weiterleben muss. Ihr ist bewusst, dass sie die Ordnung der Welt missachtet und mit ihrem Ungehorsam das Gefüge der Zeit erschüttert hat, doch scheint ihr die Strafe dafür unangemessen hoch. Sie ist von sich und dem Leben enttäuscht, hat keinen Mut mehr und fühlt sich doch dazu verdammt mit ihrer Erkenntnis, weiterzuleben.

Doch sie weiß jetzt auch, warum die Veleda sie in den letzten Wochen immer wieder zur Disziplin ermahnt und ihr Übungen abverlangt hatte, die ihr unsagbar schwer gefallen waren.

Nun hat Ihwar eine der Antworten, die sie so sehnsüchtig erfleht hatte. „Die Veleda kennt die Geheimnisse, die tief in mir verborgen sind", denkt Ihwar, „aber warum schweigt sie?"

„Warum hast du mich nicht bei Sowilo gelassen? Ich hätte mit ihr gehen müssen", wirft sie ihrer Meisterin immer wieder in stummer Verzweiflung vor.

ᛖ

Das war es gewesen, dieses Gefühl in ihrem Unterleib, dass sich immer wieder zu wehenartigen Krämpfen gesteigert hatte. Erst hatte Ihwar geglaubt, dass sich damit der monatliche Blutfluss ankündigte, aber der Mond war erst eine schmale Sichel gewesen und es würden noch einige Nächte vergehen, bis er sich in seinem vollkommenen Rund zeigen würde und ihre Blutung einsetzte.

Und Ihwar hatte eine Ahnung bekommen, dass es ein anderer Schmerz war, der da in ihr wütete.

„Was kündigt er mir an?", hatte sie die Veleda gefragt, aber diese hatte Ihwar nur mit verstehendem Blick angesehen und geschwiegen.

„Du musst ins Vertrauen an deine eigene Schöpferkraft gehen, musst Geduld haben", hatte sie ihre Belehrung fortgesetzt, „sieh, von der *Eule der Weisheit* kannst du lernen, gelassen abzuwarten; sieh, wie sie regungslos auf ihrem Nest sitzt und geduldig auf den Moment wartet, in dem ihr Kind selbst die Schale des Eies durchbricht und sich daraus befreit. Und merke dir, erst dann kann sie ihm eine fürsorgliche Mutter sein; bedenke, alles hat seinen wahren Moment im Rad von *Jera*."

„Du weißt es schon, was du erfahren darfst wird dir erst dann offenbart, wenn du dafür bereit bist, wenn du das, was sich dir zeigt, auch ertragen kannst", hatte sie nur gesagt. „Du musst dich konzentrieren; wenn du so hin und her gerissen bist, dann darfst du dich nicht der Energie deiner zweiten Weihe hingeben. Du kannst nur deine Sakralblüte öffnen, in deiner schöpferischen Fortpflanzung des Seins deine Selbstachtung erlangen, wenn du in deiner vollen weiblichen Kraft bist", hatte die Veleda immer wieder gemahnt.

Und Ihwar hatte gehorcht, hatte ihr ganzes Sein in ein Leben der totalen Hingabe gelenkt, hatte gefastet, ihre Meditationen verrichtet, gelernt, mit den Seelen der Pflanzen und Bäume zu sprechen und sich in allem geschult, was ihr angetragen wurde. „Ich werde achtsam sein", hatte sie versprochen, mehr sich als der Veleda.

ᛃ

Und dann war Ihwar auf den Flügeln des Windes voller Vertrauen *Vater Sonne* entgegen geschwebt und die *Große Allmutter* hatte ihr das Geschenk der Erinnerung gebracht.

ᛃ

Aber es ist kein Glück, das sie ihr beschert, es ist ein furchtbares Unglück.

ᛃ

„Sei uns willkommen", begrüßt sie ihn und weiß in diesem Moment, dass er einmal ihr Mann sein wird. Sie ist froher Dinge, wählt ihn zum Gefährten und gibt sich ihm hin. Der Frühling zerrinnt im Liebestaumel; *Jera* nimmt ihren Lauf; voller Freude begehen sie gemeinsam die Feste, erst *Beltaine* und dann *Litha*.

„Komm, tanz mit mir", fordert er sie auf und nimmt lachend ihre Hand, „wir gehören zusammen und wenn wir in der Morgendämmerung Hand in Hand über die glühenden Holzreste gesprungen sind, dann sind wir Mann und Frau und mit dem Segen der *Großen Göttlichen Kraft* kann uns nichts mehr trennen, dann bleibe ich für immer bei dir."

Ihwar hat sich besonders geschmückt, hat ihr schönstes Gewand angelegt und ihre goldenen Locken ziert ein Kranz aus bunten Sommerblumen; blaue Glöckchen tanzten um ihre Stirn, fast hört Ihwar ihr zartes Geläut.

Und er streift ihr einen aus Gold, Silber und Kupfer geflochtenen Torques mit den zwei Drachenköpfen übers Handgelenk. „Trag ihn als Zeichen meiner Treue", erklingt seine liebevolle Stimme.

Ihwar schwindelt es; doch es ist das Glück und nicht das berauschende Getränk, denn davon hatte sie nur kleine winzige Schlückchen genommen. Heute will sie sich nicht benebeln, nicht sich und auch nicht das Kind, das in ihrem Bauch zu wachsen beginnt.

Er würde staunen, wenn sie es ihm sagte, und sich bestimmt genau so freuen wie sie. Aber sie würde es erst tun, wenn sie bei Sonnenaufgang auf ihrer kleinen Lichtung auf dem weichen Moos liegen würden, nachdem sie sich geliebt hätten. Ja, sie malt sich diesen Morgen in den schönsten Farben aus und das Morgenrot würde sein Bestes tun, um diesen Moment zu verzaubern.

Doch mitten im Glückstaumel waren sie von einem Moment auf den anderen getrennt worden. „Warte auf mich, bitte hab Geduld, ich komme wieder; ich verspreche es dir, auch wenn ich nicht weiß wann das sein wird.“

Sie hatte ihn nur fassungslos angesehen, und die Tränen waren ihr unaufhaltsam übers Gesicht gerollt. „Mein Kind wird ohne seinen Vater aufwachsen, ich werde ihn nie wieder sehen“, ahnte sie.

Ihwar hatte geschwiegen, war unfähig gewesen ein Wort des Abschieds zu sprechen, konnte ihm nichts vom Kind sagen, nicht jetzt, es ging nicht. Sie hatte nur schützend die Hände auf ihren Bauch gelegt und nicht einmal seinen letzten Kuss gespürt.

„Ich komme bald wieder“, hatte er versprochen und war mit entschlossenem Schwung auf sein Pferd gesprungen.

Aber er war nicht zurückgekehrt, hatte ihr keine Nachricht geschickt. War ihm etwas geschehen, war er inzwischen in der *Anderswelt*; oder hatte er sein Herz einer anderen geschenkt und sie vergessen?

Und was war aus ihrem Kind geworden, lebte es, hatte sie es geboren?

Ihwar hatte es gesehen, auf ihrer Reise durch die Zeitlosigkeit, war dem kleinen blonden Mädchen gefolgt, das lachend zu *Vater Sonne* geflogen war. Verzweifelt hatte Ihwar nach ihm gegriffen und versucht, es vor der glühenden Sonnenkugel zu retten; und dann?

Wieder ist ihr Flehen um Gewissheit in die Dunkelheit eingetaucht und nur eine böse Ahnung schleicht auf sie zu.

„Habe ich versagt, die Aufrichtigkeit von *Algiz* umgekehrt? Habe ich dem Schutz des Lebens entsagt und so meinem Kind im Augenblick der Geburt den Tod gebracht?

Habe ich Sowilo, meinen kleinen Sonnenstrahl, getötet?"

Kapitel 17

Midsommer

Nachdem sie ihrem Mann die Stirn geboten hatte und so von seinem Vorhaben, sie wieder in ihrer Ehe einzusperren, abgebracht zu haben schien, war in Eva immer mehr Zuversicht gewachsen. Ja, sie war nach wie vor unglücklich, zumindest mit den alltäglichen Umständen, aber die freien Stunden in der Natur und die Begleitung von Urrh halfen ihr dabei, immer selbstbewusster und zufriedener mit sich selbst zu werden. Es fiel ihr nicht leicht, so ohne Partner und Freunde zu sein, aber auch das würde sich bestimmt bald ändern.

Sie hatte ihr Verhalten ihrem inneren Bild angepasst, ihre Kollegen behandelte sie mit freundlicher Distanz, ihren Chef mit einer gekonnten Mischung aus Gehorsam und Stolz, die er ihr abnahm. Jedenfalls hatte er ihr nicht mehr nachgestellt und sich auch nicht mehr darum gekümmert, dass Urrh nun jede Nacht bei ihr war. Entweder konnte er sie tatsächlich nicht sehen, oder er war es leid geworden, sich damit zu beschäftigen.

Eva hatte sich eine Freiheit geschaffen, die zwar nicht dem entsprach, was sie wirklich wollte, aber wenn sie ihre Kolleginnen beobachtete, konnte sie feststellen, dass der Hass und die Drangsalierungen des Chefs nur noch ihnen galten.

Sie machte ihre Arbeit ordentlich, nahm jedoch jede Gelegenheit wahr, nur das Notwendigste zu tun. Ein bisschen Bluff war unausweichlich, sonst würde sie sich so verausgaben, dass sie am Ende der Saison keine Kraft mehr hätte, einen Neuanfang anzugehen, und der wurde ihr von Tag zu Tag wichtiger.

„Ich habe mich von meinem Mann befreit, die Scheidung eingereicht und werde es auch schaffen, dieses unstimmige Dasein zu verändern. Bis zum Herbst werde ich herausfinden, was ich machen will und die Chancen, die sich mir bieten, wahrnehmen“, sie hatte ihre Gedanken laut ausgesprochen und wurde sich bewusst, dass dies ihr einen stärkeren Glauben daran gab, es auch zu erreichen, als wenn sie nur in sich hineindachte.

Mit einer um vieles zuversichtlicheren Stimmung ging sie weiter. Ihre nackten Zehen gruben sich in den noch warmen Sand und sie spürte die wohltuende massierende Wirkung auf ihren Fußsohlen. Es war ein so herrlicher, lauer Abend und den wollte sie unbedingt ohne negative Grübeleien genießen.

„Da höre ich doch Trommeln, wo werden die denn gespielt? Da möchte ich hin.“ Und nach der kleinen Biegung sah sie die Gruppe junger Leute, die um ein kleines Feuer saßen. Männer und Frauen hatten bunte Kleidung an, alle trugen Kränze auf dem Kopf und waren guter Dinge.

„Komm zu uns, es ist *Midsommer*, da darf keiner alleine sein, komm, sei unser Gast. Wir haben hier für dich noch einen Platz, und einen Kranz bekommst du auch.“

Ohne Vorbehalte und ohne zu zögern ging sie zu ihnen. Alle sprangen fast gleichzeitig auf, umarmten sie und stellten sich vor. Und obwohl sie sich fremd waren, fühlte Eva sich sofort dazugehörig. „Danke, dass ihr mich einladet, ich heiße Eva und freue mich sehr."

„Wir feiern hier nach einem alten Brauch, den schon unsere Vorfahren zelebrierten. Bei uns in Deutschland ist er leider irgendwann in Vergessenheit geraten. Jedoch haben wir schon als Kinder im Urlaub in Schweden *Midsommer* kennengelernt. Seit damals sind wir Freunde und unsere Familien sind sich immer wieder begegnet. Wir haben uns nicht aus den Augen verloren, und seitdem wir erwachsen sind, treffen wir uns jedes Jahr. Für uns ist es nicht nur eine Fete, es ist auch immer wieder ein besonderes Geschenk, wenn wir uns gesund und fröhlich wiedersehen."

„Es ist ein Geschenk des Lebens und da erneuern wir unser Versprechen, uns treu zu bleiben. Wir erzählen uns unsere Träume und Wünsche, machen gemeinsam Pläne. Ich bin immer sehr darauf gespannt zu erfahren, was wir so übers Jahr daraus gemacht und erlebt haben."

„Diese kürzeste Nacht des Jahres zu würdigen, wo das Licht die Oberhand hat, gemeinsam zu verbringen, ist uns allen sehr kostbar. Heute Nacht werden wir nicht schlafen, es ist sowieso nur ein paar Stunden dunkel. Weiter im Norden bleibt es sogar hell, deshalb sprechen die Menschen dort von der Zeit der *Weißen Nächte*. Eva, hast du das auch schon mal erlebt?"

„Oh, leider nicht", lachte sie, „jedoch weiß ich, dass wir morgen den längsten Tag des Jahres haben. Nur irgendwie ein paar Sekunden ist er länger als die anderen, glaube ich, aber ist ja nicht so wichtig."

„Genau, ist nicht so wichtig, jedoch die kürzeste Nacht muss gewürdigt werden, und wenn morgen die Sonne aufgeht, werden wir sie gebührend begrüßen."

Eva fühlte sich im Kreis dieser netten Leute sofort wohl und war dankbar, mal nicht alleine zu sein.

„Jetzt wo wir vollzählig sind, möchte ich für uns einen alten irischen Segen sprechen und so mit unserem Fest beginnen." Miguel hatte sich nahe ans Feuer gestellt und seine linke Hand auf sein Herz gelegt, die rechte obenauf. „Bitte tut es mir gleich und schließt eure Augen", forderte er die anderen auf. Dann nahm er einen tiefen Atemzug und sprach mit fester und gleichzeitig zärtlicher Stimme:

„Sonnenschein leuchte in
deinem Herzen und erwärme es,
bis es glüht wie
ein großes Torffeuer.

Mag der Fremde dann eintreten
und sich daran wärmen."

„Eva, du bist heute unser Ehrengast und solltest unseren Festplatz nun mit den Blüten des Sommers segnen."

Verblüfft wollte sie widersprechen, aber da drückte ihr schon eine der Frauen einen kleinen Weidenkorb in die Arme. Voller Entzücken nahm Eva den süßherben Duft der Rosen wahr und griff hinein. „Nun denn, ich traue mich", sagte sie feierlich und ging von einem zum anderen und streute die Blütenblätter in die Luft.

Tief ergriffen wurde sich Eva ihrer Wichtigkeit bewusst, jedoch bevor sie wieder melancholisch werden konnte, bekam sie ein Glas Wein gereicht.

Verwundert schmunzelnd griff sie nach dem geschliffenen Kristallglas, in dem ein dunkelvioletter Rotwein funkelte. Erstaunt sah sie sich um. Alles war festlich geschmückt und die rosaroten Rosenblätter, die sie verstreut hatte, rundeten das schöne Bild ab. Es gab sogar ein kleines Buffet auf einem weißen Tischtuch.

„Keine Angst, wir sind nicht spießig, nur ein bisschen nostalgisch angehaucht. Gläser, Teller und das alte Tafeltuch sind von meiner Lieblingstante, und es ist mir immer wichtig, dies mitzubringen. Das ist so ein Symbol, das uns an unsere lieben Verstorbenen erinnert", lachte einer der Männer.

„Bitte greif zu und lass es dir schmecken." „Du musst unbedingt von den Holunderküchlein probieren, die sind die Hauptspeise zu *Midsommer*. Ich habe gestern vom Holunder am Haus Blütendolden geerntet und sie in Teig ausgebacken. Der Holunder ist seit jeher ein starker Schutzbaum. Die Germanen glaubten, dass darin, an der Pforte zur Anderswelt, die *Göttin Freya* wohnte, sie nannten sie auch Holla. Noch heute kennen wir sie aus dem Märchen, wie du leicht erraten kannst, es ist *Frau Holle*."

„Nun lasst Eva doch erst mal in Ruhe, wie soll sie denn entspannt essen, wenn ihr sie alle so bedrängt." Zwar mit fester Stimme, jedoch mit einem verständnisvollen Schmunzeln, hatte Miguel sie vor den anderen zu beschützen versucht. „Sie ist doch schon ganz verlegen."

„Ist schon gut", hatte sich Eva geräuspert und gespürt, wie ihre Wangen zu glühen begannen.

Jedoch, es war wirklich köstlich, die Holunderblütenküchlein, die mit Puderzucker bestäubt waren, der Vanillepudding mit verschiedenen roten Beeren, die kleinen Kräuterbrote mit dem Pesto und dem würzigen Käse, die bunten Salate und die Gemüsepuffer.

„So was Leckeres habe ich schon lange nicht mehr gegessen und mit dem Rotwein muss ich vorsichtig sein, denn morgen früh muss ich leider arbeiten. Der ist so gut, den werde ich in ganz kleinen Schlückchen genießen."

„Wann habe ich das letzte Mal gefeiert, gelacht und getanzt? Wann war ich das letzte Mal einfach nur ich? Ach es ist mühsam - Grübeltante - du musst diesen Abend einfach genießen. Du musst, denn dein Konto für schöne Erinnerungen braucht dringend eine Einzahlung." Eva schmunzelte über sich selbst und war froh, ihren eigenen Humor wiedergefunden zu haben.

Um Mitternacht wollten sie ein Wunschritual machen. „Du kannst dir schon mal überlegen, was du dir am meisten wünscht, welcher deiner Wünsche für das nächste Jahr der größte ist", hatten sie Eva aufgefordert. Aber Eva hatte soviel gelacht und getanzt, dass sie keinen Gedanken daran verwendet hatte. Es war herrlich, sie hatte einfach keine Zeit zum Nachdenken gefunden.

Als dann das Feuer heruntergebrannt war und nur noch die Glut leuchtete war es soweit. Nach und nach sprach jeder das aus, was ihm am wichtigsten war, und es schien ganz leicht zu sein. Nur Eva zögerte. „Ich kann das nicht", flüsterte sie und versuchte den Kloß in ihrem Hals herunterzuschlucken, „ich weiß nicht wie."

„Aber das ist doch ganz einfach, lass dein Herz sprechen, das kannst du."

Alle schauten sie erwartungsvoll an. Und Eva nahm ihren Kranz vom Kopf, gab all ihre Sorgen hinein und warf ihn in die Glut. Erst qualmte es nur, aber dann stoben Flammen auf, erfassten ihn und machten daraus einen Lichtkranz. Als sie den würzigen Rauch roch wusste sie, dass nun alles gut werden würde. Erstaunt hörte sie ihre Stimme, die seltsam fern schien.

„Ich wünsche mir ein Zuhause, in dem ich glücklich bin, wo ich mit Menschen lebe, die zu mir gehören und ich zu ihnen." Dann konnte sie nicht weitersprechen und Tränen kullerten über ihre Wangen. Seltsam, wie sehr sie ihre Sehnsucht nach Geborgenheit und die Achtsamkeit der anderen berührten.

„Das war schon sehr gut", ermunterte sie eine der Frauen, „auch wir haben diesen Traum. Noch wohnen wir über das ganze Land verteilt und treffen uns in manchem Jahr nur zu diesem Fest. Jedoch in Zukunft möchten wir gemeinsam leben. Vielleicht möchtest du auch dabei sein?"

„Aber egal wie, du musst erst deinen Wunsch noch zweimal wiederholen, denn nur dreimal gesprochen kann er auch wirklich in Erfüllung gehen. Und das er dir wichtig ist, dass ist nicht zu übersehen.

„So, und nun springen wir über die Glut, das gibt gute Energie und bringt Harmonie. Ich darf dir meine männliche Kraft schenken und du mir deine weibliche", lachte Miguel. Er hatte Eva seine Hand entgegengestreckt und sah sie erwartungsvoll an.

„Diese Augen", dachte Eva, „diese geheimnisvollen blauen Augen, die jetzt Nachtblau schimmern und in denen Tausende Goldplättchen glitzern."

Obwohl sie schon Stunden mit den anderen zusammen war, bemerkte sie erst jetzt, dass die kleine Gruppe genau acht Paare ergab. Eva hatte als Frau eine Lücke geschlossen, aber nicht als Lückenbüßerin, sondern als die Kostbarkeit, die die Gruppe brauchte, um vollständig zu sein. Es war schon seltsam, mit welcher Selbstverständlichkeit diese Menschen einander achteten. Und es war ungewöhnlich, sich so glücklich zu fühlen, so etwas Schönes zu erleben. War sie etwa dabei, sich in diesen Mann zu verlieben? Oder war es nur Dankbarkeit für die Zuneigung, die sie bekam?

„Komm, Eva, wir sind an der Reihe", erinnerte er sie und Eva fühlte sich nicht einmal bei ihren abschweifenden Gedanken ertappt.

ש

In dieser Nacht wurde von vielem erzählt, was Eva völlig fremd war. Sie hatte noch nie davon gehört, dass Rituale für das Leben wichtig sind. Sie konnte sich zwar an Bräuche aus ihrer Kindheit erinnern, aber ihr war gar nicht mehr bewusst, was sie da gemacht hatte.

Z. B. als ihr Vater sehr krank gewesen war, hatte sie in einer kleinen Kapelle eine Kerze für ihn angezündet und zu *Maria* gebetet. „*Maria*, die Mutter von *Jesus*, die ja auch die Mutter von uns Menschen ist wird uns beistehen", so hatte ihre Tante erzählt und Eva, ein vertrauensvolles kleines Mädchen, hatte ihr geglaubt und gehofft, dass es helfen würde.

In jenem Sommer war sie in den Ferien bei ihrer Tante in den Bergen gewesen und hatte sich voller Zuversicht darauf gefreut, dass sie ihren Vater bald froh und munter wiedersehen würde.

Und er war wieder gesund geworden und die kleine Eva war davon überzeugt gewesen, dass es ihre Kerze gewesen war, die dies bewirkt hatte.

Als sie ihm dann die Geschichte erzählte, hatte er sie stolz angestrahlt. „Ja, meine Schwester ist eine weise Frau", hatte er gesagt und sich gefreut, dass seine kleine Tochter ihr so ähnlich war.

„Tante Hedwig weiß auch viel über Kräuter, mit denen hat sie mein Bauchweh weggemacht. Und als ich nach einem Wolkenbruch ganz nass und durchgefroren zu ihr kam, hat sie mir ein Fußbad mit Lindenblüten gemacht. Das hat so gut getan, erst waren meine Füße warm geworden und dann mein ganzer Körper, ich habe nicht mal einen Schnupfen bekommen."

Später, als der Himmel langsam hell wurde, hatte sich die kleine Gruppe im Halbkreis aufgestellt und schweigend gewartet, bis die Sonne als riesiger orangeroter Feuerball hinter dem Horizont aufging. Andächtig hatten sie geschwiegen, die Luft hatte geknistert oder die verkohlten Holzscheite? Aber das Feuer war längst ausgegangen und konnte keine Geräusche mehr abgeben. Alle waren wie in einer fiebrigen Anspannung und als dann die Sonne am wolkenlosen Himmel aus dem Meer stieg, da hatten sie gejubelt, sich umarmt und waren in einen Freudentaumel eingetaucht, der sie wie naive kleine Kinder einfach nur zu Freudensprüngen anstiftete.

Es war einer der schönsten Momente in ihrem Leben gewesen und Eva fühlte sich so, als wenn sie in einem ihrer Träume wäre. „Was geschieht mit mir?" fragte sie sich verwundert.

Und plötzlich, als wenn sie ihr eine Antwort geben wollte, war Urrh an ihrer Seite. Mit ihrem weichen Fell streifte sie Evas Haut, stupste sie immer wieder mit dem kleinen feuchten Näschen an den Waden und machte mit ihrem bestimmenden „urr, urrr, urrrr“ auf sich aufmerksam.

„Da bist du ja, mein Schatz!“ Eva bückte sich zu dem kleinen Wesen, nahm Urrh auf den Arm und herzte sie.

„Ist das ein süßes Kätzchen, gehört es dir?“ „Welch' schönes weißes Fell.“ „Wie heißt sie denn?“ „Darf ich sie auch mal halten?“ „Solche hellblauen Augen habe ich bei einer Katze noch nie gesehen.“ Alle umringten die beiden und plapperten fröhlich durcheinander und Urrh ließ sich in totaler Vertrautheit von einem Arm zum anderen reichen.

Eine Gewissheit sprach aus Evas Herz: „Nur liebevolle Menschen können sie sehen“. Und Eva freute sich einmal mehr über ihre neuen Freunde.

Doch Miguel schien über etwas zu grübeln. Behutsam legte er seine Hand auf Evas Schulter und schaute sie wieder mit diesen tiefgründigen Augen an. „Früher glaubten die Menschen, dass sie in Nächten wie diesen die Sprache der Tiere verstehen könnten aber ich weiß, deine Urrh spricht auch sonst mit dir.“

Eva war einmal mehr von ihm verblüfft, aber sie hatte sich schon fast an dieses etwas seltsame Verhalten gewöhnt.

„All das ist gar nicht so ungewöhnlich wie es den meisten Menschen heute erscheint. So empfinde ich vieles, was der moderne Mensch sich wieder erinnert, als ganz normal. Weißt du, wenn wir unsere Herzen öffnen und das Leben, das um uns herum ist, wirklich wahrnehmen, dann wird unser Sein mit etwas sehr Kostbarem bereichert.

Ich bin Schamane und sehr dankbar für meine wiederkehrenden Erinnerungen, die aus einer fernen Vergangenheit zu kommen scheinen. Es sind die weisen Erfahrungen unserer Vorfahren, von denen wir heute wieder lernen können. Wenn du möchtest, können wir uns heute Abend wieder sehen und ich helfe dir beim Verstehen deiner Visionen. Ich glaube, dass es für dich an der Zeit ist, dein Krafttier kennenzulernen. Es kann dich unterstützen und dir helfen, deine nächsten Schritte leichter zu tun."

Hätte er sie vor einer Woche gefragt, hätte sie vielleicht abgelehnt, aber nach dieser Nacht wusste sie, dass nun etwas in ihr Leben kam, dass ganz selbstverständlich auch zu ihr gehörte.

Kapitel 18

Litha – Die Sommersonnenwende

Wyn steht bei den Männern und kann die Prozession der Frauen nur aus der Ferne sehen. Einen Moment lang verspricht ihm eine Ahnung Hoffnung, aber nein, es ist nur seine Fantasie, das, was er sieht ist nicht seine Ihwar. Diese Frau hat zwar dieselben goldenen langen Haare wie sie, steht aber mit hoch erhobenem Haupt in sich vertieft bei den Novizinnen. Ihr Gewand ziert schon die orangene Borde und er muss erkennen, dass sie in den Kreis der Einzuweihenden aufgenommen ist.

„Ihwars Bestimmung ist eine andere“, dass weiß er mit erschütternder Gewissheit. Sein Blick hat ihn getäuscht und er muss es endlich einsehen: „Sie weilt nicht mehr unter den Lebenden“; denn erst vor ein paar Tagen war ihm das Pfand seiner Liebe, dass er ihr gegeben hatte, zurückgebracht worden.

„Der gehört dir, der trägt deine Stammeszeichen“, hatte der Mann gesagt und Wyn den Torques hingehalten, den er Ihwar geschenkt hatte.

„Welche Frau hat ihn dir gegeben, wo ist sie?“, hatte er sich schon gefreut.

„Ich habe ihn am Rand des heiligen Hains gefunden, an einem der *Portale*. Du weißt, dass nur Vorbereitete die

Strahlenwelle zum *Heiligen Bezirk* durchschreiten können. Unbefugte können sie nicht ertragen, sie macht ihnen den Zugang unmöglich. Ihre Körper können die starken Energien nicht aushalten und werden getötet. Wenn sie dir gefolgt ist, hat sie das nicht überlebt", hatte sein Gefährte traurig erwidert.

Wyn war erschüttert; ja, er hatte sich am Ort der *Hängenden Steine* länger aufhalten müssen als geplant, hatte sich einem höheren Gebot fügen müssen. Nach einigen Mondläufen war er sich sogar fast sicher gewesen, auch die *Große Weihe* dort zu empfangen.

Einer nagenden Ungeduld hatte er sich immer wieder stellen müssen, hatte voller Sehnsucht an sie gedacht.

Es konnte doch nicht sein, dass seiner Geliebten ein Leid geschehen war; hatte sie nicht bei ihrer Sippe auf ihn gewartet, war es zur Katastrophe gekommen? „Und ich habe sie nicht beschützen können", machte er sich die bittersten Vorwürfe.

Immer wieder hatte sich seine Hoffnung, endlich zu ihr zu dürfen, zerschlagen. Und selbst als er wieder zum *Felsen der Drachenschlange* zurückkehren durfte, wurde ihm ein Wiedersehen versagt.

ᛗ

Die Vorsehung hatte ihm doch versprochen, dass er seine Königin an seiner Seite haben würde; und hatte er nicht ganz genau gewusst, dass es Ihwar war? Er hatte doch in Ihwar seine Frau erkannt, die fortan bei ihm war; in diesen Zyklen von *Jera,* in denen schon die ersten Stämme sich erhoben, die ersten Menschen Macht über andere ausüben wollten, in jenem sich verzerrenden Bild, das dem hohen Anspruch an die Menschheit nicht mehr gerecht werden würde. „Werden wir denn alles vergessen und werde auch ich versagen? Werde ich für immer allein sein? Werde ich meine hohe Aufgabe denn nicht gemeinsam mit dieser wunderbaren Frau an meiner Seite zu erfüllen haben?“

„Ihr jungen Männer müsst lernen, lernen zu vertrauen; müsst immer wieder Prüfungen bestehen und könnt es nur, wenn ihr nicht vergesst, euch selbst treu zu bleiben, egal was geschieht“, diese Worte hatte er so verinnerlicht, dass sie auch jetzt aus seinem Herzen sprachen und mit der Stimme seines Lehrers laut vernehmlich in seinen Ohren widerhallten.

Doch immer wieder hatte er sie verworfen und sich gefragt: „Was kritisiert er denn an mir? Ich habe doch schon begriffen.“ Jedoch jetzt verstand er; nur felsenfest in sich ruhend konnte er das, was der Menschheit bevorstand mit seinem ganzen Sein mildern helfen, konnte er der Gnade zollen und all denen dienen, die das Schreckliche zu verhindern suchten.

Und gleichzeitig zweifelte er: „Hatte sich denn die Veleda geirrt, haben sich denn all die wundervollen Zeichen gegen mich und meine Liebste verzerrt?“ In seiner Verzweiflung rang er immer wieder danach, ins Vertrauen zu kommen, ins Vertrauen darüber, dass ihm nur das geschähe, was er auch ertragen könnte; doch die Trennung von Ihwar konnte er nicht länger aushalten.

Inzwischen war es Winter geworden, und er hatte dem Wetter und seinen Gefühlen trotzen müssen. Obwohl er zum Diener seiner Berufung geworden war, wissend, dass seine Bedürfnisse als Mensch schon lange nicht mehr an erster Stelle in seinem Leben standen, hatte er nicht erahnt, dass es ihm letztendlich so unsagbar schwer fallen würde, bedingungslos seine Pflicht zu erfüllen, zumal er jetzt wieder ganz in ihrer Nähe war.

Und in einem dieser schwachen Momente, ganz in Gedanken an seine Ihwar versunken, hatte er sein Pferd vom Pfad weggelenkt; aber, schon von der Freude des Wiedersehens kostend, war ihm der Zwang zum gnadenloser Gehorsam zum Schicksal geworden.

Letztlich hatte sein Pferd gestrauchelt, vor einem ihm nicht ersichtlichen Hindernis, und er war in die Grube gestürzt, die für den Bären bestimmt war. Als er erwachte, fühlte er sich kraftlos und unendlich müde und nahm nur schemenhaft wahr, dass das sein Blut war, was da langsam im Boden versickerte. „Ich werde Ihwar niemals wieder sehen, ich bin dem Tode geweiht, dass ist die Strafe für meinen Ungehorsam gegenüber allem, dem ich mich versprochen habe.

Und wie ein Vogel mit sanften Flügelschlägen stieg etwas aus ihm heraus und entschwebte gen Himmel. Mit ekstatischem Glücksgefühl und einer Gelassenheit, die sein bisher Erlebtes übertraf, schwebte er zwischen den Baumwipfeln über seinem geschundenen Körper. Sein irdisches Bewusstsein wollte sich schon abwenden, diesem Drang nach Licht nachgeben, jedoch da hörte er seinen Namen; suchend, verzweifelt, mahnend drang er an sein geistiges Ohr. „Ich möchte hoch hinauf." Aber diese verzweifelte Stimme, die ihn rief, ließ ihn nicht frei. „Ich muss noch bleiben, ich habe es noch nicht erfüllt", und dann sah er schon die Jäger, die mit Eile im Lauf zu ihm kamen. „Wer hat sie gerufen, woher wussten sie?" fragte sich sein Wesen, dass nicht mehr von *Mutter Erde* schien.

Sie zogen ihn aus der Grube, legten ihn vorsichtig auf die Trage aus geflochtenen Lederstreifen und so schnell sie konnten, mit all der Behutsamkeit, die sie aufbringen mussten, eilten sie mit dem Sterbenden zum *Heiligen Bezirk*. Dort am *Nordportal* hielten sie inne, legten ihn ab und verneigten sich vor einer Übermacht, der sie respektvoll huldigten.

„Was tun sie denn? So bin ich verloren, kann ich in meinem vergehenden Körper nicht weiterleben", dachte Wyn und dann sah er, wie sein weiser Lehrer drei der Tropfen des geheimnisvollen Elixiers auf seine Lippen träufelte.

„Es ist noch nicht vollbracht", waren seine überirdischen Gedanken und wie der Falke, der sich in rasantem Flug auf seine Beute stürzt, kehrte er in seinen Körper zurück und öffnete die Augen.

Er war erwartet worden, alles war für ihn vorbereitet gewesen; er sollte noch nicht in der *Anderswelt* weilen; ja auf wundersame Weise hatten die *Weisen Männer* von seiner Ankunft gewusst und wieder einmal zeigte sich, über welche Weitsicht und Klugheit sie verfügten.

Aber Wyn war weiter auf die Probe gestellt worden; Fieberträume brachen mit Gewalt in seinen Körper, das Feuer in ihm schien ihn zu verbrennen und immer wieder sah er darin die verzweifelte Ihwar, die durch den Wald irrte. Er rief nach ihr, aber immer, wenn er sie schon fast berühren konnte, löste sich ihre Gestalt in weiße Nebelschwaden auf und wurden vom Wind davongetragen. Er versuchte ihr zu folgen, aber er fand sie nicht; er konnte sich nicht bewegen, war in seinem Körper, der auf dem weichen Laub lag, gefangen.

„Ihwar ist verloren, sie ist unwiederbringlich von mir getrennt; ich muss fortan ohne sie weiterleben", drang die Gewissheit in sein betäubtes Bewusstsein.

ᚢ

Als er dann eines Morgens erwachte und die Heilung in ihm wieder Harmonie geschaffen hatte, musste er seiner Seele zu Diensten sein und sich auf seine *Große Weihe* vorbereiten. Wyn wusste, er war hier, um den Willen der *Göttlichen Allheit* anzunehmen, dafür war er in dieses Leben geboren worden.

Doch, auch nachdem er sein Versprechen erneuert hatte, flehte er immer wieder zum Himmel: „Ich schaffe es nicht, ich will dieses Leben nicht. Ich kann auf diese Frau nicht verzichten." Aber er wusste, dass die Entscheidung längst gefallen war und er nicht nur seinem Stamm, sondern allen Menschen, die ihn brauchten, zu dienen hatte. Und jetzt musste er sein ganzes Bestreben hin zum ewigen Ursprung allen Lebens wenden.

„Ich werde alles tun, was von mir verlangt wird, aber bitte lass Ihwar nicht dafür leiden."

ᚢ

Wyn erinnert sich ganz klar, hat die schönen Bilder wieder vor Augen, als wenn er alles noch einmal erleben darf.

ᚢ

Er war mit seinem Gefolge ins Dorf am Fuß des Berges gekommen und hatte sich sofort in Ihwar verliebt. Es war ein warmer Frühling gewesen, im letzten Jahreskreis von *Jera*. Und zu seinem großen Glück war er von Ihwar auserwählt worden und hatte mit ihr die schönsten Tage seines Lebens verbracht.

Das letzte Fest der Sommersonnenwende war ein glückliches gewesen, voller Freude. Alle hatten mit ihnen gelacht und sich mit dem jungen Paar gefreut, denn alle hatten gesehen, dass Wyn und Ihwar sich gegenseitig ihre Huld bezeugten.

Aber dann war er noch in der Nacht zum *Felsen der Drachenschlange* gerufen worden. War im Moment höchsten Glücks daran erinnert worden, das er bedingungslosen Gehorsam zu leisten hatte. Er durfte ihr nicht erklären, warum er gehen musste, und nur flüchtig hatten sie sich verabschieden können; beide nicht erfasst, wie ihnen geschah.

₪

Ihwars traurige Augen sieht er noch heute vor sich, und auch die zärtliche Geste, mit der sie ihre Hände schützend auf ihren Bauch legt; aber auch sie schweigt.

₪

Als er dann zu den *Hängenden Steinen* gesandt worden war, in einer dringenden und geheimen Mission, durfte er keinem eine Botschaft schicken. Er wusste um seine Verantwortung, der Verschwiegenheit zu dienen in diesen Kreisen von *Jera,* denn auch er nahm mit einem mahnenden Gefühl die Schwingungen der Veränderung wahr, die nun bevorstand und die Maßstäbe ihrer Welt erschüttern oder gar zerstören würde.

Wyn war durch tiefe Wälder geritten, immer in Richtung Nord-West einem Pfad gefolgt, den er mehr erahnen als sehen konnte.

Nachts nahm er einen sanften Schimmer wahr, der den Boden zwischen den Grasbüscheln aufleuchten ließ; fast schienen sie wie die Dämpfe aus der Erde, die ihn schon als kleinen Jungen fasziniert hatten. Dieser Spuk und dieses Kribbeln zwischen seinen Augen hatten ihn geängstigt, auch wenn es nur die Irrlichter gewesen waren, die er vom sicheren Grund aus über dem Moor hatte tanzen sehen.

Aber er war in den Kreisen von *Jera* zum Manne erwachsen, mahnte sich zur Ordnung, verband sich wieder mit dem Wesen seines Reittiers und kam, ohne sich weiter ablenken zu lassen, schnell voran; so schnell es ging ritt er, fast ohne Rast.

Als der Wald endete, führte ihn sein Weg über unendliche Weiten und durch unwegsame Sümpfe. Immer wieder mussten sie kleine Wasserläufe überwinden, jedoch sein Pferd war ein geschicktes Tier und setzte seine Hufe sicher auf den schwankenden Boden; an breiteren Flüssen wurden sie erwartet, konnte mit Flössen übersetzen.

Alles schien wie von Zauberhand auf sein Kommen vorbereitet zu sein; und als er am *Wilden Wasser* anlangte, wunderte er sich nicht, dass ein Schiff für ihn bereit lag und ihn die Männer freudvoll begrüßten.

Wyn wusste, dass er zum Kreis Auserwählter gehörte, die die Verantwortung für die Menschheit hatten und alles tun mussten, um die Abläufe von *Jera* zu bestärken. Schon erhoben sich einige Stämme und störten das feine Gefüge der Zwischenmenschlichkeit; das waren die Vorboten dessen, was den Menschen viel Unglück bringen könnte. Und um die größte Katastrophe abzuwenden war es wichtig, die kosmischen Botschaften der Himmelsgestirne mit weiser Vorsehung zu deuten, auf *Mutter Erde* Disziplin und Achtsamkeit walten zu lassen und alles in ihrer Macht stehende zu tun, um das Schlimmste abzuwenden.

Und wenn die Menschen der Zukunft trotzdem dem Schicksal des Vergessens verfallen würden, dann musste das alte Wissen in den geheimen Symbolen die unzähligen Zyklen von *Jera* überdauern. So hatte er sein Bestes zu geben, so wie die anderen Männer und Frauen in den heiligen Bezirken, überall auf dem ganzen *Erdenkreis*. Sie würden *Vater Sonne* und *Großmutter Mond* huldigen, zur *Großen Göttlichen Macht* in ihrer Vorstellung von *Allgöttin* und *Allvater* beten und selbst ihr Leben opfern, wenn es von ihnen verlangt würde. Sie mussten Spuren legen, ihr Wissen bewahren, damit die Menschen in der Zeit des Wiedererwachens eine Chance hätten, sich zu erinnern.

Den genauen Hintergrund seiner Mission, die er an den *Hängenden Steinen* zu erfüllen hatte, war ihm zwar nicht erklärt worden, aber das war unwichtig. Er wusste über seine Fähigkeit, Energiebotschaften zu überbringen und hatte darauf vertraut, etwas Sinnerfülltes zu tun; er war dankbar gewesen und hatte sich sogar geehrt gefühlt, denn nur sehr wenige waren dazu berufen.

Er würde Ihwar im Herzen bewahren und hoffentlich bald zurückkehren können, und vielleicht wäre sie dann bereit, mit ihm als seine Frau in seine Heimat zu gehen, wo sie als Stammesfürstin und Stammesfürst erwartet wurden.

Aber jetzt, am Abend der Sommersonnenwende, ist Wyn nur Mann, ist unbeschreiblich traurig, und seine Angst, sie unwiederbringlich verloren zu haben, schnürt ihm das Herz zu. „Mir ist nur noch dieses Pfand der Liebe geblieben; kein Ersatz für die Frau, die mir als Partnerin von den *Göttern* versprochen ist", spürt er mit bitterer Ironie im Herzen.

Nachdenklich dreht er den Torques an seinem Arm: „Hatte Ihwar versucht, ihm zum *Felsen der Drachenschlange* zu folgen, hatte sie gespürt, dass er wieder in ihrer Nähe war und die Sehnsucht nach ihm mit dem Leben bezahlt?"

„Aber nein, sie kann es nicht versucht haben", tröstet er sich. „Sie ist nicht hier; morgen werde ich mir Gewissheit verschaffen, werde einen Boten in ihr Dorf schicken und bald bestätigt bekommen, dass es ihr gut geht."

Wyn ermahnt sich zur Disziplin: „Konzentriere dich, es ist wichtig, dass auch du dich würdevoll verhältst."

Gerade kommt die Veleda mit dem Feuer, dass von den Weisen Frauen seit vielen Monden im Kessel der heiligen Grotte gehütet wird; eine der wichtigen Aufgaben, um die Energie im Zentrum des *Heiligen Bezirks* in Harmonie zwischen Himmel und Erde zu halten, das Feuer vom Morgen der Wintersonnenwende. Das feierliche Ritual beginnt, Gebete werden gesprochen, Musik und Gesang erklingen und bald brennt das große Sommersonnenwendfeuer auf der weiten Wiese vor dem *Felsen der Drachenschlange*.

„Ja, die anderen werden feiern und ausgelassen sein, alle ein bisschen Mensch sein und die Strapazen des Alltags für heute Nacht vergessen. Sie werden die ganze Nacht tanzen, singen, essen und trinken und dann der aufgehenden Sonne huldigen. Aber ich kann in dieser Nacht nicht fröhlich sein." Entschlossen dreht er sich um und entfernt sich in Richtung des Bärenfelsens.

Er will alleine sein, meditieren und seine Liebe zu Ihwar schicken. „Und wenn sie nicht mehr unter den Lebenden ist? Dann will ich sie bestärken, damit sie eine gute Reise in die *Anderswelt* hat", denkt er. „Ich werde darum bitten, dass sie von den Ahnen liebevoll empfangen wird, und es ist gut, dass ihr die göttlichen Strahlen von *Litha* den Weg erhellen."

Er würde sich unter die mächtige Eiche setzen, dem Baum der Männer, würde seiner Verzweiflung, die in ihm wütet, freien Lauf lassen. Der Baum, der sich Blitz und Donner zum Gefährten gewählt, sich schon viele Male mutig und aufrecht der Gefahr des Himmels ausgesetzt hatte und standhaft geblieben war. Wyn würde sich ein Beispiel an ihm nehmen und ein aufrechter Mann bleiben; aber in dieser Nacht dürfte er sich dem Schmerz des Verlustes beugen, und in diesen Stunden würde ihm Ihwar noch einmal ganz nahe sein.

Blinzelnd geht Wyn in Richtung Westen, folgt dem Lauf der Sonne, die jetzt den wolkenlosen Himmel färbt und sich zum Untergehen bereit macht. Es würde eine helle Nacht werden, die kürzeste in diesem Jahr. Aber Wyn hat eine Ahnung von der Dunkelheit, die ihm in seiner Trauer die Tränen in die Augen bringt.

Später war er erschöpft eingeschlafen und hatte sogar den Sonnenaufgang verpasst, hatte seine Pflicht nicht erfüllt; aber sein weiser Lehrer würde verstehen, warum er dem Ritual ferngeblieben war.

Ihwar hatte zunächst ausgelassen getanzt, aber irgendeine Ahnung hatte sie in den *Heiligen Hain* zu ihrem Lieblingsplatz geführt. Sie hatte ein Gefühl empfunden, eine Ahnung der Vorfreude, als wenn ihr Liebster dort auf sie wartete. Aber sie würde ihn nicht treffen, und auch nicht erkennen, denn die Vision hatte ihr zwar die

Ereignisse des letzten Sommers zurückgebracht, doch an sein Gesicht konnte sie sich, nach wie vor, nicht erinnern.

„Es ist eine Nacht der besonderen Wesen, es ist eine Nacht der Liebe, es ist eine Nacht des Glücks. Ich lege mich hier auf den weichen Moosteppich, werde die Sterne beobachten und an ihn denken."

Die Sterne fallen vom Himmel, Tausende Sternschnuppen tanzen um Ihwar herum, umschweben sie im Rhythmus einer wunderbaren Musik und scheinen in ihrer Bewegung unermüdlich. Immer wieder werden sie, wie die kleinen Schirmchen der Löwenzahnblüte, von *Mutter Erdes Atem* auf eine kleine Reise geschickt, schweben und fallen gleichzeitig, ruhen sich winzige Augenblicke aus und beginnen ihren Reigen von neuem.

Fasziniert staunt sie und dieses langersehnte Gefühl in ihr wird Gewissheit, keimt erneut in ihr auf, diese erfüllte Liebe, diese Glückseligkeit, dieser wunschlose Seinszustand, der alles in einem winzigen Wimpernschlag ist, alles, was sie sich je gewünscht hat. Dieser Glückstaumel, der auch alles um sie herum mit erspüren lässt, alles gleichzeitig; und Ahnungen wie Lichtblitze zeigen ihr dieses Lächeln, das sie vergessen hatte. „Ja, ich will mit dir tanzen, ich gebe mich dir hin."

"Sommernacht", säuselt es um sie herum, von allen Seiten gleichzeitig und doch nur aus ihrem Innern.
"Sommernacht zum vollen Mond.

Noch warte ich auf dich,
auf den,
der erfülle meinen Traum.

Mit brennendem Herzen,
verzehrend,
bitte komm.

Bist du´s,
dort auf der Lichtung,
dort, wo der Elfen Schein?

Trügerisch gaukelt der Nachtwald
und lacht mir zu."

Er hatte seinen Arm um sie gelegt und seine wunderbare Stimme flüstert ihr zärtliche Liebkosungen ins Ohr; überglücklich neigt sie sich ihm zu, spürt seinen Atem auf ihrer Wange, alles ist gut. Aber dann, dann löst sich, so plötzlich wie es gekommen ist, dieses kostbare Bild der Vertrautheit auf, ins Nichts verschwindet es und sie ist wieder alleine.

„Wo bist du, bitte bleib; ich habe dich so sehr vermisst, eine Ewigkeit, seit ich dich suchte."

Aber sie findet ihn nicht und muss erkennen, dass es nur ihr Wunsch war, der Gestalt angenommen hatte.

Wieder einmal muss sie sich der Enttäuschung stellen und spürt, dass der Schmerz des Verlustes noch immer überwältigend ist, ja sogar noch an Schärfe gewonnen hat.

Und in ihr keimt die gnadenlose Wahrheit, diese schreckliche Erkenntnis: „Nie mehr wird er mich in seinen Armen halten und mir zeigen, dass wir fortan zusammen weitergehen, nie mehr", und ihre Tränen ersticken ihre flüsternde Stimme.

In ihrer Verzweiflung hatte sie die Runen geworfen und *Naudiz* hatte ihr vom Schicksal geraunt, hatte den Lebensfaden zerrissen von dem Mann, den sie am meisten begehrte. Ihwar hatte ihn stürzen sehen, hatte ihn in der Grube des Bärens liegen sehen, verblutend. Langsam war ein Tropfen nach dem anderen in den Boden geronnen, ungnädig langsam. Er hatte noch gelebt, sie angelächelt und mit letzter Kraft ihren Namen gerufen, mit dieser lieben Stimme, die zwar verstummte, doch in ihrem Herzen unaufhörlich weitersprach. Sie hatte gefleht, wie ein kleines Hündchen, das verhungernd um Fressen winselt: „Gib ihn mir zurück, *Große Mutter*, bitte gib in mir zurück." Doch nicht er war gekommen, sondern dieser furchtbare Schmerz in ihrem runden Leib.

„Wenn ich doch nur wüsste, wo ihr seid, dann wäre dieses Gefühl der Verwirrung vorbei, hätte diese Ungewissheit, die mir fast den Verstand raubt, endlich ein Ende. Dann könnte ich mich verabschieden, könnte ich um euch weinen, und euch gehen lassen, wenn ich das muss. Dann wüsste ich, ob ich der *Großen Allmutter* hier am *Felsen der Drachenschlange* mein Leben weihen soll und nicht zurück in meine vergangene Welt gehen darf. Bitte sag mir, was ich tun soll", fleht sie zum Himmel.

„Zentriere dich, grenz´ dich ab, lerne endlich nein zu sagen, zu den Gefühlen, die dich quälen, sie sind Vergangenheit."

Hatte sie eine Antwort bekommen, war das die Weisheit, die aus der weißen Eule zu ihr sprach; war das die Weisheit, auf die sie so lange gewartet hatte oder erlag sie nur einem weiteren Trugbild?

„Ich werde es versuchen, mich im Kreise meiner Schwestern eingliedern, auch wenn ich noch immer keine Gewissheit habe, nicht weiß, ob ich für immer hier bleiben soll. Entschlossen werde ich den Tatsachen ins Auge sehen, werde meine Suche nach meinen Liebsten - meinem Mann und meinem Kind - beenden und fortan nur für mich alleine stehen.

Jetzt bin ich schon einige Monde hier, die Sonne steht still, hat ihren Jahreshöhepunkt erreicht und morgen früh ist meine dritte Weihe.

Aus der Kraft der Sonne, genährt mit ihrem gelben Strahl, will sich meine *Sonnenblüte* öffnen, und ich brauche meine ganze Entschlossenheit, damit ich es auch schaffe, mein Selbst zu gestalten, meinem Selbstwert alle Achtsamkeit zu geben und Macht und Ohnmacht in mir im Gleichklang zu halten. So wie sich diese Nacht ihrem Ende zuneigt werde auch ich mich fügen und meiner Berufung ergeben dienen."

ᛉ

Besonnen folgt sie der *Eule der Weisheit*, die auf ihren weißen Schwingen voraus zum *Felsenturm* gleitet; dorthin, wo im Herzen des *Heiligen Bezirks* die *Irminsul* steht. Die Feuer sind erloschen, die Musik ist verstummt und nur der Gesang der Vögel durchdringt die feierliche Stimmung.

Geheimnisvoll, fast schwebend, erklimmen die Gestalten der kleinen Gruppe auserwählter Männer und Frauen die Stufen zum Heiligtum, hoch hinauf, dort zur Kammer mit dem Sonnenloch.

Ihwar möchte gerne wissen, was sie birgt, jedoch, sie darf noch nicht mit, sie ist dafür noch nicht vorbereitet, kann die intensive Energie dieses Morgens schon hier unten am Fuß des Felsens kaum ertragen. Sie ist dankbar, hier auf sicherem Boden zu stehen; hier, mit all den anderen, denen sie sich eng verbunden fühlt, zu warten.

In stiller Andacht sind sie zusammen, all die Männer und Frauen, alle die, die hierher gehören, alle die, die sich zu diesem besonderen Ereignis versammelt haben; an diesem Morgen, wo das Sonnenlicht von seinem höchsten Punkt am Himmel zu ihnen hinab erstrahlen und *Mutter Erde* aufs neue segnen wird.

Ein spannungsvolles Knistern liegt in der Luft, eine Kraft, die sich in Gefühle steigert, die nicht von dieser Welt scheinen; und endlich, wie bei einem Orgasmus, jedoch ganz sanft, fast zögerlich den Augenblick auskostend, geht *Vater Sonne* auf, erscheint über dem Berg. Erst als goldener Reif und dann in seinem ganzen Glanz, ein riesiger Ball aus Feuer, erhebt er sich und löst sich mit schwebender Leichtigkeit von *Mutter Erde* zum Himmel empor.

Ihwar spürt wieder diese unbändige Freude, dieses wunschlose, alles umschlingende Glücksgefühl, das sie aus all ihrem Kummer erwachen lässt und augenblicklich all die menschliche Schuld tilgt. In tiefer Demut verneigt sie sich, ganz sie selbst, für einen winzigen Moment, um sich dann mit einem tiefen Atemzug, so als wäre es der erste in ihrem irdischen Dasein, aufzurichten; und mit erhobenem Haupt streckt sie ihm, vertrauensvoll wie ein kleines Kind, die Hände entgegen.

„Nimm, nimm von meiner Lebenskraft, denn du wirst sie noch brauchen“, hört sie seine Worte, die nie gesprochen und doch die Wahrheit sagen; und mit klarer, heller Stimme stimmt sie in den Jubelgesang, der das ganze *Erdenrund* zu durchtönen scheint, ein.

Als wieder Ruhe einkehrt, kommt die Veleda von ihrem Turm zurück; mit würdigem Schritt führt sie die kleine Prozession zu den Menschen, in ihren erhobenen Händen den Kelch mit der neuen kostbaren Flamme, die sie ihnen zum Geschenk darreicht.

Kapitel 19

Krafttierreise

Eva saß auf der höchsten Düne der Insel und genoss blinzelnd den Ausblick über Land und Meer. Über dem Wasser flirrte die Luft und die Sonne war so grell, dass ihre Augen zu tränen begannen. Ihr blieb keine andere Wahl, sie musste sie schließen. Und das war auch gut so, denn nun konnte sie ihr Gesicht dem Licht entgegenstrecken. Die orangerote Farbe hinter ihren Augenlidern wurde immer intensiver. Die Sonnenstrahlen, die sie kraftvoll umhüllten, brannten auf ihrer Haut. Jedoch als Eva den heißen Sommerwind genussvoll in sich einsog bekam sie eine Gänsehaut.

Ahnungen beschlichen sie, nur kleine Fetzen eines Gefühls, dass sie geborgen und geliebt war. Auch wenn sie sich oft, viel zu oft in letzter Zeit, einsam fühlte. Aber nicht jetzt, dieser Augenblick war voller Stimmigkeit, und Erinnerungen an die letzten Nächte stiegen in ihr auf.

„Ich danke dir, *Göttliche Mutter*, für diesen neuen Tag und segne ihn mit der Kraft aus deiner *Göttlichen Quelle* mit all deinem Leben, all deinem Licht und all deiner Liebe. So geschehe es im Sinne und zum Heil allen Seins, so soll es für immer sein."

Da klangen wieder diese Worte in ihr nach, die aus einer anderen Welt zu kommen schienen. „Es ist nicht nur ein Traum, nur eine Fantasie gewesen, es ist die gelebte Wirklichkeit aus der Vergangenheit“, wusste Eva plötzlich.

„Wenn du alles, was dir begegnet, freudvoll annehmen kannst, wenn du dankbar dafür bist und es segnest, dann kannst du mit der *Göttlichen Urkraft*, dem bedingungslosen Sein der allumfassenden Liebe, stets verbunden bleiben. Dann kannst du im Vertrauen auf die *Große Mutter* ihrem Willen dienen; dann kannst du dein Leiden und deine Verzweiflung beenden, kannst geschehen lassen, was geschieht und im Frieden mit dir sein.“

So hatte die Veleda gesprochen und Ihwar getröstet; und so fühlte sich auch Eva in ihrer Welt bestärkt und zuversichtlich.

„Ja, das annehmen was ist, ist die hohe Kunst des Lebens. Darauf vertrauen, dass alles sich zum Guten wendet. Geduldig sein, dass auch mein Leben auf dem Weg zur Besserung ist. Und mir ab und an das Gefühl gönnen und zu spüren, was Glück ist.“

Eva war so mit ihren Gedanken beschäftigt gewesen, dass sie die kleine Urrh, die sich schnurrend in ihren Schoß eingekuschelt hatte, erst jetzt wahrnahm. Dankbar gruben sich ihre Finger in das weiche Fell und sofort stellte sich wieder dieses ersehnte Gefühl der totalen Zufriedenheit ein.

„Ich sage Dank für dieses Tier
und segne es aus der Göttlichen Quelle
mit Licht, Liebe und Leben,
zum Heil allen Seins.
Ja, so ist es",

flüsterte sie und nahm sich vor, fortan alles zu segnen, was ihr wichtig und lieb war. „Ja, ich werde es schaffen. Und auch wenn es schwer ist, den Moment auszuhalten. Ja, ich werde mich an die Worte der Veleda erinnern."

Als die Sonne begann, am Horizont zu versinken ging sie runter an den Strand, wo Miguel schon auf sie wartete. Er hatte wieder ein Feuer angezündet, jedoch heute war er alleine.

„Komm, setz dich zu mir, schön, dass du Zeit hast, wenn du möchtest, können wir sofort beginnen. Sie hatte sich zu ihm gesetzt und er hatte ein Gebet gesprochen.

Dann bat er sie, sich hinzulegen und nur noch dem Klang seiner Trommel zu folgen.

Eva hatte sich völlig unbefangen wohlgefühlt und war, ohne die kleinste Spur von Angst, auf eine Reise, in eine bis dahin für sie verschlossene Welt, gegangen.

Nebel umgab sie, ein heller Nebel und Eva tastet sich durch einen Wald, dessen Bäume sie nicht sehen konnte. Nebelschleier, überall hingen sie, wie Flechten an den Bäumen eines Regenwaldes. Der Untergrund war schlüpfrig und sie musste ihre ganze Konzentration aufbringen, um nicht auszurutschen.

Vorsichtig schob sie die zarten Gebilde, die ihr wie die zerrissenen Fetzen eines riesigen Vorhangs erschienen, zur Seite. Aber sobald sie einige kleine Schritte gemacht hatte, schlossen sie sich hinter ihr und sie musste sich erneut einen Durchgang öffnen.

Lange Zeit konnte sie nichts erkennen, ging jedoch vorsichtig weiter. Irgendwas rief nach ihr, obwohl es gleichzeitig ganz still war, sie lauschte. „Es ist das Säuseln des Wassers, es sind die winzig kleinen Wassertröpfchen des Nebels, die fröhlich durcheinanderplappern." Sie spürte in ihrem Herzen eine nie erfahrene, freudvolle Erwartung und ihr wurde bewusst: „So etwas kenne ich noch nicht. Irgendwie fühle ich mich wohl, trotzdem möchte ich sehen, wo ich bin."

In diesem Augenblick, gerade als sie ihren Gedanken beendet hatte, brach der Nebel auf und Eva stand vor einer riesigen, grauen Felswand. Im Gegenlicht konnte sie die Umrisse erkennen, wie ein Strahlenkranz erschien ihr der Rand der Steine, da, wo sie in den Himmel übergingen.

Eva sah, wie sich aus der glatten Wand eine Form drückte, so als wollte der Stein etwas ausstoßen, nur ganz sanft. Eva spürte ihren Körper ebenso werden wie den der Katze, die sie jetzt erkennen konnte. Katze und Mensch, Seite an Seite drückten sich ihre irdischen Körper aus dem Stein, wurden durch ihn neu geschaffen, obwohl sie schon waren. „Wir gehören zusammen, die Katze und ich, werden genährt aus der unerschöpflichen Liebe des Universums und aus der Dunkelheit des Felsen neu geboren", flüsterte Eva.

Doch dann kam die Felswand auf sie zu, droht sie zu verschlingen; der kalte Stein nahm ihr den Atem. Ihr Herz begann zu rasen, heftig schlug sie mit den Armen um sich, wollte sich befreien und begann zu rennen. Erst noch vorsichtig, damit sie nicht in dem morastigen Boden stecken bleiben würde, dann immer schneller. Doch sie war schon gefangen und panische Angst ergriff von ihr Besitz.

Jedoch sie lief weiter, kam zu ihrem eigenen Erstaunen ungehindert weiter, neben ihr die Katze. Ihre kraftvollen Sprünge wurden auch zu ihren, Seite an Seite bewegten sie sich, rannten in rasanter Geschwindigkeit vorwärts. Es war keine Flucht mehr, es war das Zusammenspiel von totalem Sein, die Verbindung zweier Wesen. Und Eva wurde sich darüber bewusst, so wie sie mit der Katze eine Einheit geworden war, war sie mit allem auf Erden und in der Unendlichkeit des Universums verbunden.

„Eigentlich werden wir aus dem Stein geboren, er weiß alles, denn in ihm ist die Weisheit der Zeit gespeichert", flüsterte sie und war sich plötzlich einer anderen Realität bewusst. Eva war zurückgerufen worden, lag wieder am Strand auf der weichen Decke und spürte die harte Kuhle aus Sand unter sich. Als sie die Augen öffnete, sah sie den strahlenden Blick von Miguel, der sie sanft am Arm berührte.

„Komm, setz dich vorsichtig auf", hörte sie seine Stimme, „trink, damit du wieder ganz hier ankommst."

Eva musste gähnen, sich rekeln und strecken und spürte, wie wieder Leben in ihren Körper kam. „Ich habe sie gesehen, sie war bei mir, meine kleine weiße Katze ist mein Krafttier. Sie ist mir so wichtig, hilft mir wo sie kann, ja, ich empfinde sie sogar als meine weise Beraterin."

„Ich weiß", sagte er mit einem Schmunzeln, „und du hast sie schon vor Wochen gefunden."

„Ich glaube eher, dass sie mich gefunden hat. Ich habe sie Urrh genannt, weil sie mit so einem ganz tiefen, wohligen Ton schnurrt. Sie ist mir sehr nahe und ich bin glücklich, dass es sie gibt. Nur wusste ich nicht, dass Urrh mein Krafttier ist. Kannst du mir sagen, warum das so ist?"

„Dein Krafttier ist eine Katze, weil sie dir ähnlich ist, deshalb ist Urrh in dein Leben gekommen.

In Ägypten wurde die Katze sogar als Göttin verehrt, mit ihrer Bestimmung für Liebe und Fruchtbarkeit, Schönheit und Anmut.

Die germanische *Göttin Freya* hatte Katzen, die ihren Wagen zogen, so ist es aus der nordischen Mythologie überliefert. Das ist ein Symbol für die gute Orientierung, die Katzen auch bei Dunkelheit haben.

Auch wurden sie mit der weiblichen Kraft des Mondes in Verbindung gebracht. So wird noch heute im Schamanismus der Mond als Großmutter, die die weibliche Weisheit birgt, geachtet.

Katzen sind besonders sensibel und können Schwingungen im Raum wahrnehmen, die sich den meisten Menschen entziehen. Man sagt ihnen nach, dass sie sogar den bevorstehenden Tod eines Menschen voraussehen können, und es gibt schon Seniorenheime, die dieses alte Wissen wieder achten. Da werden die Angehörigen gerufen, wenn sich die Hauskatze im Zimmer eines Sterbenden einfindet, damit sie sich noch verabschieden können.

Katzen sind Grenzgänger zwischen den Welten, sie wurden früher als Wächter zum Totenreich gesehen. Es hört sich vielleicht für dich seltsam an, aber inzwischen glauben immer mehr Menschen nicht mehr nur an Zufälle, sondern nehmen wieder bewusst diese Zeichen wahr.

Menschen, die die Katze als Krafttier haben, sind wie sie, freiheitsliebend und intuitiv. Sie sind ein bisschen eigenwillig und manchmal, so wie du, auch Einzelgänger, die sich nur mit ganz wenigen Menschen anfreunden.

Urrh ist in dein Leben gekommen, um dich in deiner Freiheit zu unterstützen, du sollst von anderen unabhängig sein und dein Leben selbst gestalten. Und du sollst auf dich achten, deine Träume und Bedürfnisse erkennen und so handeln, dass es dir gut geht. Und wenn es dir schlecht geht, dann kannst du dich auf Urrh verlassen, sie hilft dir, Stimmungstiefs und Verzweiflung zu überwinden. Glaube mir, sie kann so manches Negative von dir fernhalten.

Sie begleitet dich in dieser schweren Zeit, wo du nicht so richtig weißt, was du machen sollst, was du in deinem Leben wirklich willst. Sie wird immer bei dir sein und auch bei dir bleiben, wenn es dir wieder gut geht. Und auch wenn sie stirbt, hab keine Angst, dein Krafttier ist das ganze Leben bei dir.

Und wenn du auch meinst, dass du dich nicht mit ihr unterhalten kannst, nun, jedenfalls nicht in der Sprache der Menschen, dann spüre deine Gefühle, wenn sie bei dir ist. Manchmal weißt du dann ganz selbstverständlich, was zu tun ist, oder du findest in deinen Träumen Antworten."

Eva bekam wieder diese Gänsehaut, wie nachmittags auf der Düne. „Ja, immer wenn ich sie getroffen habe, wenn sie bei mir ist, dann habe ich diese Träume, die eine Geschichte aus längst vergessener Zeit erzählen. Oft kann ich mich nicht erinnern, aber wenn dann etwas geschieht, so wie heute Morgen der Sonnenaufgang, dann weiß ich es plötzlich.

Langsam beginne ich zu verstehen", nickte Eva zustimmend, „ich danke dir, dass du mir all das erklärst. Aber woher weißt du das alles?"

„Ich habe schon als kleiner Junge von meinem Großvater vieles erzählt bekommen, er hatte ein umfangreiches Wissen über all diese besonderen Dinge, die sich im Alltag meistens nicht offen zeigen, aber zu unserem Leben gehören, wie Essen und Trinken. Nenne es Geistnahrung, nenne es Unterstützung aus einem Unterbewusstsein, wozu du sonst keinen Zugang hast, nenne es Botschaften deines Schicksals.

Ganz egal, überall auf der Welt haben die Menschen diese Kostbarkeiten, und ich durfte bei weisen Männern lernen. Es ist gleichgültig, wo du bist, es ist egal, wer du bist, wenn du dich öffnest, wenn du bereit bist dazu, wirst du noch vieles mehr erfahren. Und glaub mir, dein Leben wird dann immer leichter, weil du immer besser verstehst.

Überwinde deine Zweifel und sieh die Kraft und deine Stärke. Ich glaube, du hast eine Ahnung bekommen bei deiner Reise in die andere Welt und festgestellt, dass du nicht nur im Hier und Jetzt lebst, sondern es viele Fassetten von Dasein gibt.

Ich wünsche dir Glück. Ich werde morgen wieder abreisen, aber wenn du möchtest, kommst du das nächste Mal zu mir. Lass dich von Urrh führen und vertraue dir selbst, alles wird gut."

Sie hatten sich zum Abschied umarmt und wieder hatte Eva diese zärtliche Geborgenheit gespürt. „Du bist wie meine kleine Schwester", hatte er gesagt und sie wusste, dass er nicht nur ihr großer Bruder war.

₪

Eva hatte sich zwar von Miguel mit Zuversicht verabschiedet, aber in ihr war sofort diese tiefe Sehnsucht nach ihm erwacht.

Er hatte ihr einen kleinen, weißen Kieselstein in die Hand gedrückt und mit diesen strahlend blauen Augen, die auch Urrh hat, bis tief ins Herz geschaut. „Sei nicht traurig, wir sehen uns bald wieder", hatte er sie ermutigt, „hier nimm, der Stein wird dir helfen."

Und Eva war ohne ein weiteres Wort zurück zu ihrem Arbeitsplatz gelaufen und hatte sich, was sie schon jetzt bereute, nicht einmal mehr nach ihm umgedreht.

„Jetzt muss ich mich noch mehr in meinen Alltag zwingen", wusste sie, „und es wird nicht leicht sein."

Jedoch spürte sie die wohlig prickelnde Kraft der goldenen Sonne, die Miguel für sie auf den kleinen Kiesel gemalt hatte.

Kapitel 20

Finstere Visionen der Veleda

Dieses Mal hatte Ihwar alles richtiggemacht und in ihrer Weihe, mit der Kraft der *Neuen Sonne*, die Knospe ihres Sonnengeflechts zum Erblühen gebracht. Die *Eule der Weisheit* war an diesem Morgen nicht von ihrer Seite gewichen und Ihwar hatte sich ihren Worten gehorsam und mit all ihrem Sein hingegeben.

„Werde ich für immer am *Felsen der Drachenschlange* bleiben; werde ich fortan als Priesterin der *Großen Mutter* dienen; werde ich selbst es sein, die irgendwann die neue Veleda ist?"

Die Antworten waren klar gewesen, hatten die starken Emotionen aus Ihwars Vergangenheit gemildert und ihr die ersehnte Gelassenheit beschert.

Aber mit jedem neuen Tag war dieses Gefühl ein bisschen mehr verblasst und irgendwie vermischte sich wieder alles mit diesen quälenden Zweifeln, denen sie sich nicht erwehren konnte.

„Nimm einen tiefen Atemzug, nimm meine Kraft an, denn du wirst sie noch brauchen." Seltsam, so hatte *Vater Sonne* am Morgen der *Neuen Sonne* zu Ihwar gesprochen. „Was meint er damit?", hatte sie sich noch gefragt und im nächsten Augenblick das längst vergessen geglaubte Gesicht ihres Vaters erkannt, dessen traurige Augen aus dem blendenden Strahlenkranz der Sonnescheibe aufgetaucht waren. „Meine geliebte Tochter“, hatte es mehr in ihrem Herzen als in ihren Ohren geklungen. „Meine geliebte Tochter, du musst jetzt ganz stark sein.“ Und das nächste Bild, das sich hinter Ihwars geschlossenen Augenlidern gezeigt hatte, war das eines kleinen Mädchens, und sie erkannte, dass sie sich selbst sah.

Bis an den Rand des Waldes war die kleine Ihwar gerannt, so schnell sie konnte, und da stand sie nun, atemlos, schluchzend und hoffnungslos alleine. Sie konnte nicht fassen, dass ihr geliebter Vater wirklich darin verschwunden war, und Ihwar, seine kleine Tochter, im Stich gelassen hatte. Sie hatte ihm vertraut, aber nun musste sie einsehen, dass sie ihn nicht hatte aufhalten können.

„Vater ist weg, obwohl er mir doch immer wieder versprochen hat, bei mir zu bleiben; noch viele Kreise von *Jera,* bis zu dem Tag, an dem ich der Kindheit erwachsen sein werde. Wer soll mich denn nun beschützen?“

Als sich diese Erinnerung aufgelöst hatte, wusste Ihwar, warum ihr der Abschied von ihrem Liebsten so schwer gefallen war; er hatte sie daran erinnert, wie zuversichtlich sich ihr Vater aufs Pferd geschwungen, ihr einen letzten aufmunternden Gruß zugerufen und auf nimmer Wiedersehen davongeprescht war. „Er ist niemals wiedergekommen, er hatte mich für immer alleine gelassen", und dann erkannte sie, dass auch ihre Mutter nicht bei ihr geblieben war.

ᛚ

„Nein, sie hat dich nicht im Stich lassen wollen, sie liebt dich unendlich, sie ist nach deiner Geburt in eine andere Welt gegangen, sie konnte nicht anders. Nein, du kannst ihr nicht folgen, da, wo sie ist, kannst du nicht mit ihr sein", hatte ihre Großmutter immer wieder dem fragenden Kind zu erklären versucht; aber trotz dieser Beteuerungen hatte ihr Ihwar nicht geglaubt, gespürt, dass Mutter nicht in die *Anderswelt* gegangen war.

ᛚ

„Ich bin ohne Eltern aufgewachsen", kommt es Ihwar in den Sinn, „deshalb meine Panik, nicht alleine für mein Kind sorgen zu können, deshalb die Schuldgefühle, noch vor der Zeit versagt zu haben.

Ich muss mich verabschieden, auch wenn ich keine Gewissheit habe, ich muss mich von meinen Liebsten und meiner kleine Sowilo verabschieden; zu *Samhain* werde ich zum *Kreutzwech* gehen, ihnen noch einmal begegnen, und dann für viele Kreise von *Jera* Lebewohl sagen.

Erst dann werde ich frei sein, um mich meiner neuen Lebensaufgabe mit jeder Faser meines Körpers und all meinen Fähigkeiten zuzuwenden. Ja, so soll es geschehen, und dann kann das, was noch kommen soll, Wirklichkeit werden, dann soll es so sein, wie die *Große Mutter* es von mir wünscht."

ᛚ

„Wir hier sind der ganzen Menschheit verpflichtet, ja, wir haben unser Leben nicht nur der *Allgöttlichen Macht* geweiht, sondern auch der ganzen Menschheit. Wir sind diejenigen, die mit ihren Ritualen und Handlungen das energetische Gefüge auf *Mutter Erde* im Gleichgewicht halten. Wir stehen im Kontakt mit anderen Orten auf dem ganzen Erdkreis, die auch dem Licht geweiht sind; und auch mit denen, die außerhalb unserer irdischen Wahrnehmungen sind, mit den Wesenheiten in einem Raum ohne Raum sind wir verbunden.

Als Mensch, dessen Kopf in den Himmel ragt und dessen Füße auf der Erde ruhen, sind wir die Bewohner zweier Welten. Das Zeichen dafür ist die Rune *Algiz*, sie symbolisiert den Himmel, der das Reich des Geistes, der Gedanken und der Intuition ist, und den festen Stand, den wir auf *Mutter Erde* haben, in unserem Körper.

Für uns bedarf es der Notwendigkeit, dass wir geerdet sind, denn nur so können wir das Reich der Fantasie, den Ort unserer Wunscherfüllung sicher erreichen. Wir brauchen die Verwurzelung, den Schutz aus dem Schoß von *Mutter Erde* und die Verbindung zu unseren Ahnen, die uns zur Hilfe sind. Dies gibt uns Halt und die Möglichkeit, seelische Erschütterungen zu ertragen", spricht die Veleda.

„So sind wir bewusst noch in friedlichem Sein, repräsentieren die Stämme durch ihre Fürstinnen und Fürsten die Menschheit im Gleichgewicht der Geschlechter, feiern wir in der Symbolik von *Jera* die hohen Tage vom Jahreslauf, kennen wir die Bedeutung von Sonne, Mond und den anderen Gestirnen.

Doch es gibt Veränderungen, neue Zeitalter werden kommen. Schon heute wissen wir nicht mehr von all den Sphären, die einst die Eingeweihten erreichen konnten, in die sie reisten, um den *Allgöttlichen Rat* zu erfragen. Vor unendlich langer Zeit verfügten sie über eine Weisheit, die ihnen die Fähigkeit gab, Übermenschliches zu erlangen. Sie mussten nicht erst den Weg des irdischen Todes gehen, um das zu schaffen, was schon heute unwiederbringlich scheint.

Ja, es hat schon begonnen, dieses Verschwimmen, dieses Eintauchen in die Nebel des Nichtwissens. In den vielen Kreisen von *Jera* werden sich immer mehr Menschen darin verirren und in unbewusstem menschlichen Sein gefangen gehalten; verzweifelt werden sie nach dem Sinn ihres Daseins auf *Mutter Erde* suchen und nur mit großen Mühen Antworten finden.

Sie werden vergessen wie es ist, einfach im Einklang mit allem zu sein und das Geschenk der Lebenskraft als eine Kostbarkeit zu achten und zu respektieren; werden vergessen, in Ehrfurcht vor allem Lebendigen zu fühlen und zu handeln. Ohne das alte Wissen, dass alles mit allem unauflöslich verbunden ist, wird einst ein langer Zyklus von *Jera* kommen, in dem die Ausgewogenheit der Menschen sich spalten wird, wo der Mann die bedingungslose Hingabe der Frau erst fordern und dann erzwingen wird. Alles Weibliche wird als Taten finsterer Dämonen verkannt und als das Böse verurteilt werden.

Die Menschen werden vergessen, dass sie Schwestern und Brüder sind, sie werden das Gleichgewicht zerstören und *Mutter Erde* schwer auf die Probe stellen. Sie werden sich vom Wesen der Natur entfernen, werden sie aus ihren Herzen verbannen. Sie werden vergessen, dass alles beseelt ist, werden die heiligen Zeremonien verachten und auch der Letzte wird sich der Einweihung in die *Großen Mysterien* verschließen.

Sie werden im Freund den Feind sehen und alles töten, was sich ihnen in den Weg stellt."

Erschrocken blickt Ihwar zur Veleda auf, will etwas erwidern, aber sie kann nicht sprechen.

„Sei nicht traurig, Ihwar, es ist das Los der Sehenden, der weisen Älteren, das zu ertragen; und mit den schrecklichen Visionen weiter zu leben ist unsere Berufung. Und auch wenn unser aller Schicksal besiegelt scheint und eine finstere Zeit über uns hereinbrechen wird, so finster wie die schwärzeste Nacht, so hat doch alles einen höheren Sinn. Sei dir gewiss, über lange Phasen der Menschheit soll alles so sein, es soll so geschehen, wie es ist, denn es ist der freie Wille, den wir Menschen haben.

Hab keine Angst, nichts geht verloren, auch wenn es manchmal so scheint und du hier fassungslos bist, lass dir erzählen, damit du verstehen kannst.

Es ist ein wichtiger Prozess, diese Verderbnis muss von der Menschheit gelebt werden, damit sie, jeder einzelne von ihnen, irgendwann daraus lernen kann. Erst dann, wenn es überstanden ist, können sie erkennen, dass sie sich selbst fast zerstört haben, erst dann wissen sie, alles ist miteinander verbunden und muss in einem harmonischen Gleichgewicht sein, um ein menschenwürdiges Dasein zu gestalten.

Aber vorher wird aus der Jagd auf die Tiere, die uns ihr Leben schenken, um uns zu nähren, ein Kampf werden, in dem Bruder gegen Bruder die Waffe erhebt. Die Menschen werden Kriege führen, werden voreinander Angst haben und in allem, was anders ist, ein Feindbild sehen, dass es zu töten gilt. Sie werden sich spalten in arm und reich, Sklaven und Herrscher. Sie werden ihre Macht missbrauchen, werden glauben, ihre Energie der *Drachenschlange* lenken zu können, aber sie werden sich irren. Künstliches Feuer wird vom Himmel fallen und nicht nur das Land verbrennen; es wird Kriege geben, die auf der ganzen Erde wüten, doch damit wird es nicht genug sein.

Die Meere werden sie verseuchen, das Land ausbeuten und Männer, Frauen und Kinder werden in größter Not und größtem Elend vor sich hinvegetieren, der Verzweiflung verfallen, nur noch unglückliche Kreaturen sein. Viele werden es nicht mehr ertragen, werden sich mit Giften betäuben und so auch ihren Körper zerstören, so mancher wird seinem Leben selbst ein Ende setzen. Und selbst ..."

Plötzlich öffnet sich Ihwar eine andere Welt, die Stimme der Veleda wird zu einem unverständlichen Gemurmel und wie durch einen Tunnel sieht sie wieder sich selbst.

Eine verzweifelte Frau, die im Begriff ist, sich das Schrecklichste anzutun, was sie ihrem Körper tun kann, steht vor ihr; sie ist entschlossen ihrem Leben, diesem wunderbaren Geschenk der *Großen Mutter*, ein Ende zu setzten.

„Ich kann die Sehnsucht nach meinem Liebsten nicht mehr ertragen, ich kann dieses Gefühl, alleine und verloren zu sein nicht mehr aushalten. Bestimmt ist er schon in der *Anderswelt*, sonst wäre er doch zu mir zurückgekommen, er hatte es doch versprochen; er kann nicht mehr unter uns Lebenden weilen, er ist doch schon so lange weg", vernimmt sie die Worte, als wenn sie sie selbst spricht.

„Ich will zu ihm, bestimmt wartet er schon auf mich. Für ihn werde ich die Pforte des Todes durchschreiten, mit ihm werde ich für immer sein."

ᛈ

Und Ihwar erkennt, wie sie es selbst ist, die aus den Beeren der tollen Kirsche und den giftigen Pilzen einen Trunk bereitet, mit dem sie ihren Körper töten wird.

ᛈ

„Seid nicht traurig, meine Lieben, die ich euch zurück lasse, ich finde mein Glück an einem anderen Ort", flüstert sie und setzt den irdenen Becher an ihre Lippen. Eiskalt ist die Berührung und sie schreckt zurück, nur einen winzigen Augenblick zögert sie, doch er reicht aus, um sie ins Leben zurückzuführen.

Zum ersten Mal spürt sie ihr Kind, dieses lebendige kleine Wesen der Liebe, das mit aller Kraft in ihrem Bauch strampelt und um sein Leben schreit. „Mutter, ich will wachsen! Mutter, ich will von dir geboren werden! Mutter, halt ein!"

„Mutter, ich will leben", bricht es jetzt auch aus ihrem Mund hervor und durch den Schleier der Tränen sieht sie den roten Saft des Todes im weichen Teppich aus Moos versickern.

„*Mutter Erde*, trink du ihn für mich, dich kann er nicht töten", flüstert sie mit zitternder Stimme und wendet ihren Blick zu ihrem kleinen Mädchen, das dort auf der Lichtung im Sonnenschein tanzt. „Verzeih mir, mein kleiner Sonnenstrahl, meine kleine Sowilo, bitte verzeih mir." Und das Kind springt fröhlich auf sie zu und umarmt sie.

„Danke, dass du mich gerettet hast", lacht es und Ihwar erschaudert vor sich selbst.

„Was wollte ich nur tun, bitte verzeih mir."

Und auch wenn sie weiß, dass sie Sowilos Vater in jedem kommenden Augenblick schmerzlichst vermissen wird, verspricht sie: „Für dich will und muss ich bleiben, ich werde dir eine gute Mutter sein und mit all meiner Kraft dein Leben beschützen."

ᛋ

„... selbst kleine Kinder werden verhungern, weil sie keine Mutter mehr haben, die sie nähren kann."

Ihwar wird sich wieder der Gegenwart der Veleda bewusst und tastet benommen nach ihrem Kind, aber sie spürt nur diese Leere, diesen unerträglichen Schmerz in ihrem flachen Bauch.

„Aber wie kann das sein? *Mutter Erde* kann uns doch alle satt machen, hat doch für alle genug, es gibt doch gar keinen Mangel?" Ungläubig schüttelt sie den Kopf: „Wie kann denn das sein?"

„Wenn die Menschheit das Gleichgewicht zerstört hat, wird sie daran glauben, dass nur noch weniges da ist und es nicht für alle reicht. Einige werden selbst das Wasser kontrollieren und nur denen davon geben, die erstrebenswerte Tauschmittel dafür bieten.

Sie werden so weit gehen, dass sie Unschuldige anprangern und sie für ihre eigenen Vergehen zur Verantwortung ziehen und bestrafen. Und sie werden vergessen, dass die *Göttliche Allheit* für jeden in liebevoller Hingabe da ist.

Die Menschen werden bis auf einige wenige den Mächtigen glauben und alles wird beeinflusst werden. Nach und nach wird es keine Sippen und Stämme mehr geben, die sich gegenseitig unterstützen.

Die Kinder werden keine Zeit der Reife mehr haben, und aus dem Nichtverständnis und fehlendem Mitgefühl füreinander wird ein gnadenloses Gegeneinander. Jeder einzelne wird für sich selber stehen müssen und das nur können, wenn er sich dem Zeitgeist bedingungslos unterordnet.

Noch leben wir im Frieden mit all denen, denen wir begegnen, noch ist Gastfreundschaft eines unserer höchsten Gebote; jedoch dringen Ahnungen aus fernem Sein in mein Herz und sagen mir, dass sich das bald ändern wird.

Auch das *Göttliche* wird in einer fernen Zeit falsch verstanden werden und das, was uns heute selbstverständlich erscheint, verkannt. Die Menschen werden unsere wenigen Zeichen und Symbole, die die Zeit überdauern, nicht mehr verstehen.

Aber das wird nur der Anfang der finsteren Zeit von Machtmissbrauch, Dummheit und Verachtung des Lebens sein, hier auf unserer geliebten *Mutter Erde*.

Immer wieder werden große Herrscher kommen, werden sich mit ihrer Weisheit rühmen, aber sie werden nicht in Würde sein, denn sie kennen nur den Krieg, die Unterdrückung und die Versklavung der Menschen. Sie wollen die totale Macht und es werden immer wieder solche Männer geboren werden, die sich der Manipulation und der Verdammung der Menschheit geweiht haben, oft werden es Männer sein, aber die Frauen an ihrer Seite werden auch dem Dunkel dienen."

„Auch eine Veleda wird es nicht mehr geben", denkt sie und weiß, noch ist ihr Schicksal ein anderes.

Der goldene Glanz ihres Haares würde sich, mit den vielen Kreisläufen von *Jera,* die ihr noch beschert waren, fast unmerklich Fädchen für Fädchen mit Silber umhüllen; dieses sichtbare Zeichen für die Verwandlung, die sich unablässig auch in ihr vollzog.

Ja, es würde noch nicht in diesem Leben geschehen.

Sie würde auf der Spirale des Zeitenlaufs dem Glanz der Sonne und dem silbernen Schein des Mondes folgen und mit der Weisheit der Alten ihre Nachfolgerin wählen. Die *Große Mutter* würde ihr ein friedliches Ende bereiten und mit ihrer letzten Tat, würde sie die Saat aus ihrer Hand in das Leben der neuen Veleda entlassen; und sie würde auf fruchtbaren Boden fallen, dafür hatte sie schon gesorgt.

„Aber einst, da wird der letzten Veleda, hier am *Felsen der Drachenschlange,* diese Gnade nicht mehr vergönnt sein. Sie wird nicht mehr zur alten Weisen reifen, sie wird schon in jungen Jahren entehrt, verschleppt und als Siegestrophäe vorgeführt werden und erst nach dieser Schmach wird man auch ihren Körper töten."

Traurig schaut sie Ihwar an und muss sich überwinden weiterzusprechen und ihrem fassungslosen Blick standzuhalten.

„Auch die heiligen Stätten werden die Menschen nicht mehr ehren; mächtige Mannen werden kommen, die den Menschen befehlen und sie werden selbst davor nicht zurückschrecken, die Liebesbotschaft unseres größten Bruders für ihre Zwecke zu missbrauchen.

Lügen werden zur Wahrheit erklärt, die Wahrheit zu Lügen; grausame Zerstörungswut wird niemanden mehr aufhalten können und mit Folterqualen und Tod werden diejenigen, die sich zu widersetzen versuchen, bezahlen müssen.

Alles wird zum Wohle gnadenloser Willkür gewandelt werden und für Schandtaten wird Ruhm und Ehre die Belohnung sein. So wird irgendwann auch der letzte Freie unterjocht sein, und das Blut der vielen, die in der Treue zum alten Glauben getötet werden, wird die Flüsse des Landes rot färben.

Und wie die Mächtigen werden viele ihr eigenes Wesen mit Füßen treten, ihre Dreiteiligkeit voneinander abspalten, vergessen, wer der Mensch in seiner Einheit mit sich und allem anderen ist und zum hilflosen Sklaven ihrer Körper werden.

Und es wird noch trostloser werden, denn unsere Kraftorte werden im Laufe der Zeit kaum Erkennbares erzählen können.

Durch den Willen der Menschheit wird nicht nur der Zahn der Zeit an allem nagen, sondern mit lebensverachtender Zerstörungswut wird auch das Schicksal hier am *Felsen der Drachenschlange* besiegelt sein. Nicht nur einer wird kommen, um das, was seit unendlichen Zeiten hier an diesem heiligen Ort ist, zu töten versuchen.

Unsere Stufen werden in ein Nichts führen, die heilige Kammer zerschlagen sein und selbst der große Felsen mit der *Irminsul* wird nicht verschont bleiben."

Ihwar schreit auf, ist fassungslos und bricht in Tränen aus. „Aber die *Große Mutter*, wie kann sie es zulassen", ringt sie nach Worten.

„Es liegt im Sinn des Mensch-Seins, vieles im weltlichen Körper zu erfahren, das wir als furchtbar erachten.

Aber ich habe dir schon erklärt, dass wir die anderen nicht verurteilen dürfen; Ihwar, erinnere dich, wir haben nicht das Recht dazu.

Auch wenn wir es nur schmerzlich ertragen können, *Jeras* Kreise der Veränderung, des totalen Umbruchs, haben schon begonnen. Die Fähigkeiten der sicheren Lenkung der Energien, der Ausbreitung von für die Menschheit Lebenswichtigem, all das wird nach und nach verloren gehen und zeigt sich jetzt schon in seiner abgeschwächten Form.

Der Anfang von Gewalt, besonders im Zusammenleben von Mann und Frau, hat schon in unser aller Leben begonnen; die Schwingungen verändern sich und manche haben schon einen Weg erwählt, der sie dahin führen wird, dass sie einst den Kontakt zu ihren Herzen verlieren.

Es werden neue Wichtigkeiten von den Menschen ersonnen werden; über das ganze *Erdenrund* wird ein neues Netz gewoben. Die Menschen werden in Bruchteilen der Zeit miteinander sprechen können, sich sehen können; alles was an irgendeinem Ort geschieht, wird der ganzen Menschheit berichtet werden; aber sie werden sich nicht mehr verstehen, sich nicht mehr ehrenhaft und in friedlicher Absicht begegnen. Alle werden der Angst verfallen und in jedem Fremden erst einmal die Fratze des Feindes sehen; nicht mehr die Herzen werden miteinander sprechen, sondern etwas, das sie Verstand nennen.

Aber das Wissen um dieses traurige Schicksal der Menschheit darf dich nicht von deinem Vertrauen in dich selbst abhalten; es ist so wichtig, dass du dich bestärkst und es in unerschütterlicher Gewissheit wiederfindest; nur gefestigt in dir selbst kannst du deiner Intuition folgend in die Schwärze der Vergessenheit eintauchen, deine Hellsichtigkeit wiedererlangen und dieses Leben meistern. Schicke deine Zweifel weg, gib ihnen keine Bedeutung, beruhige sie, segne sie und lass sie sich, wie der tobende Gewittersturm, in den Regenbogen des Friedens ergießen."

„Ich werde mich bemühen", denkt Ihwar, aber im nächsten Augenblick ist sie schon in ihre grübelnden Gedanken abgeglitten. Vertraut fasst sie sich ans Handgelenk, ist fast in freudiger Erwartung, aber dann ist da nur wieder dieses schreckliche Gefühl der Enttäuschung. „Und doch werde ich es schaffen", verspricht sie sich fast trotzig und verliert sich in Raum und Zeit.

Tief gebeugt tastet sie sich durch den dämmrigen Gang, der sie, gesegnet mit der Liebe von Vater und Mutter, aus der Helligkeit des Tages mit der Dunkelheit der Nacht umfangen hat. „Noch eine kleine Krümmung und ich werde ganz von der Schwärze des Felsens verschluckt sein", weiß sie.

Laut vernehmlich hatte sie den letzten Atemzug in sich eingesogen, so, als wenn sie damit den Raum erhellen könnte und bedauert, keine Fackel mitgenommen zu haben.

„Hab keine Angst, ich bin bei dir", klingt es in ihrem Herzen und wie zur Bestätigung dieses Versprechens leuchten die Schwingen der *Eule der Weisheit* als weißer Schatten auf, grellweiß erschienen sie an der Decke der Kammer über dem *Kessel der Weisheit*.

Ihwar schwindelt, denn sie hat einen der hochzentrierten Energiepunkte am *Felsen der Drachenschlange* erreicht. „Jetzt bin ich hier", denkt sie, „schon heute?"

Im Steinernen Kessel flackert ein Feuer, das nicht von dieser Welt ist; seine Flammen brennen nicht mit der Hitze wie bei ihrer zweiten Weihe; nein, sie umwärmen die staunende Frau zärtlich und tanzten mal in einem unbeschreiblich zärtlichen Rot, dann wieder in den schönsten Grüntönen um sie herum und durch sie hindurch.

Mit tiefer Demut lässt sie es geschehen, kann ihr Glück kaum fassen. „Ich bin es, dieses Herz, das gleichzeitig in und um mich ist, mit dieser Liebe, die aus dem Rot der Weiblichkeit und dem Grün der Männlichkeit die heilige Hochzeit der Harmonie schließt. Danke, *Große Mutter*, danke, *Allvater*, danke, dass ich all dies bin."

Und wie ein Sternenmeer aus bedingungsloser Liebe öffnet sich die Blüte ihres Herzchakras und entfaltet sich in der Rose des hoffnungsvollen Seins.

„Grün, du Licht der Hoffnung.
Grün, brenne grüne Flamme,
leuchte mir den Weg
der Zuversicht,
damit sich erfülle
mein Leben,
mit den Kostbarkeiten
des Sommers.
Leuchte und wärme
mein Herz,
für mich und
alles Lebendige.
Leuchte und gib mir
die Gewissheit,
es wird nie mehr
schwarze Nacht.
Denn du bist´s:
Grün, du Licht der Hoffnung",

schwingt es um ihre Mitte und strahlt durch Körper und Fels.

ᛟ

„Jedoch irgendwann werden die Menschen, die Frauen und Männer und besonders die Kinder ihre alten Gaben zurückbekommen", hört sie wieder die Stimme der Veleda. „Nach unzähligen Läufen von *Jera* wird wieder Frieden aufkeimen, wird die finstere Zeit des Kampfes, der Eifersucht, des Neides und des Elends überwunden sein.

Die neuen Menschen werden sich daran erinnern, dass sie schon einmal auf dieser Erde waren. Werden erkennen, dass sie wieder dieses unerschütterliche Zusammengehörigkeitsgefühl, in dem wir heute noch leben, zurückhaben wollen. Sie werden den Wunsch haben, wieder eine friedliche Zeit der Liebe und des gegenseitigen Vertrauens zu leben.

Und unsere Pflicht ist es, ihnen dabei zu helfen, auch dafür sind wir hier."

„Wodurch wird das geschehen? Wie kann das denn sein?"

„Durch unsere täglichen Rituale im Lauf von *Jera* und unsere heiligen Zeremonien hier und an den vielen heiligen Stätten überall auf *Mutter Erde;* durch Selbstbesinnung, Demut und die Überwindung vor zuviel Stolz. Dadurch, dass wir in unserem eigenen Sein die *Drachenschlange* in uns bändigen; dadurch, dass wir den Mut aufbringen, uns dem Leben hier zu stellen, und egal was von uns verlangt wird, uns bemühen, in der Waage der Harmonie zu sein.

Nur mit unserem größtmöglichen Willen und unserer ganzen Kraft werden wir es schaffen, der Nachwelt unsere Botschaften zu erhalten, sie hier im *Felsen der Drachenschlange* zu manifestieren.

Und auch wenn unsere Hilfsmittel einst verloren sind, werden sich immer mehr Menschen in unsere Schwingungen einstimmen und das Wiedererwachen des Neuen-Mensch-Seins beginnen.

Dafür sind wir hier, du und ich, als Frauen und auch die Männer, wir alle, die wir in guter Absicht so handeln, dass die Kostbarkeit, das Geheimnis um die höchsten Weihen, für die Nachwelt erhalten bleibt.

Nichts geschieht ohne höheren Sinn, und so können wir darauf vertrauen, dass sich ein Teil der Menschheit wieder daran erinnern wird, wieder verstehen kann, was dem Menschen in der unendlichen *Göttlichen Vorsehung* vergönnt ist.

Einst werden auch wir wiedergeboren werden und die Hochzeit der Erinnerung mit der *Neuen Zeit* schließen; es wird nicht leicht sein.

Du selbst weißt, wie schwer es ist, dass du dich im Moment nur schemenhaft an das erinnern kannst, was geschah, bevor du hierher kamst, und du spürst die Mühen, die du auf dich nimmst, um wieder aus der Ungewissheit herauszutreten."

Kapitel 21

Krieg und Liebe

„Pflicht ohne Liebe macht rücksichtslos.
Gerechtigkeit ohne Liebe macht hart.
Wahrheit ohne Liebe macht kritiksüchtig.
Erziehung ohne Liebe macht widerspruchsvoll.
Klugheit ohne Liebe macht gerissen.
Freundlichkeit ohne Liebe macht heuchlerisch.
Ordnung ohne Liebe macht kleinlich.
Sachkenntnis ohne Liebe macht rechthaberisch.
Macht ohne Liebe macht gewalttätig.
Ehre ohne Liebe macht hochmütig.
Besitz ohne Liebe macht geizig.
Glaube ohne Liebe macht fanatisch."

„Das ist schön", freute sich Eva, die Othilia bei ihrem kleinen Spaziergang begleitete und nun der alten Dame gegenübersaß, „ist das von ihnen?"

„Oh nein, das ist von Laotse, einem weisen Mann aus China", lachte Othilia.

Eva hatte Othilia erst vor ein paar Tagen im Hotel kennengelernt. Verwundert hatte sie die Reservierung der alten Dame bestätigt und musste sich besinnen, sie nicht verdutzt anzustarren, denn sie hatte sich den neuen Gast für das kleine Zimmer im Nebentrakt ganz anders vorgestellt.

Sie war zwar nur mit einem kleinen Koffer angereist, einem dieser unmodernen Lederkoffer, die man in früheren Zeiten hatte, aber er war genau so elegant wie die alte Dame. Mit ihrer Kleidung und dem kostbaren Schmuck strahlte sie eine Würde aus, als wenn sie eine berühmte Persönlichkeit wäre. Jedoch, da war nichts Überhebliches oder Arrogantes. Da war Herzlichkeit pur, die sie Eva mit liebevollen Gesten anbot.

Eva hatte sie höflich mit den üblichen Floskeln des Hotels willkommen geheißen und war von der Art, wie die alte Dame darauf antwortete, fasziniert.

„Oh, herzlichen Dank, liebe Eva", hatte sie gesagt. „Nennen sie mich bitte Othilia, dann fühle ich mich wohler, denn ein bisschen ist das hier mein zweites Zuhause geworden."

„Ja gerne", hatte Eva leicht gestottert, so überrascht war sie, „aber dann sagen sie bitte *du* zu mir, denn das fühlt sich für mich stimmiger an."

„Das mache ich gerne, mein liebes Kind", hatte sie gelacht. „Aber jetzt zeig mir bitte mein Zimmer, denn ich muss mich dringend etwas ausruhen. Ich bin ja nicht mehr die Jüngste und die Reise hat mich zwar beglückt, aber auch ermüdet."

„Seltsam", hatte Eva noch gedacht, als sie die schmale, steile Treppe hochgestiegen waren, „was macht so eine feine Frau in diesem Hotel, das mit seiner Ausstattung so gar nicht zu ihr passt?" Aber als Othilia dann in dem heimelig anmutenden kleinen Zimmer stand, verstand Eva.

„Weißt du, Eva, ich komme seit vielen Jahren hierher, und in diesem Zimmer, welches übrigens schon damals mit einer Rosentapete tapeziert war, habe ich wunderbare Nächte erlebt.“ Othilia schmunzelte wissend, seufzte und ließ sich auf die Bettkante sinken. „Es ist schon ein Kreuz mit dem Alter, damals war ich eine quirlige junge Frau und hatte einen attraktiven Mann.“

„Ach Eva, ich bin dir so dankbar, dass du deine Freizeit für mich opferst“, sagte Othilia.

„Aber ich bitte sie, sie machen mich glücklich, sie ahnen ja gar nicht, wie ich die Stunden mit ihnen genieße. Nicht sie haben zu danken, sondern ich.“

„Na, dann sind wir ja erst einmal quitt“, lachte die alte Frau und schaute Eva erwartungsvoll an. „Möchtest du mir aus deinem Leben erzählen, Eva? Ich würde mich freuen zu erfahren, wer du bist und vor allen Dingen, was du hier auf der Insel machst. Irgendwie gehörst du nicht hierher, ich sehe dich an einem ganz anderen Ort“, hatte sie gesagt und zärtlich Evas Hand in ihre genommen.

Und dann waren aus Eva die Worte nur so herausgequollen und Othilia hatte ihr aufmerksam zugehört. Erleichterung hatte sie ganz ruhig werden lassen und ihr das Gefühl gegeben, dass eine jede Handlung der letzten Wochen genau die Richtige gewesen war. Plötzlich war da nichts mehr zweifelhaft, war da kein Bedauern mehr, sondern nur so ein Glücksgefühl, dass sie bestärkte.

„Aber jetzt möchte ich von ihnen hören, wenn sie noch nicht zu müde sind.“

„Ach woher, auch ich habe nicht mehr so viele Zuhörer, die sich für mein Leben interessieren. Es tut mir bestimmt gut, auch wenn ich viel Trauriges zu erzählen habe.“

„Damals, als ich so ungefähr in deinem Alter war, tobte der zweite Weltkrieg. Zum Kriegsende war ich 21 Jahre jung, und wir alle hatten viel zu früh erwachsen werden müssen. Mein erster Mann und ich hatten im Winter 1943 geheiratet, so eine Kriegstrauung in Uniform. Auf dem Hochzeitsfoto kann ich heute noch ablesen, wie verzweifelt wir versuchten, wenigstens an diesem Tag die schrecklichen Ereignisse zu übertönen und einfach nur ein paar Stunden glücklich zu sein. Aber während der Zeremonie musste ich die ganze Zeit daran denken, dass er übermorgen schon wieder zurück an die Front musste und war eigentlich nur damit beschäftigt, gegen meine Tränen anzukämpfen.

Und auch er konnte das Erlebte nicht mehr verdrängen. In den wenigen Urlaubstagen, die wir dann im Frühling noch einmal erleben durften, war er noch verschlossener gewesen und seine Verzweiflung nahm auch mir die Hoffnung auf eine schönere Zeit. Er hatte wohl gespürt, dass wir uns nicht wiedersehen würden, und es war ihm ja dann auch nicht einmal vergönnt gewesen, von der Geburt seiner Tochter zu erfahren. Unsere Eva war im Sommer geboren und da war er schon als vermisst gemeldet. Er hatte meinen Brief nicht mehr bekommen, aber Wochen danach erhielt ich von ihm seinen letzten.

„Ich freue mich auf euch", hatte er mit zitternden Buchstaben geschrieben, „ihr seid die Menschen, die mich am Leben halten."

Er hatte ihn geschrieben, an dem Tag, an dem unsere kleine Tochter geboren wurde. Noch heute frage ich mich, wie hatte er es wissen können, sodass er genau am Tag ihrer Geburt von ihr schrieb und sie Eva nannte?

Wir hatten uns noch nicht über einen Namen abgestimmt, eigentlich seltsam, aber auch das war ein Zeichen für die schrecklichen Vorahnungen. Wir hatten es nicht ausgesprochen und wohl beide versucht, daran zu glauben, dass bis zu meiner Niederkunft der Krieg endlich doch noch zu Ende sein würde. Ganz tief verborgen hatten wir beide unseren sehnlichsten Wunsch, dass wir dann wieder zusammen sein würden.

Und so hatte auch sein Brief mich erst getröstet, mir Mut gemacht, weiter an unser Wiedersehen zu glauben. Aber als mir dann sein goldener Ehering in den Schoß fiel, wusste ich, dass er nicht wiederkommen würde."

ש

„Und sie haben nie wieder von ihm gehört?", fragte Eva.

„Nein, die Front war zusammengebrochen, alles wurde vom Feind überrannt und er saß in der Falle, wie Tausende seiner Kameraden auch. Ich war unendlich traurig, aber meine kleine Eva tröstete mich so gut es ging, manchmal war ich sogar für einen Moment glücklich."

ש

„Es war eine Zeit der Extreme. Ich habe nie wieder Glück und Unglück mit solcher Wucht gleichzeitig erlebt. Es waren Gegensätze, die mich fast um den Verstand brachten. Aber die Geschehnisse waren so unwirklich, dieses Ringen mit dem, was das Herz mir sagte und dieses Umfeld, das das Gegenteil von dem war, was ich wollte.

Wir spürten alle, dass der Krieg längst verloren war, aber jeder spielte das fatale Spiel der Blindheit weiter.

„Nur nicht laut denken und seine Zweifel am Endsieg zeigen. Nur nicht die Gewissheit zulassen, diese Wahrheit, die eine ganz andere war als all die Lügen.“ Alle Zweifel wurden weiterhin krampfhaft im Keim erstickt, so wie uns das schon viele Jahre zuvor abverlangt worden war. Inzwischen funktionierten wir nur noch, waren längst wie Marionetten geworden, die sich nur nach dem Willen anderer bewegen konnten. Und fatalerweise wurden nach und nach die Fäden, an denen wir hingen, abgeschnitten, aber zum Selbstlaufen hatten wir keine Erlaubnis.

Nur im Geheimen bereiteten wir uns auf eine Flucht vor, legten das Notwendigste bereit und warteten ab. Mehr konnten wir nicht tun, wir waren im Dorf eingesperrt. Noch hätten wir eine Chance gehabt uns in Sicherheit zu bringen, aber es war aussichtslos. Passierscheine wurden nur selten ausgestellt und wer unerlaubt den Ort verließ, wurde mit dem Tod bestraft. Sich zu widersetzen kam einer Kapitulation gleich, wegzugehen war Landesverrat, und wir hörten von schrecklichen Gräueltaten.

Im Herbst legten wir Vorräte an, die nicht ausreichen würden, dass wir damit den Winter überleben könnten, denn fast alles, was wir ernteten, musste an die Front geschickt werden. Aber wir taten so, als wenn wir genug hätten und alles in bester Ordnung sei.

Ich hoffte, dass ich mein Kind noch über den Winter stillen könnte; aber als dann die Front immer näher kam, und wir in bitterer Kälte flüchten mussten, hatte meine kleine Eva keine Chance. Am zehnten Tag unserer Flucht starb mein letzter Trost auf ein Weiterleben. Ich musste mein kleines Mädchen im Schnee begraben, musste ein Grab am Wegesrand zurücklassen, und ich wusste, dass es das Kostbarste barg, was mir in diesem Leben geschenkt worden war.

Tagelang war ich in einem Zustand, in dem ich keine Wahrnehmungen mehr hatte, ich war nur noch ein Körper, der sich, wie in Watte eingehüllt, Schritt für Schritt voranschleppte. Ich spürte weder Hunger, noch Kälte, noch Durst, war fast nicht mehr da.

Aber als unser Treck von feindlichen Panzern überrollt wurde, konnte ich das Unfassbare, trotz meiner Betäubung, nicht mehr ertragen. Männer, Frauen und Kinder lagen in ihrem Blut, überall war nur noch der Tod. Ich hatte mit letzter Kraft meinen Mund geöffnet und geschrien, bis meine Stimme versagte.

Das war der Moment, in dem mein altes Leben endgültig starb. Ich war nicht mehr die, als die ich geboren worden war, nicht mehr die, zu der ich herangewachsen war. Ich spürte mein Leben aus mir weichen und machte mich bereit für ein anderes, dass mit dieser Hölle nichts mehr zu tun haben würde.

Mein Körper erstarrte, ich merkte es nicht einmal und dann sah ich meine Liebsten auf mich zukommen. Sie hielten sich an den Händen. Eva war viel größer geworden, und ich freute mich, dass sie den Krieg überlebt hatte. Sie lachten und winkten mir zu, seltsamerweise konnte ich sie nicht hören, nur von ihren Lippen ablesen, dass sie mit mir sprachen. Aber dann blieben sie stehen, kamen nicht mehr näher. Verzweifelt wollte ich sie rufen, aber mein Mund war voller Schnee. Ich ruderte mit den Armen, wollte aufstehen, wollte zu ihnen laufen, aber versank nur noch tiefer.

Dann drehten sich die beiden um und gingen fort, und ich wusste, ich würde sie nicht mehr erreichen, um mit ihnen zu gehen. Sie hatten mich nicht mitgenommen in ihre friedliche Welt, nach der ich mich so sehnte.

Als ich wieder zu mir kam, lag ich auf einer Pritsche in einer Scheune und schaute in die besorgten Augen einer alten Frau. Sie hatte mich auf ihre Schulter gezogen und stundenlang mitgeschleppt. Es war eine kleine, dünne Frau und mir war schleierhaft, wie sie das hatte schaffen können.

„Durch die Kraft der Liebe", hatte sie mich angelächelt. „Du hast mich gerettet, mit deinem Schmerz hast du mich wach gerüttelt."

Sie hatte ihre ganze Familie verloren, ihren Mann, ihre Töchter und ihre Söhne und sogar ihre drei Enkelkinder. Sie war, wie ich, alleine übrig geblieben und hatte nur noch das eine Ziel gehabt, mich zu retten.

„Bitte nimm dein neues Leben an, es ist wichtig, dass nicht alle sterben, sondern wir, die Überlebenden, müssen hier bleiben, damit wir Zeugnis ablegen von dem, was geschehen ist. Wir sind die Einzigen, die Erinnerungen an sie haben, die sie kannten, die von ihnen erzählen können. Wir müssen dankbar sein und wieder lernen, das Leben zu genießen, nur dann sind unsere Lieben nicht sinnlos gestorben."

ש

„Damals verstand ich die alte Frau noch nicht, jedoch sie hatte recht gehabt, und es hat sich gelohnt ihre Mahnung anzunehmen, denn ich habe noch viel Glück erfahren.

Irgendwann konnte ich sogar ohne Bitterkeit Danke sagen für die kurze Zeit, die wenigen glücklichen Stunden mit meinem Mann und die unbeschreibliche Freude über unser Kind. Ja, ich habe mir jede Sekunde mit ihnen in meinem Herzen bewahrt und mich trotzdem von ihnen gelöst. Irgendwann konnte ich akzeptieren, mich mit meinem Schicksal aussöhnen. Glaube mir, dass war nicht immer leicht, ach, was sage ich, es war lange Zeit unsäglich schwer, aber heute kann ich rückblickend sagen, dass ich ein schönes Leben hatte."

„Was haben sie denn nach dem Krieg gemacht, konnten sie zurück in ihre Heimat?", fragte Eva erwartungsvoll.

„Oh nein, wir hatten unser Land verloren und ich glaube, ich hätte dort auch nicht weiterleben können. So schwer es auch war und soviel Heimweh ich auch hatte, die fremde Umgebung wurde mir nach und nach vertrauter. Im Laufe der Zeit konnte ich dann ein Gefühl der Heimat in mir selbst erspüren. Langsam verstand ich, diese Geborgenheit, diese Zugehörigkeit können wir manchmal nicht draußen in der Welt finden, nicht mit anderen Menschen und nicht an einem bestimmten Ort. Ich erlebte eine Phase der Selbstfindung, die mir half, dort anzukommen, wohin ich gestellt worden war.

Und dann habe ich ja auch irgendwann meinen zweiten Mann gefunden. Daran hatte ich gar nicht mehr geglaubt, dass ich mich überhaupt noch mal verlieben könnte, aber davon erzähle ich dir ein anderes Mal."

„Wann hat sich dieses zärtliche Gefühl in diese zu brennen beginnende Sehnsucht verwandelt?", grübelte Eva. „Wann habe ich mich in Miguel verliebt?"

„Ich wünsche dir Glück Eva", hatte er nur gesagt und, „wir sehen uns wieder." Aber wie sollte das sein?

Ihre Telefonnummern hatten sie nicht ausgetauscht, seine Adresse kannte Eva nicht.

„Vielleicht kommt er mich ja bald besuchen, er weiß ja wo ich arbeite. Hatte er das gemeint?"

Eva würde nicht nach ihm suchen, das hatte sie sich innerlich geschworen. Nein, sie würde warten. So entspannt wie irgend möglich würde sie darauf warten, dass Miguel ihr ein Zeichen sandte.

„Und wenn das nicht geschieht?", zweifelte ihr Herz. „Dann soll es eben nicht sein."

Und gleichzeitig tat sich in Eva eine Genugtuung auf. Eine Genugtuung darüber, dass die trüben Zeiten vorübergehen und ihr das Leben irgendwann gelingen würde. „Ich habe genug gekämpft, nach Achtsamkeit gerungen. Nun gebe ich mich meiner Gewissheit hin, dass es mir vergönnt ist, irgendwann diese unbeschreibliche Sehnsucht nach Liebe zu stillen."

Mit diesem wunderbaren Mann an ihrer Seite, der ein bisschen mehr verstanden hatte als all die anderen. Der sie lehren konnte wie das Leben auch noch ist, der ihr helfen würde, eine Verbindung zu ihren besonderen Träumen zu knüpfen.

Ja, es waren besondere Träume geworden, die gar nichts Seltsames mehr hatten. Es waren die Besonderheiten der Nacht, die sie zurückführten in eine Zeit, mit der sie auch verbunden war.

„Ich weiß, dass ich dazu berufen bin, glücklich zu sein. Ich weiß nur noch nicht so richtig, wo das sein wird. Und ich weiß nicht, wann. Aber ich spüre, die Zeit hier auf der Insel, die wird sich bald einem Ende zuneigen. Einem Ende, dem das folgt, was ich mir vom Leben erhoffe.

Am rechten Platz werde ich sein, mit der Gewissheit, das Richtige zu tun, und mit Menschen, die einfach da sind und mir nicht irgendwas Berechnendes, irgendwas, was immer wieder Stress macht oder was ich gar nicht erfüllen kann, abverlangen.

Ja, es werden Menschen sein, die einfach an meiner Seite sind, und an deren Seite ich sein darf, mit allem was ich bin. Mit meiner Kraft, mit meinen Schwächen, mit meiner Liebe, mit meinen Zweifeln, mit meinem Zorn, mit meiner Wut, mit meiner Bereitschaft und mit meinem Gefühl, dass dieses Leben hier, ja, wie war das im Traum, dieses Leben hier auf *Mutter Erde*, dass es für mich Geborgenheit, Liebe, Freude und Glück bereithält. Und mit der vollen Bewusstheit als Mensch zu sein, das werde ich suchen", schwor sie sich, und es war irgendwie ein neuer Schwur, oder der alte wurde dadurch ergänzt.

Kapitel 22

Am Runenfelsen

Der frühe Schnee, leise, ganz sanft hat er damit begonnen, alles zuzudecken und wirbelt zärtlich anmutend vom Himmel. Lautlos, so scheint es, jedoch hört sie da nicht ein leises Klirren, ein „Kling, Kling“, mit dem die weißen Flocken im sanften Wind vom Himmel herab auf sie zutanzen? Unzählig viele Kristalle, jedes mit seiner eigenen Gestalt ein bisschen anders als die anderen, funkelnd in der Sonne und blinkend in ihrer Vielfarbigkeit, wenn sie das Licht aufbrechen. „Ja, da ist ein zartes Klirren, so wie ein Glockenspiel aus Elfenland“, denkt Ihwar verzückt.

Die weiße Pracht häuft sich auf den Zweigen, Kristall an Kristall aufgetürmt, massig und doch ganz leicht; so viele und doch beugen sie nicht die Zweige, nicht einmal die ganz kleinen. Der Kontrast zwischen dunklen Grün- und Brauntönen, die noch von den Stämmen sichtbar sind und dem leuchtenden Weiß ist verblüffend.

Golden die Sonne, im Untergang begriffen, die ein paar Wolken farbig anstrahlt und sie so von der Weite des Himmelsgewölbes, mit diesem geheimnisvollen Lichtschimmer, abhebt. Vor einem blaugrau schillernden Horizont leuchten die vielfältigsten Farben des Regenbogens; ein kühles, pastelliges Türkis, weder blau noch grün, nein, türkis eben, darüber etwas, was wie ein ganz zartes Violett und Rosarot schimmert. Ein Übergang zwischen den Farbtönen ist nicht auszumachen, wattig verschmelzen sie ineinander, um dann in sanften Orangetönen, deren Ausläufer gelbgolden erleuchten, ein erstaunenswertes Szenario anzubieten.

Von Ferne Stille, nur ab und zu ein einsamer Vogel, aber auch nur noch ein einsamer; die meisten seiner Artgenossen sind schon am Ende des Sommers in Richtung Sonne aufgebrochen, um sich so der Kargheit und frostigen Kälte des Winters zu entziehen. Das Leben scheint zum Stillstand gekommen zu sein und im Verborgenen in friedlichem Schlaf vom Glück zu träumen. Geduldig sein, mahnt die Natur, und bis zur Wintersonnenwende, die die Tage wieder länger werden lässt und vom fernen Frühling mit seinem bunten Treiben künden wird, abwarten.

Jedoch jetzt gilt es, im Zyklus von *Jera* die dunkle Zeit des inneren Friedens anzunehmen, sich von der scheinbaren Starre des Winters einlullen zu lassen, und ihrer steten Abfolge zu vertrauen, die wiederkehrend, wie die Erinnerung an die lebendige Melodie des Lebens, ist.

„In solchen Momenten bin ich im Einklang mit mir und könnte unbefangen am *Felsen der Drachenschlange* sein", erkennt Ihwar, aber sofort fühlt sie dieses Bedauern, dass ihr die andere Seite ihres Wesens zeigt. „Ich möchte für immer hier bleiben, wenn da nur nicht die zunehmende Gewissheit wäre, doch für etwas anderes bestimmt zu sein."

Jedoch, da scheint etwas schon lange in der Vergangenheit verloren und sie möchte es ruhen lassen. Ihwar wünscht sich, dass sich keine Erinnerungen mehr einstellen und weiß, es wäre besser, wenn sie in der Grube der Vergessenheit bleiben würden. „Aber ich kann diese Traurigkeit nicht länger ertragen und dieser menschlichen Sucht nach Gewissheit, die mir immer wieder, wie ein tosender Sturm durch meine Gedanken jagt, widerstehen."

„Wenn ich glaube, dass alle tot sind, muss ich mir eingestehen, dass es eine zwangsläufige Entscheidung wäre, hier zu bleiben, nur weil ich die anderen nicht bekommen kann. Aus Verzweiflung am Leben darf ich mich nicht in die Abgeschiedenheit des heiligen Bezirks flüchten und als Priesterin sein, schon gar nicht die nächste Veleda werden.

Solange ich, tief versteckt in meinem Innern, den Keim der Hoffnung hege, dass meine Liebsten doch noch in dieser Welt weilen, darf ich mich nicht der *Großen Weihe* stellen. So zerstreut wie ich bin, so hin- und hergerissen, werde ich den höheren Energien nicht Stand halten können. Ich muss mich ihnen mit der gebotenen Würde, die bedingungslose Ehrlichkeit bedeutet, stellen, das schließt mein ganzes Wesen mit Geist, Seele und Körper ein. Ich habe es längst verstanden, auf dieser geistigen, alles verbindenden Ebene, in dieser hohen Bewusstheit gibt es keine Lüge mehr."

Ihwar muss sich endgültig entscheiden, wenn sie die Prüfungen bestehen will, ihr Sein mit diesen hohen Schwingungen erfüllen will, die sie zerstören, wenn sie sie missbraucht. Sie hat es ja schon erfahren, ihre Verzweiflungstat fast mit ihrem körperlichen Tod bezahlt, und weiß, dass der Grad der folgenden Weihen sich noch verstärken wird.

„So kann ich niemals die Erleuchtung finden, die ich mit meinem ganzen Wesen, hier am *Felsen der Drachenschlange*, anstrebe. Ich muss den Pfad der Halbherzigkeit verlassen, muss das oberste Gebot der bedingungslosen Liebe achten, darf nichts einfordern, was unstimmig ist."

Aber immer wieder keimen in Ihwar die Erinnerungen an etwas, was nur Fetzen von Ahnungen sind, die sie nicht versteht und mit panischer Angst erfüllen. „Ich muss endlich wissen, warum ich so verwirrt bin, wo doch alles hier so bezaubernd schön ist, so friedlich und klar."

„Bitte, bitte, *Göttliche Allmutter*, zeig mir, was geschehen ist. Ich bin bereit, mich der Wahrheit zu stellen, ich will es noch heute wissen."

Und Ihwar setzt sich zu den Wurzeln der riesigen Fichte, die den Felsen umarmen, und ihr Platz geben, sich anzuschmiegen.

Sie ist fest entschlossen, obwohl sie ganz genau weiß, mit dieser erzwungenen Reise würde sie nicht nur das Vertrauen der Veleda missbrauchen, sondern vielleicht auch sich selbst strafen.

Trotzdem kann sie nicht anders; voller banger Hoffnung geht sie mit ihrem geistigen Körper tiefer und tiefer, lässt sich auf die feinen Energien ein und fällt in Trance.

Erbarmungslos zeigen sich Bilder, die sie in rasanter Geschwindigkeit, aber mit einer solchen Heftigkeit, das schreckliche Geschehen erneut durchleben lassen.

Sie sieht sich in den Wald laufen, im tiefen Schnee immer weiter und weiter. Die eisige Kälte durchdringt ihren Körper, doch sie kann nicht umkehren; irgendwas in ihr zwingt sie weiter, nur weiter. Sie schleppt sich vorwärts, bis sie stürzt. „Einen kleinen Moment ausruhen, nur ein bisschen schlafen." Doch dann durchdringt sie wieder dieser fürchterliche Schmerz und sie sieht das viele Blut, ihres und das ihres Kindes, wie es aus ihr hinaus in den weißen Schnee strömt, der es gierig aufzusaugen scheint und rot färbt. „Ich töte mein Kind, meine kleine Sowilo, ich habe ihr doch versprochen, dass sie leben wird; *Gütige Mutter* steh uns bei."

Ihwar hört wieder die Schneeflocken, leise klirrend fallen sie zu Boden, eine nach der anderen und sie wähnt sich und ihr Kind in Sicherheit.

Doch ein eisiger Wind erhebt sich, tobt in ihren Ohren mit einer solchen Gewalt, dass er alles übertönt, weiße Wände stürzen über ihr zusammen, begraben Mutter und Kind, drohen sie zu ersticken; dann grelle Blitze, tobende Wolken und eine alles durchdringende Schwärze.

ᛈ

Wieder bricht die Erinnerung ab, aber jetzt muss sich Ihwar eingestehen, dass sie zur Todbringerin geworden ist; und diese Welle der Grausamkeit, die ihren Körper durchfährt, gibt ihr die gnadenlose Gewissheit.

Das ist also der Preis, den sie für ihre Ungeduld zu zahlen hat; keinen erhofften Trost, keine Freude, nur noch mehr Schmerz und eine nicht zu tilgende Schuld, mit der sie weiterleben muss.

Hatte die Veleda es ihr nicht vorausgesagt, hatte sie ihr nicht erklärt? „Du schadest dir am allermeisten, wenn du die Gesetzmäßigkeiten der Natur nicht achtest. Es gibt nicht so etwas wie falsch oder richtig, aber es gibt Augenblicke von *Jera*, wo es dich verbrennt, wenn du dich damit quälst und das erfahren willst, was noch im Verborgenen sein soll. Wenn du das Leben nicht achtest, so wie es im Augenblick erscheint, du dir immer wieder diese Fragen stellst, die dir noch nicht in der ganzen Tragweite beantwortet werden sollen, zerstörst du deine Lebenskraft.

Ihwar, gehorche nicht oberflächlich meinen Worten, höre auf den Klang meiner Stimme, die dich die feinen Zwischentöne lehren will; mäßige dein zu schnelles Bestreben, kontrolliere deine hetzenden Gedanken; und erst dann sprich die Sprache der Wahrheit innen in deinem Herzen und hinaus aus deinem Mund. Gib dich nicht weiterhin diesen Wirren hin, sprich mit der Kraft der heiligen Zeichen, höre ihr Raunen und werde endlich die Herrin deines ganzen Selbst."

„Ich will meinem Schicksal entrinnen, will von meinen Schattenseiten nichts mehr wissen; will mich nicht beschränken", denkt sie verzweifelt und ist gleichzeitig wütend auf sich.

„Aber dazu bist du nicht hier", vernimmt sie ein knisterndes Flüstern, das von den Zweigen zu kommen scheint, oder war es nur Einbildung? „Verfällst du denn schon wieder dem Vergessen dessen, was du dir für dieses Leben selbst ersonnen hattest? Kannst du dich der Worte, die die *Eule der Weisheit* erst vor wenigen Monden zu dir gesprochen hat, schon jetzt nicht erinnern? Hast du denn auch wieder vergessen, was dich dein liebendes Herz gelehrt hat, als du deine *Blüte der Gegensätze* geöffnet hast? Warum hörst du nicht auf die vielen Botschaften, die aus allem Sein um dich herum endlich in deinem Herzen zum Erklingen kommen möchten?"

Beschämt streichelt Ihwar die harte, aufgesprungene Rinde der alten Fichte, die ihr längst zum Freund geworden ist. Sie ist ganz anders als der glatte Stamm der Buche, aber auch wenn sie vorsichtig sein muss, sie verlangt ihr die Achtsamkeit ab, die ihnen beiden, dem Baum und ihr, gebühren.

„Ich will es ja, aber wie kann ich es dann endlich schaffen, meine Harmonie zu finden und irgendwann wieder daran zu glauben, dass ich auch dazu bestimmt bin, glücklich zu sein?"

„Hör auf dich selbst, du sagtest es soeben, glaube an dich, sei nicht undankbar, sei dankbar. Folge auch weiter *Jera,* dem Zeitenlauf, sie wird dir zeigen, wann was zu tun ist; übe dich in Geduld!

Du bist schon im Erwachen, vertraue dir und du wirst zukünftig mit umsichtiger Weisheit dir und den Menschen um dich herum eine große Hilfe sein."

Bedächtig schreitet Ihwar auf den *Schleifen der liegenden Acht,* tief in Trance ist sie und fern der weltlichen Realität. Die *Eule der Weisheit* ist bei ihr und hilft, dass Ihwar in der erforderlichen Zentrierung, die sie sicher weitergehen lässt, bleibt.

„Alles ist dem immerwährenden Gleichklang geweiht, die *Schleifen der Acht,* die Kreise von *Jera,* die sich im gegenseitigen Wechsel berühren und die Spiralen des Lebens bilden", flüstert es in ihr.

„Gehe mit deinem irdischen Körper immer und immer wieder den Weg der heiligen Zeichen, lass dich in sie hineinfallen, werde eins mit ihnen. So wie Sonne und Mond in jedem Rad von *Jera* ihre Bahnen vollziehen, sich begegnen und wieder voneinander entfernen, im immerwährenden Sein die Schleifen der Zeit an den Himmel malen, so gehe auch du im Zeichen der Unendlichkeit durch dein Leben; lausche und höre ihrem Gesang."

"Hoch hinauf ans Firmament
zeichne ich meinen Bogen aus Licht;
habe die Macht, auch über die Nacht,
bringe den Menschen
und allem Leben auf Erden
den Sommer.

Tief am Horizont
bleibe ich in dieser Zeit,
erstrahle in den weißen Nächten
verborgen hinter dem harten Fels.

Dann kreuzen wir unsere Wege.

Und ich, der Mond,
steige höher und höher;
bis in unserem unendlichen Tanz
die Acht von Jera vollendet ist.

Wieder kann es Winter werden."

ᛃ

Und so war ihr Vertrauen immer größer geworden, hatte ihr die Zuversicht eines Kindes zurückgebracht; diese wohlige selbstverständliche Sicherheit, dieses Getragenwerden, diese feste Überzeugung, dass es, so wie es ist, gut ist.

ᛃ

„Ich bin in die *Allgöttlichkeit* eingehüllt", denkt sie und stellt Fuß vor Fuß auf den eisigen Grund, den sie als wohlig warm empfindet. Ihre nackten Füße berühren einander, ein Paar, das sich im Wechsel der Bewegung Schritt für Schritt vorwärtstastet. Immer wieder stellt sie den freien Fuß vor den, der sie sicher stehen lässt; ganz behutsam berührt sie mit der Verse den Zeh des anderen Fußes, gibt sich mit all ihrer Gelassenheit einem endlos scheinenden Kreis hin. Rechts herum, Fuß an Fuß, wie die Perlen einer Kette, um dann links herum die Richtung zu ändern; jedoch nur zum Schein, denn die Bewegung ihres Körpers ist ein Vorwärts, dieses immerwährende Vorwärts, dass uns Menschen zeigt, dass wir leben.

„So, wie wir, Sonne und Mond, uns immer wieder in unserer Führung abwechseln, so wähnst auch du immer wieder die Gegensätze. Jedoch bedenke, alles ist aus der unendlichen Einheit geschaffen, so auch die Lichtstrahlen des Lebens; einmal erstrahlt, können sie niemals mehr durchtrennt werden."

„Und auch die Worte, die Namen der Zeichen, wenn sie erst aus deinem Munde entwichen sind, kannst du sie niemals mehr aufhalten. Ihwar, sieh und höre unser Raunen, lausche deinen Geschichten, die wir dir erzählen."

Schimmernd erkennt Ihwar sie in weißen Stein geritzt und gleichzeitig entgleiten sie ihrer Kehle, die mit dem Hellblau des Himmels zu ihrer Vollendung erblühen.

„Wir bringen dir die Weisheit der Sprache", tanzen sie singend um Ihwar herum. „Wir sind nicht eingesperrt in Kleinheit, nicht der Fähigkeit geopfert, uns in Gefangenschaft zu begnügen; wir sind frei, so frei wie der Mensch, der seinen Willen erkennt und im Ausdruck der Liebe auf *Mutter Erde* wandelt."

Kapitel 23

Kutschfahrt mit Othilia

Das Pferd ging ganz ruhig und nur das gleichmäßige Klackern der Hufe auf dem gepflasterten Weg war zu hören. Ab und zu durchbrach ein befriedigtes Schnauben die Stille und das ferne Kreischen der Möwen erinnerte daran, dass sie sich auf einer Insel befanden. Die Sonne strahlte ungehindert herab, nur wenige weiße Wolkentupfer leisteten ihr am stahlblauen Himmel Gesellschaft und darunter schien, im Windschatten der Dünen, die Luft zu vibrieren. Hier im Dünental war es immer sanfter als am Strand, aber heute knisterte Hitze in den kleinen Büschen, die den Wegrand säumten; von der morgendlichen Kühle war nichts mehr zu spüren.

Beide, Othilia und Eva, und auch der Kutscher waren in ein dösendes Schweigen versunken und schienen ihren eigenen Gedanken nachzusinnen.

„Komm, machen wir einen Ausflug zur Meierei, ich habe eine Kutsche bestellt und hoffe, du hast Lust, mich zu begleiten."

Othilia hatte diese Selbstverständlichkeit, die Eva an ihr schätzte und die nichts mit der Bevormundung ihres Mannes gleich hatte, obwohl ihr Vorhaben, in das sie Eva einbezog, schon entschieden war.

„Ich freue mich darauf, von einer Kutschfahrt träume ich seit meiner Kindheit."

Nicht einmal zu ihrer doch so perfekten, prunkvollen Hochzeit war ihr dieser Wunsch erfüllt worden. Romantisch hatte sie sich danach verzehrt, darin zu einer kleinen Kirche kutschiert zu werden und dort den Bund fürs Leben zu besiegeln. Aber das hatte ihr Mann als kitschigen Tand abgetan und dafür die protzige Stretchlimousine bestellt, die sie zum Standesamt brachte. Es war zwar in einem Schloss, im repräsentativen Prunksaal, in dem die unzähligen Gäste, die Eva fast alle nicht kannte, Platz fanden, aber mit dem Wunsch der Braut hatte all dies nichts gemein gehabt.

„Es ist vorbei", mahnte sie sich und widmete sich sofort wieder dem Genuss des Augenblicks.

Urrh hatte es sich auf Othilias Schoß bequem eingerichtet. Völlig entspannt lag sie zusammengerollt und schlief, ihre gleichmäßigen Atemzüge hoben und senkten den kleinen weißen Körper. Auch Othilia hatte sich diesem friedvollen Sein hingegeben, aber es schien nur als wenn sie schliefe, denn sie hielt ihre Augen nicht geschlossen.

Der feine Organzaschal mit der weißen Spitze, den sie sich um Schultern und Kopf geschlungen hatte, bewegte sich sanft im Fahrtwind. Das zarte Tuch brach die Lichteffekte und schillerte in den vielfältigsten Regenbogenfarben. Die weißen Haarlocken, die darunter hervorblinzelten, verbanden sich mit dem weißen Fell von Urrh. Beide, die Katze und die alte Frau, strahlten mit ihrem weißen Haar Würde und Weisheit aus, aber auch

Schönheit und eine jugendliche Frische, die in keine Zeit zu passen schien.

Gedankenverloren hatte Othilia mit ihrer rechten Hand nach etwas Unsichtbarem auf ihrem Sitz gegriffen, es fest in die Hand genommen und wirkte wie eine verliebte Prinzessin. Als sie Evas Blick wahrnahm, hatte sie den Druck ihrer Hand noch verstärkt, so als wolle sie jemandem, den sie hielt, auf ihre Begleiterin aufmerksam machen.

„In letzter Zeit träume ich immer öfter von den Menschen, die mir nahe standen, und das tue ich auch mit offenen Augen", schmunzelte sie.

Es hatte nichts Seltsames, Seniles, Verschrobenes, sondern eine Selbstverständlichkeit, die Eva verblüffte. Fast konnte sie den Mann an Othilias Seite sehen, nur war sie sich nicht sicher, welchen.

„Hier auf der Insel gehört die Erinnerung meinem zweiten Mann", sprach Othilia, als wenn Eva laut ihre Frage gestellt hätte, „denn solche Kutschfahrten haben wir jedes Jahr gemacht, immer wieder. Weißt du, wir haben damals auf der Insel geheiratet, in der kleinen Kirche, am Rande des Dorfs, und dann sind wir diesen Weg gefahren. Es ist unsere Tradition geworden, immer, wenn wir wieder hierher kamen, mieteten wir eine Kutsche und besuchten den Oststrand.

Wir hatten unsere Gewohnheiten und so bestanden wir darauf, immer im kleinen Zimmer mit der Rosentapete Quartier zu nehmen. Das hatte Frau Hansen, die ehemalige Hotelbesitzerin, so romantisch eingerichtet, dass es nicht nur unsere Hochzeitssuite blieb.

Weißt du, Eva, ich kannte die Mutter von deinem Chef sehr gut, sie hatte eine so herzliche Art und das kleine Hotel war damals ein Schatzkästchen. Ihr Mann hatte ein recht unfreundliches Wesen, aber der war nur selten da, der fuhr als Kapitän zur See, war mehr mit dem Meer als mit seiner Frau verheiratet und blieb irgendwann ganz weg. Leider hatte ihr Sohn den Charakter des Vaters geerbt und als dieser verschwand und sich auch nicht mehr um seinen Sohn kümmerte, wurde auch er immer mürrischer.

Frau Hansen hatte zwar alles getan, um aus ihm einen anständigen Menschen zu machen, aber gegen seine immer ungehaltenere Art konnte sie nichts ausrichten. Er war schon damals ein unfreundlicher Zeitgenosse und hing anderen Plänen nach, die bestimmt nicht darin bestanden, im Hotel zu arbeiten; jedenfalls half er ihr nur mit Widerwillen.

Aber als sie gestorben war, musste er von etwas leben und trat sein Erbe an. Seitdem hat er viel Geld investiert, hat die Räume renoviert und dem Standard der neuen Zeit angepasst, aber den gastlichen Charme, den es damals hatte, konnte er nicht erhalten, der war mit seiner Mutter gegangen.

Frau Hansen lebt schon lange nicht mehr, aber ich bin ihr treu geblieben und deshalb komme ich auch jetzt noch jedes Jahr hierher. Es ist ein bisschen so wie eine Reise in die Vergangenheit, obwohl das meiste nicht mehr so ist wie damals; jedoch in meinen Erinnerungen, da ist alles noch da. Mein Mann und ich haben hier wundervolle Zeiten gehabt", seufzte Othilia.

„Nach dem großen Krieg konnte ich nicht mehr in meine Heimat zurück und da habe ich mich hier an der Küste umgesehen, um einen Platz zu finden, der mich an den Ferienort meiner Kindheit erinnern sollte. Er ist zwar gar nicht so weit weg, heute schon gar nicht, da kann man ja ganz schnell mit dem Auto oder Flugzeug dahin reisen, aber damals war meine geliebte Insel in der Ostsee unerreichbar. Und später, als der „Eiserne Vorhang" fiel, hatte ich nicht den Mut, weder in mein Heimatdorf noch auf meine Ferieninsel zu fahren. Es erschien mir, als wenn es noch immer eine Mauer gäbe, die mich daran hinderte."

ש

„Heute glaube ich, dass solche Hindernisse den Sinn haben, dass wir unser Ziel noch einmal überdenken und uns eventuell für etwas Neues entscheiden können. Manchmal liegen sie wie Steine auf deinem Weg und dann musst du dein Tempo drosseln, dann musst du abwägen, ob du darüber steigen kannst, weil sie klein sind, oder du sie wegräumen musst. Wenn sie aber zu groß sind, dann musst du dich vielleicht dazu entscheiden, Umwege zu gehen.

Das ist nicht schlimm, solange du weißt, was du wirklich willst, welches dein Ziel ist. Es ist immer deine Entscheidung, du musst dich nicht mit allen Hindernissen, die dir in den Weg gelegt werden, abquälen; es ist nur wichtig, welchen Stellenwert du ihnen gibst. Ich habe mich von vielem befreit, indem ich es einfach so gelassen habe, wie ich es vorfand und bin so manchem Brocken einfach ausgewichen."

ש

Später saßen Othilia und Eva im kleinen Biergarten der Meierei und genossen die frische Dickmilch mit den Preiselbeeren. Auch Urrh bekam ein kleines Schälchen der weißen Köstlichkeit und ließ es sich schmecken. Es war der pure Genuss, die Kostbarkeit des Einfachen, Dinge, die nicht nur Othilia an ihre Kindheit erinnerten.

„Ich möchte Holunderblütensekt trinken", äußerte Othilia mit spontaner Begeisterung. „So wie damals bei meiner Hochzeit, da war dieses köstliche Getränk auf einer großen Tafel hier im Innenhof angeboten worden." Die alte Frau schaute sich erwartungsvoll um.

Aber jetzt schien es nicht mehr im Angebot zu sein. Friesentorte mit Cappuccino und Waffeln mit Vanilleeis und Sanddornmus wurden angeboten, aber fragen kostete ja nichts.

„Haben sie auch Holunderbeerensekt?", fragte Eva.

„Nein mein Kind, ich meine Hollerblütensekt, der ist nicht aus Beeren gemacht."

„Ja, haben wir", strahlte die Bedienung, „nur steht er nicht mehr auf der Karte, denn die meisten Gäste haben andere Wünsche. Meine Chefin macht in jedem Frühsommer noch ein paar Flaschen Holundersirup für den Eigenbedarf, ich bringe ihnen gerne welchen."

Othilia strahlte: „Das ist was ganz Besonderes, du wirst begeistert sein."

Und so war es dann auch, das kühle Getränk, das in den Gläsern perlte, schmeckte herrlich.

„Aber es ist kein richtiger Sekt, oder?", erkannte Eva.

„Oh nein, der Hollerblütensekt ist ohne Alkohol, die Bestandteile sind Hollersirup und Mineralwasser, das gibt dem Getränk dieses Prickeln. Er wird aus den Blüten des Holunderstrauchs gemacht. Weißt du", schmunzelte die alte Frau, „die weißen Blütendolden des Holunderstrauchs sehen aus wie der zarte Schleier einer

Braut und dieses zarte Aroma ist fast so lieblich wie ein Kuss."

„Ich möchte im alten Friesenhaus auch solche Köstlichkeiten anbieten. Bestimmt werden es die Leute, die dann zu mir kommen, schätzen, wenn nicht dieses neumoderne Zeug auf der Karte steht, sondern traditionelles. Ich glaube, dass passt in mein Konzept, ich habe mir schon vieles überlegt, das ich dann selber machen werde." Eva hatte zwar zu Othilia gesprochen, aber irgendwie hatte diese teilnahmslos ihren Blick in die Landschaft schweifen lassen; das war so gar nicht Othilias Art und beunruhige Eva.

„Weißt du, deine Ideen sind bestimmt gut, nur sei nicht traurig, wenn sie sich anders erfüllen", hatte die alte Dame geantwortet und Eva wieder angesehen.

Ich möchte dir von der Zeit nach dem Krieg erzählen und dich damit ermutigen, deinen Horizont auszuweiten. Versperre dir nicht die Möglichkeit, das für dich Perfekte zu finden, indem du dich an eine Illusion klammerst, die dir nicht den Rahmen bietet, den du wirklich brauchst. Ich habe ein bisschen Angst, dass du dich zu schnell entschieden hast. Bitte versprich mir, dass du dir erlaubst, deine Meinung auch noch mal zu ändern."

Eva war darüber erstaunt, mit welcher Kraft Othilia ihre Hände ergriffen hatte und sie flehend anblickte.

„Zwinge dich nicht, zu übereilt getroffenen Entscheidungen zu stehen, den Fehler hätte ich auch fast gemacht. Und wenn es auch eine ganz andere Zeit war, damals, als alles um uns herum in Schutt und Asche lag, und vielleicht nicht mit heute zu vergleichen ist, du solltest deine eigene Herrin sein und dich nicht mit dem Falschen belasten."

„Ich kannte mein neues Leben noch nicht, alles war anders und irgendwie leer. In meiner Heimat hatten wir gemeinsam in dem kleinen Dorf gewohnt, dass zu einem riesigen Gut gehörte. Jeder kannte jeden, irgendwie waren wir eine große Familie und auch die gemeinsame Arbeit verband uns.

Hochzeiten, Taufen, alle großen Feste waren Ereignisse, die gemeinsam gefeiert wurden. Im Dorfkrug war der große Saal für Tanzveranstaltungen, Theateraufführungen und gemeinschaftliche Aktivitäten das kulturelle Zentrum der Gemeinde.

Zu Erntedank gaben die Herrschaften im großen Gutshof vor der Scheune ein Fest, dass war mit einem herzlichen Dankeschön für die Arbeit verbunden. Jeder war wichtig, jede Hand wurde gebraucht, und das wurde auch gewürdigt.

In den Mai tanzten wir auf dem Dorfplatz, unter der riesigen Linde war dann immer der Tanzboden aufgebaut und die kleine Kapelle spielte zackig auf. Ach Eva, solche schönen Feste gibt es heute kaum noch.

Weihnachten waren die Kinder im Schloss eingeladen und jedes bekam ein Geschenk, ganz was Persönliches. Die alte Baronin hatte viel Freude daran und verwandte viel Zeit darauf, alles festlich vorzubereiten. Ich sehe noch heute den riesigen Weihnachtsbaum vor mir, der über und über mit kleinem Holzspielzeug, bunten Kugeln und Lebkuchensternen an roten Bändern geschmückt war. Unzählige Honigkerzen brannten und erhellten die riesige Eingangshalle, in der es nach Tanne, Honig und Räucherwerk duftete, das war Heimat pur.

Aber als ich in meiner neuen Umgebung, in der ich mein zukünftiges Zuhause haben sollte, ankam, war ich nicht willkommen. Die Not und die Skepsis waren zu groß, alle hatten auf irgendeine Art mit Verlust, Schmerz und Trauer zu kämpfen und ihre Herzen verschlossen.

Alles war knapp, Essen und Trinken, Kleidung und Möbel und besonders der Wohnraum. Die großen Städte waren dem Bombenhagel der Feinde zum Opfer gefallen, die vielen Flüchtlinge brauchten ein Dach über dem Kopf, und die Besatzertruppen nahmen ganze Stadtviertel unter Beschlag. Die Hausbesitzer mussten ausziehen und durften fast nichts mitnehmen, meistens kamen sie nur notdürftig bei Verwandten oder Fremden unter, so wurden sie in der eigenen Stadt zu Flüchtlingen wie wir.

Alles musste geteilt werden, jeder musste sehen, wo er blieb. Wieder stand ein Winter vor der Tür, wieder gab es kaum Vorräte und Brennmaterial, die Kälte biss in die leeren Mägen. Der Kampf ums Überleben hatte nicht mit dem letzten Kanonenschuss geendet, er ging weiter und dazu tobte der innere Krieg der Gefühle in den Menschen.

Und das betraf alle, nicht nur die Männer und Jugendlichen, die als Soldaten durch die Hölle gegangen waren, die unzähligen Krankenschwestern und Ärzte in den Feldlazaretten, sondern auch die Jungen, Mädchen, Frauen und die Alten, die früher oder später vom Krieg eingeholt worden waren und Schlimmes erlebt hatten.

Wir richteten uns nebeneinander ein, so gut es ging, und brauchten lange, um uns aneinander zu gewöhnen.

Aber die Zeit heilt viele Wunden, ich möchte nicht behaupten alle, und langsam fühlte ich mich heimeliger. Irgendwann konnte ich mit meiner Vergangenheit abschließen und meine Chance zu einem wirklichen Neuanfang wahrnehmen, der mir sogar erstaunlich leicht viel.

Später fand ich eine Erklärung dafür, mir hatten die vielen Kinder, die ich in der Kinderbetreuung im Heim für Kriegswaisen kennen lernte, geholfen.

Ich habe mich um die Waisenkinder gekümmert und die vielen verlorenen Kleinen steckten mich mit ihrer Hoffnung und Lebensfreude an. Weißt du, kleine Kinder haben diese besondere Fähigkeit, das Geschehene anzunehmen. Vielleicht hatten sie ihre traumatischen Erfahrungen auch nur verdrängt, jedenfalls damals waren es die Kinder, die mir Mut machten und mir zeigten, wie es weitergeht. Ich konnte wieder beten, mich tief versenken, und die Rituale aus meiner Heimat halfen mir dabei, wieder Wurzeln zu schlagen.

Meine Arbeit machte mir Freude, gab mir Befriedigung; ich sorgte nicht nur für die mir anvertrauten Kinder, ihre Ernährung, Kleidung und ein Zuhause, nein, ich sang auch mit ihnen die alten Lieder, erzählte ihnen von Engeln und liebevollen Wesen, die sie beschützten.

Ich hörte ihnen zu, wenn sie von ihren Eltern und Geschwistern sprachen und half ihnen, den Verstorbenen einen Platz zu geben. Die Mädchen und Jungen hatten keine Gräber, zu denen sie Blumen bringen, wo sie sich verabschieden konnten, und so versuchten wir gemeinsam, einen Ersatz zu finden. Wir schrieben Briefe, die Kleinsten diktierten mir und malten Bilder. Dann verbrannten wir sie und stellten uns vor, dass sich die Empfänger im Himmel darüber freuten.

Besonders die ersten Geburtstage und Weihnachtsfeste waren für die meisten schwermütige Stunden und ich habe oft nicht gewusst, was ich tun sollte. Dann habe ich mich nach meinem Instinkt verhalten, habe mich meiner Muttergefühle für Eva erinnert und das getan, wovon ich annahm, dass es mein eigenes Kind erfreuen würde.

Mit dem Wenigen, das wir in den ersten Jahren hatten, überlegten wir gemeinsam, was daraus werden könnte. Aus alter Erwachsenenkleidung wurde das Beste herausgeschnitten und zu Kinderkleidung, Stoffpuppen und -tieren gemacht. Erst habe ich nachts heimlich daran gearbeitet, um die Kinder zu überraschen, aber später haben alle mitgeholfen. Es half den Kindern, für andere etwas zu tun und sie waren mit Begeisterung dabei.

Ach Eva, du kannst dir vielleicht gar nicht vorstellen, welch beseeltes Spielzeug da entstand; die Kleinen hatten wenig, aber das, was sie hatten, war ihnen wichtig. Ganz anders als heute, wo die Kinder mit Bergen von toten Gegenständen überhäuft werden. Die Kreativität kann sich oft in schlechten Zeiten viel besser entfalten als in der Überfülle.

Damals war ich noch keine ausgebildete Therapeutin, aber habe Möglichkeiten zur Traumabewältigung entwickelt, die heute, über 70 Jahre nach Kriegsende, viele Fachberufe beinhalten.

Ich habe aus den Erzählungen und Erfahrungen kleine Geschichten und Gedichte gemacht und sie den Kindern geschenkt.

Und wenn ein Kind doch noch Verwandte fand oder adoptiert wurde, dann gab es ein Abschiedsfest und alle schrieben in ein kleines Büchlein gute Wünsche oder malten Bilder zur Erinnerung an die Zeit im Heim.

Es war oft ein von Trauer überschattetes Fest. Ich werde nie das kleine Mädchen vergessen, dass eines Tages von seinem Vater abgeholt wurde. Er hatte den Krieg und die Gefangenschaft überlebt, hatte sein Kind noch niemals gesehen und war vollkommen hilflos, als seine Kleine angsterfüllt auf ihn reagierte. Er klammerte sich schluchzend an das Kind, das starr vor ihm stand. Als er es mitnahm, kam ich mir wie eine Verräterin vor, die ihr Versprechen auf Treue nicht eingehalten hatte und sie im Stich ließ. Sie hatte immer von ihrer Mutter erzählt, die bald kommen würde, den Vater, der ein fremder Mann für sie war, hatte sie nicht erwartet.

Ich habe immer versucht, den Kindern die Geborgenheit einer Familie zu geben, ihr Heimweh zu mildern, auch wenn es nur ein armer Ersatz für das Verlorene war.

Und auch wenn der Alltag manchmal schwer war, so bin ich noch heute dafür dankbar, wie reich ich beschenkt wurde.“

„Jetzt möchte ich dir einen Rat geben, ich merke doch, wie unglücklich du mit deiner Arbeit bist. Bitte, mach' auch du aus deinem Leben das Beste, Eva, dafür ist es da. Nimm dein Schicksal noch einmal in deine Hände, verstehe auch die nahe Vergangenheit, hier auf der Insel, als gelebte Zeit, in der du Erfahrungen gemacht hast, die dir weiterhelfen können.

Du kommst um eine weitere große Veränderung nicht herum und ich glaube, dass dir Urrh dabei helfen wird herauszufinden, wohin du gehen sollst. Hab keine

Angst vor der Zukunft und vergiss nicht, genieß jeden schönen Augenblick in vollen Zügen.

Und ein bisschen solltest du auch von deiner Zukunft träumen und deinen schönen Fantasien treu bleiben. Hörst du? Du darfst erst aufhören, an ihre Erfüllung zu glauben, wenn sie wahr geworden sind. Denk immer daran, nicht eine Sekunde vorher, denn nur so, mit dem unerschütterlichen Glauben an Wunder, können sie auch geschehen.

Und Eva, du brauchst einen Beruf, eine Aufgabe, die dich wirklich erfüllt, die deinem Wesen entspricht. So, in deinem Dasein hier auf der Insel bist du unglücklich und vielleicht auch mit deinen momentanen Plänen. Ich glaube, sie passen nicht zu dir.

Schon zur Zeit deiner Geburt ist alles angelegt worden, was du an Begabungen und Talenten für dieses Leben zur Verfügung hast. Dein Sternzeichen, das ist das Sonnenzeichen, unter dem du geboren bist, bestimmt deine Grundzüge, dazu kommt der Aszendent, der mit seiner Wesenheit deine Grundstruktur ergänzt. Es gibt noch viele andere Botschaften, die du aus deinem Geburtshoroskop ablesen kannst, aber auch wenn du sie nicht genau kennst, du spürst selbst am allerbesten, was deinem Naturell entspricht.

Das zu erkennen und umzusetzen ist eigentlich das, was auch Lebenssinn genannt wird. Dabei hat das Leben immer wieder Phasen der Prüfung, da ist es oft schwer weiterzumachen. Aber es sind nur Zeitspannen, nutze sie, dann gehst du mit Erfahrungen in deinem Rucksack, die es dir leichter machen, weiter. Dann hast du für dich ein bestärktes Selbstverständnis, dann kannst du alles schaffen.

Jedoch, wann immer dich Menschen ausnutzen, dich unterdrücken, einschränken, beleidigen, kränken oder gar ängstigen, dann ist es an dir zu lernen, für dich zu stehen, dann musst du so handeln, dass du Gerechtigkeit erfährst, dass es dir gut geht. Vielleicht musst du dich dann auch von solchen Menschen distanzieren.

Nur, wenn du etwas, das du erkannt hast, auch in Lebenstaten umsetzt, machst du Erfahrungen, die dich weiterbringen. So durchbrichst du ein Schema, und es kommt nicht zu Situationen, die sich ständig wiederholen. Hast du verstanden, was ich dir damit sagen will?"

„Ja, ich glaube schon. Wenn ich mich aus der Angst vor dominanten Männern nicht löse und nicht wirklich meinen Ehemann wegschicke, dann habe ich auch weiterhin Schwierigkeiten mit meinem Chef. Habe ich dagegen mein Selbstverständnis bestärkt, spüren diese Menschen, dass sie mich nicht mehr erreichen können und lassen mich in Ruhe", antwortete Eva.

„Gut ausgedrückt, meine Liebe", lächelte Othilia. „So weißt du, bei allem was du erlebst, es hat immer unmittelbar mit deiner Person zu tun. Ich habe immer den Ausspruch gehasst: „Das geht dich nichts an", denn das ist eine gravierende Lüge. Auch wenn du in einer Begegnung mit einem fremden Menschen bist, berührt es dein Leben. Du darfst dann Mitgefühl haben, denn das ist menschlich, aber hüte dich vor Mitleid, denn dann leidest du mit dem anderen mit und das tut dir und ihm nicht gut. Wenn du dagegen Mitgefühl hast, kannst du dich fragen, was das mit dir zu tun hat und nur so klar entscheiden, was zu tun ist, so zu reagieren, wie es deinen Fähigkeiten entspricht; und glaube mir, das macht frei, das macht glücklich.

Wenn du dagegen immer wieder so lebst, dass du unzufrieden, unbefriedigt, unglücklich bist, dann solltest du was ändern. Wie das geht, das kannst nur du herausfinden, denn du, in deinem Körper bist erst einmal alleine mit dir, erst wenn du dich gut kennst, besser über dich Bescheid weist, kannst du die wirklich wichtigen Dinge anpacken, und dann bist du auch erst fähig, eine gleichberechtigte, zufriedenmachende Liebe zu deinem Partner zu leben.

Denk immer daran, dass in allem, was wir sind, Liebe steckt. Wir müssen nur jeden Augenblick nutzen, sie uns zu gönnen, dann ist sie der Schlüssel zu einem Leben, das wir als unbeschreiblich wertvoll erachten können, dann erfüllt es die bedingungslose Selbstliebe."

Kapitel 24

Die Nebel zur *Anderswelt*

So war Ihwar in die Weisheit der *Boten der Worte* eingetaucht, immer wieder raunten sie ihr vom Leben, immer wieder kehrten sich die magischen Zeichen des Todes zum Himmel und wollten sie mit der Lebendigkeit trösten.

ᛈ

Aber Ihwar kann ihnen nicht trauen, so gerne sie es auch will; und auch wenn sie sich tapfer und zielstrebig *Jera* hingibt, immer wieder all ihrem Mut und ihrer Zuversicht Zuspruch zollt, heute ist sie verzweifelt, heute ist sie Ihwar, ganz Tochter, ganz Frau, ganz Mutter.

„Es ist die Nacht von *Samhain*, es ist die Nacht der Wiederkehr der Toten; es ist die Nacht der Wahrheit, in der ich auf der Suche nach ihrer aller Tod bin. Es ist die Nacht in der sich meine Sehnsucht, die immer größer und größer geworden ist, meine Sehnsucht nach den geliebten Menschen, die ich schon vor vielen Monden verloren habe, erfüllt. Ich muss es annehmen, dieses Verlorensein, diese Einsamkeit, diese Hoffnung, die sich in die Hoffnungslosigkeit gewandelt hat; ich muss es annehmen, dieses Schicksal und die Gewissheit, dass ich sie alle in diesem Leben nicht mehr wiedersehen werde.

Aber noch einmal, noch ein einziges Mal möchte ich meinem Wunsch nach Aussöhnung zollen. Heute Nacht werde ich zum *Kreutzwech* gehen und werde sie dort suchen; ich muss ihnen ein Licht anzünden, ihnen entgegengehen und die Schleier zur *Anderswelt* durchschreiten.

Ich muss mein Kind um Verzeihung bitten, dass ich es im Stich gelassen habe, dass ich nicht dafür gesorgt habe, dass es leben kann. Ich muss Wyn um Verzeihung bitten, dass ich sein Geschenk für unser Leben so achtlos weggeworfen habe, und ich muss sie beide gehen lassen.

Endlich muss ich meine Eltern finden, endlich wissen, warum sie mich alleine zurückgelassen haben, warum ich nicht mit ihnen gehen durfte, damals, als wir noch eine glückliche Familie waren."

ᛃ

Lange hatte Ihwar über die Worte der Veleda, die sich tief in ihr Wesen gegraben hatten, nachgesonnen; sich schließlich ein Herz gefasst, und um Zuspruch gebeten für das, was sie nun tun musste.

ᛃ

„Du kannst das Rad von *Jera* zurückdrehen, wenn es für dich einen wichtigen Grund gibt."

Fragend starrt Ihwar die Veleda an, mit so einer Antwort hatte sie nicht gerechnet.

„Ja, es ist nur die Vorstellung von uns Menschen, dass das, was jetzt ist, wirklich heute geschieht; dass das, was gestern war, wirklich der Vergangenheit zugehörig ist, und dass das, was du dir für die Zukunft ersinnst, durch Geschehnisse, die noch kommen, erst später Bestätigung finden.

Du kannst alles heilen, dafür ist es niemals zu spät; wenn du den tiefen Willen hast, diese absolute Sehnsucht in deinem Herzen verspürst, es anders zu machen, dann tue es noch einmal, dann tue es neu."

„Aber ich habe mein Kind getötet, ich weiß es ganz genau, wie kann es denn sein, dass ich es ungeschehen mache?"

„Du denkst nur, dass du Unrecht getan hast, Ihwar, du denkst es nur; bitte verstehe, es sind nur deine Erinnerungsfetzen an eine furchtbare Nacht, mehr nicht.

Wenn du etwas aus tiefstem Herzen bedauerst, wenn die Reue dich verbrennt, dann wähle ein Bild, das deine Erinnerungen neu gestaltet; lass deine Visionen nach deinem Willen neu werden und erkenne, dass das Gelebte neu geschehen wird.

Jedoch nur, wenn du deiner tiefen Liebe in deinem Herzen bedingungslos den Raum geben kannst, den sie verdient, kannst du gewiss sein, dass deine Liebe stärker ist als alles, alles was es sonst noch gibt. Nimm die Macht über dich wieder in deine Hände und glaube mir, sie ist die Wirklichkeit; sei du selbst mit all deinen Einsichten, deinen Erkenntnissen und tue das, was du tun musst.

Geh zu *Samhain* zum *Kreutzwech* und mache deinen Frieden mit deinen Ahnen und denen, die dir verzeihen werden. Jedoch ich mahne dich, erst musst du dir selbst verzeihen, denn nur so kannst du das *Portal* zur *Anderswelt,* wo die alles umspannende, bedingungslose Liebe der Seelen lebendig ist, öffnen."

Ganz still sitzt Ihwar auf der gegerbten Haut des Ochsen, die sie am Runenfelsen für diese Nacht vorbereitet hatte.

Nun schimmern die Zeichen ihrer Lieben, gezogen mit der Asche von Wacholder, die sie mit dem Harz der Fichte und dem weißen Pulver von Stein vermischt hatte, im Mondenschein. Ihwar weiß um deren Zauberkraft und hofft, dass ihr Ruf bis in die *Anderswelt* dringen wird.

Mit zitterndem Herzen streift sie den kleinen Kranz aus Haselruten von ihrem Arm und legt ihn nieder. Ihwar hatte sie beim letzten Schwarzmond geschnitten und zu einem Kranz gewunden, zu einem Kreis geschlossen, dessen Ende mit dem Anfang und dessen Anfang mit dem Ende so verbunden ist, wie sie sich mit ihren Ahnen unlöslich verwoben fühlt. „Denn wie *Jera* in ihren Rädern der Zeit immer wieder den Kreis beschreitet, so berührt sich unser aller Sein immer wieder im Zyklus von Werden und Vergehen", flüstert sie wissend.

Als die Nacht hereinbricht, entzündet sie die kleine Öllampe. Das Licht flackert im Wind und wirft gespenstische Schatten auf die Nebelfetzen, wie weiße Gestalten gehen sie um. Vereinzelt erlauben sie Ihwar einen Durchblick und sie kann viele andere Flämmchen um sich herum erkennen. „Ja, ich bin nicht die einzige, die ihre Ahnen besucht", weiß sie die dunklen Gestalten, die dabei hocken, zu deuten.

Immer wieder taucht sie den Federkiel in das kleine Gefäß mit der weißen Flüssigkeit und konzentriert sich auf die Namen ihrer Lieben.

„Sunna, sunna, sunna", singt sie leise vor sich hin und denkt an Sowilo; immer und immer wieder nimmt sie einen tiefen Atemzug und summt weiter; und vor ihrem geistigen Auge erscheint der Lichtblitz aus drei

Strichen. Behutsam zeichnet sie ihn auf das glatte Leder. *Sowilo*, mein geliebtes Kind, du bist der Sonnenstrahl, der die Lebensenergie zu uns allen bringt", denkt sie wehmütig.

„Weiter", mahnt sie sich, ruft mit ihrem Herzen, und aus ihrer Kehle entströmt der Laut für *Wunjo*, es ist die Stammesfahne, die Rune der Freude, des Lichts und der Wonne, Wyns Zeichen.

Als sie an ihre Mutter denkt, erscheint die Rune *Dagaz*. „Der Moment der Dämmerung, der Übergang zwischen Tag und Nacht und Nacht und Tag, weder Helligkeit noch Dunkelheit, die Kraft der Neutralität; seltsam, auch die Veleda trägt dieses Zeichen."

In ihrer Erinnerung ruft sie das Gesicht ihres geliebten Vaters, aber welches sein Name war, weiß sie noch immer nicht, auch mit geduldiger Vertiefung kommt kein weiteres Bild. „Dann nehme ich das Zeichen der Sonne, dass ihm gebührt", und malt den Kreis mit dem Punkt darin.

„So, und nun noch die Zeichen der Lebenden", besinnt sie sich. „*Eiwaz* für mich, es ist die Eibe, die mir die Kraft der Transformation schenkt, mir hilft, durch die Welten zu reisen; und nun noch die aufrechte *Algiz*, als den Baum, der zwischen den Welten steht und dessen Stamm alles Sein miteinander verbindet."

Schon seit einer Ewigkeit wartet Ihwar, aufrecht sitzend und mit dem festen Willen, ihren Wünschen zu entsagen; aber nichts geschieht. Ihr Rücken beginnt zu schmerzen und am Lauf des Mondes kann sie ablesen, dass nun schon die halbe Nacht vorüber ist, aber noch immer kein Zeichen ihrer Lieben.

„Wo seid ihr denn, bitte kommt zu mir, bitte helft mir in meinem Weltenkummer."

Eine einsame, dunkle Gestalt löst sich aus dem Nebel und kommt langsam auf Ihwar zu. „Bestimmt ist es ein Mensch, der schon mit seinen Ahnen gesprochen hat", denkt sie fast neidisch und dann macht ihr Herz einen Freudensprung.

„Vater, du? Du kommst als erster zu mir, aber warum bist du denn alleine, wo sind denn all die anderen?", flüstert sie zögerlich.

„Sie können nicht zu dir, sie sind noch nicht bei mir", mitfühlend lächelt er Ihwar an und schweigt.

„Jedoch die Alten schicken mich, um dir ihre Weisheit zu bringen und für sie zu sprechen. Wir können es dir nicht ersparen, du wirst noch weiter auf *Mutter Erde* in Unwissenheit wandeln, wirst dich noch weiter in Geduld üben müssen."

Langsam nimmt er das violette Band mit der goldenen Sonnenscheibe von seiner Stirn. „Da, meine Tochter, nimm, es ist unser Geschenk an dich; es ist das Zeichen deiner sechsten Weihe. Mit deinem dritten Auge wirst du einst wieder sehend werden, recht bald in euren Zyklen von *Jera*; aber es soll dich auch zur Geduld mahnen, bis die Augenblicke der Erkenntnis gereift sind. Nimm es als den Vorboten, der bald in dir das Wissen von Mann und Frau vereint; und sich, mit der roten Schwingung des Blutes und der blauen für die unendlichen Weite des Seins, im Violett ergießen wird.

Nun nehme ich Abschied und bitte dich um ein Lächeln, deine Zustimmung, dass du vertrauensvoll annimmst; lebe wohl, meine Tochter, es ist noch nicht erfüllt, die Götter haben noch vieles mit dir vor."

Als Ihwar erwacht, ist es schon heller Tag, benommen richtet sie sich auf und schaut sich um; sie ist alleine und nur eine kalte Wintersonne schimmert verstohlen am dunstbehangenen Himmel.

„Es ist doch alles wahr?“, grübelt sie und lässt das violette Band durch ihre Finger gleiten.

Kapitel 25
Der Tod

„Komm, Eva", sagte Othilia, die auf einem riesigen Holzstamm, den die letzte Springflut an den Rand der Dünen auf den Strand gerollt hatte, saß. „Ich möchte dir von mir erzählen, denn die Zeit des Abschiednehmens ist für uns da."

„Was sagen sie da, Othilia?" Eva hatte einen gewaltigen Schrecken bekommen und versuchte verzweifelt, die aufsteigenden Tränen herunterzuschlucken. „Ich brauche sie, sie können mich doch jetzt nicht im Stich lassen."

„Beruhige dich, mein Kind, auch für mich ist es nicht leicht, bitte lass mich erklären." Othilia hatte Evas Hand zwischen ihre genommen und tätschelte sie nun sanft, jedoch mit flehendem Nachdruck.

Den ganzen Vormittag hatte sie hier gesessen und überlegt, wie sie Eva trösten könnte.

Ja, sie hatte schon längere Zeit so ein Gefühl gehabt, dass dies ihr letzter Urlaub sein würde, hatte gespürt, dass für sie bald eine andere Lebensphase beginnen sollte. Sie hatte sich darauf vorbereitet, alles geregelt, was noch zu tun war und beschlossen, jede Sekunde, die ihr noch blieb, zu genießen.

„Ich bin da, denn ich bin genauso wie du. Hast du Zweifel? Bist du in deiner Skepsis gefangen?“

Ein feiner Stich ins Herz hatte Othilia geweckt und sie war hochgeschreckt, sie hatte Angst bekommen, jetzt schon sterben zu müssen. Krampfhaft hatte sie versucht, die Augen zu öffnen, war aber vom grellen Sonnenlicht so geblendet gewesen, dass sie nur blinzeln konnte. Sie konnte nichts erkennen, spürte aber einen kühlen Windhauch auf ihren Wangen und hörte die Stimme, die ihr gleichzeitig fremd und vertraut schien.

„Es ist alles gut, sei getröstet. Du wirst gehen, ja du wirst den Weg der Erkenntnis gehen. Du wirst erfahren und endlich verstehen was es bedeutet, ein freies Wesen zu sein. Sei nicht zaghaft, sei nicht verzweifelt und schau einfach in die Ferne, spüre dich hier und jetzt und dann machst du einen Schritt nach dem nächsten und kommst an das Ziel, das Ziel, welches du dir schon im Moment deiner Geburt ersehntest.

Auch wenn viele Erdenjahre vergehen mussten, damit du auf deinem Weg die einzelnen Trittsteine erfahren konntest; nun näherst du dich deinem Ziel, dem Ziel, das nicht den Tod bedeutet. Nein, er ist eine Lüge, denn den Tod gibt es nicht, sondern du näherst dich mit jedem deiner Atemzüge dem Leben, dem Leben, welches so unendlich ist wie alles, was du jemals erfahren hast, in diesem Moment erfährst und in der Zukunft erfahren wirst. Und wenn du dich dem hingibst, dann wirst du verstehen, es gibt keinen Anfang und auch kein Ende.

Nimm an, vertraue und sei dir gewiss, nur so kann es sein. Bist du deinem Ziel als Mensch, das du wähltest, nur etwas oder sehr nahe, vielleicht ganz nahe gekommen? Ich wünsche es dir, denn du bist bereit, wieder frei zu sein, frei von einem menschlichen Körper. Schließe die Augen und atme tief ein, spüre dich in dieser Inkarnation, in diesem Körper. Komm und genieße es, nimm alles auf, das Warten, das Hoffen und sehr bald das, was du schon immer wolltest, ihr Menschen nennt es Ekstase!

Staune nicht, sie steht schon vor dir; diese Chance, das zu erleben, was du dir ersehntest, für dich und deinen Seelenpartner; den Part, den die männliche Seite deiner Seele erlebt; jener, der dich ergänzt, der dich in deiner irdischen Weiblichkeit braucht, leben und erfüllen möchte. Du bist die weibliche Hälfte dessen, was eure Ganzheit nun sein wird. Es ist bereitet und wenn du deine Gedanken so lassen kannst, wie sie sind, dann ist es zur Erfüllung stimmig, in Harmonie, wie ihr Menschen sagt.

Wir freuen uns mit dir, wir sind die Paten, die zu euch gekommen sind, um eure Liebe zu unterstützen. Ihr beide, du, die Frau und du, der Mann, jetzt geht ihr gemeinsam und so lebt ihr den Rest eurer Inkarnation auf Erden in Liebe, Freude, Glück und dem Vertrauen, dass ihr als *Kinder Gottes* und der *Großen Göttin* schon immer ward. Nun seid ihr vereint und habt euch gefunden und nichts, keines der Mächte im ganzen Universum, vermag euch zu trennen.

Ihr seid gesegnet, habt zueinander gefunden und die Erfahrungen der Trennung in der Verbindung erfüllt, die für alle Zeiten gültig ist. Ihr seid gesegnet und alle guten Mächte nehmen an eurer Hochzeit teil. So sei es, wie es schon immer war und ewig ist."

Othilia hatte die Botschaft verstanden und wusste, dass ihr Leben als Mensch bald zu Ende sein würde.

Als Othilia endlich die Augen wieder öffnen konnte, hatte sie eine weiße Feder vom Himmel auf sich herabschweben sehen, ganz leicht, ganz sanft war sie zu ihr gekommen und hatte sich in Othilias geöffneter Hand niedergelassen. Einmal mehr war sie dankbar für dieses Zeichen gewesen und hatte eine glückliche Ahnung gespürt, die sich in ihrem Körper ausbreitete und ihr Herz beruhigte. „Ich werde es leicht haben und friedlich einschlafen, wenn es soweit ist, werde ohne Angst, vom Vertrauen umarmt, hinübergehen."

₪

„Jetzt habe ich Gewissheit", sagte Othilia und schaute Eva lächelnd an „und ich möchte dir alles mitteilen, was für dich wichtig ist. Ich habe vieles erfahren, was meine alten Knochen erst einmal zum Zittern brachte, jedoch dann kam dieses große Glücksgefühl und nun ist mein Herz voller Zuversicht."

₪

Lange hatte Othilia zu Eva gesprochen und war immer wieder, in Gedanken versunken, still geworden. Es war Eva wie eine unendliche Unterrichtsstunde erschienen und sie hatte die Pausen der Stille zum Nachhören genutzt. Trotzdem wusste sie, es würde eine kleine Ewigkeit dauern, bis sie Othilia ganz verstanden haben würde. Manches würde sie vielleicht erst begreifen, wenn sie selbst einmal sehr alt sein würde, irgendwann, lange nachdem Othilia gegangen sein würde.

₪

Doch jetzt fühlte Eva sich geborgen, so wie damals als kleines Mädchen, und wurde sich bewusst, dass Othilia die ganze Zeit ihren Arm um sie gehalten hatte. Sie musste diese Nähe bewusst erleben, musste mit jeder

Faser ihres Körpers erfassen, was für eine wunderbare, zärtliche Frau sie an ihrer Seite hatte und was für eine unerschütterliche Stütze Othilia für sie geworden war; musste dieses Gefühl, diese Nähe ganz erfassen, um es für später in lebendiger Erinnerung behalten zu können.

„Ich bin mir nicht sicher, ob ich alles richtig verstanden habe, was sie mir erzählt haben", sagte Eva. „Vielleicht ergeht es mir ähnlich wie ihnen damals. Als ihnen die alte Frau auf der Flucht das Leben gerettet hatte und sie zum Weiterleben ermutigte. Da haben sie sie doch auch erst nicht ganz verstanden? Ich werde über vieles nachdenken müssen und wenn ich Fragen habe, kann ich sie dann anrufen oder ihnen schreiben? Vielleicht darf ich sie auch mal besuchen und sie sehen, wenn sie abgereist sind?"

Hoffnungsvoll schaute sie Othilia an und war sich schon gewiss, dass sie wieder mit diesem zärtlichen Lächeln und einem entschiedenen Kopfnicken antworten würde. Jedoch diesmal reagierte Othilia ganz anders.

„Bevor ich dir antworte, möchte ich dir von einem wirklichen Freund erzählen", sprach sie weiter. „Ich möchte, dass du weißt, dass egal was geschieht, du immer ein hilfreiches Wesen an deiner Seite hast, auch wenn du dich ganz einsam und verlassen fühlst. Es begleitet dich seit deiner Geburt und beschützt dich immer. Vielleicht haben dir schon deine Eltern von ihm erzählt und du errätst längst, dass ich von deinem Schutzengel spreche."

Eva nickte und sah Othilia erwartungsvoll an.

„Du kannst ihn spüren, kannst ihn immer um Rat fragen und jederzeit um Hilfe bitten. Jedoch, vielleicht weißt du es auch schon, er darf nur in dein Leben eingreifen, wenn du es willst. Nur bei Lebensgefahr, wenn deine Stunde zum Sterben noch nicht gekommen ist, darf er ungefragt handeln. Eva, bitte denke immer daran, du bist niemals alleine.

Und wenn du ihn vergisst, dann erinnert er dich an sich, er hat dafür vielfältige Möglichkeiten. Wenn du beispielsweise eine weiße Feder findest, dann ist das ein Zeichen deines Schutzengels, dann kannst du dich daran erfreuen und dich sicher fühlen. Vielleicht sagt er dir dann, „Sei unbesorgt, sei frei für diesen schönen Augenblick und denke positiv an deine Zukunft."

Vertraue ihm, aber unbedingt auch dir selbst, du kannst in deinem Leben alles schaffen, was sich dir als Aufgabe stellt. Irgendwie hast du dir dieses Leben mit all seinen Höhen und Tiefen ausgesucht. Du hast ganz tief in dir den Wunsch, alles so zu machen, wie du es tust, und dein Schutzengel ist dir dabei ein unermüdlicher Freund."

„Eva, du musst jetzt ganz tapfer sein", sagte Othilia mit sanfter Stimme, „denn ich muss dir sagen, dass ich bald sterben werde. Und obwohl ich weiß, dass ich von liebevollen Wesen begleitet bin, so bin auch ich sehr traurig. Ich würde sehr gerne noch bei dir bleiben.

Und wenn mein Leben auch lang war, ich würde gerne noch einmal Geburtstag feiern, zumal es mein neunzigster wäre. Ja, da staunst du, ich kann es selber kaum glauben, denn auch wenn meine Haut schrumpelig geworden ist, meine Haare schneeweiß, so bin ich in meinem Wesen noch immer eine junge Frau geblieben, so jung, wie du gerade bist.

Es ist manchmal schwer gewesen, das Altwerden zu akzeptieren, zumal ich immer sehr eitel war. Und glaube mir, ich habe so manches Jahrzehnt einfach unter den Tisch fallen lassen. Nun, die Menschen haben es mir geglaubt, vielleicht haben sie mich aber auch innerlich ausgelacht, haben taktvoll geschwiegen und gedacht, „Lass die alte Närrin doch spinnen." Ja, manchmal ist es nur mit kleinen Betrügereien möglich, das Leben zu meistern, aber es ist zu schaffen.

Auch, wenn du es dir nicht zugestehst und dich von mir verlassen fühlst, du wirst stark genug sein, um ohne mich klar zu kommen. Selbst wenn du gar keinen Menschen an deiner Seite hast, der zu dir hält, du bist immer liebevoll begleitet. Glaube mir, ich weiß es mit absoluter Sicherheit."

Und obwohl Eva es Othilia nicht noch schwerer machen wollte, hatte sie hemmungslos zu schluchzen begonnen. Es tat ihr so leid, aber sie konnte sich nicht dagegen wehren.

„Weine dich aus, mein Kind; alles wird gut", flüsterte Othilia und wiegte zärtlich den jungen Körper, der jetzt vom Schmerz geschüttelt wurde, in ihren Armen, „alles ist gut."

Kapitel 26

Yule – Die Nacht der Wintersonnenwende

Bei ihrer siebten Weihe, dass wusste Ihwar, musste sie es schaffen, auch noch die letzte *Energieblüte* ihrer leiblichen Körperhülle zu öffnen, ihre *Kronenknospe* zum Erblühen bringen.

„Der *Reisesteinfelsen* wird mir dabei helfen; wenn ich in der Nacht zur Wintersonnenwende in ihm liege, gibt er mir von seinen gesammelten kosmischen Energiestrahlen und ich werde mein spirituelles Bewusstsein erweitern, meiner Seele entgegengehen und ihre Weisheit hinwenden zu meinem irdischen Sein."

Ihwar hatte sich in den letzten Tagen mit den Strahlen des *Reisesteinfelsens* vertraut gemacht; hatte immer wieder mit ihren Handflächen über die Stelle gefühlt, dort, wo sie mit ihrem Hals liegen würde. Das Kribbeln war anfänglich nur ganz schwach zu spüren gewesen; jetzt, am Tag vor der Wintersonnenwende, hatte es sich so verstärkt, dass ihr schwindelte. „Es ist die Kraft der Sonne, das neue Licht, wonach alles Leben strebt", weiß sie, „*Yule,* das Fest der Lichtgeburt, des Sieges über die Dunkelheit."

„In dieser Nacht wird sich mein Schicksal entscheiden; sie wird mir endlich die Klarheit bringen, die ich in den vielen Tagen und Nächten, die ich nun schon hier verweile, oft ungeduldig erfleht habe. Aber werde ich diese letzte Weihereise unbeschadet überstehen und das, was sich mir zeigt, wird es dem entsprechen, was sich meine Seele einst für dieses Erdenleben erhoffte?"

„Sei unbesorgt, du wirst deinen Weg finden", spürt Ihwar die Stimme, die nicht aus ihrem Innern spricht, sondern von allen Seiten zu ihr dringt, „ich bin bei dir und werde dich unterstützen.

Der Trunk aus den violetten Beeren des Hollerstrauchs wird deinen Körper mit der Erfahrung der *Weisen Alten* stärken und dich erden, damit du in ihn zurückfinden kannst.

Im Geiste werde ich dich begleiten und dir meine kraftvollen Schwingen leihen; ich verspreche dir, sie werden dir deine Reise erleichtern. So wirst du auf dem weißen Rauch der Holunderblüten dorthin schweben, wo die Erinnerungen deiner Seele sind.

Auch schenke ich dir den Blick meiner Augen, die dich in der Finsternis sehen lassen; und du wirst erkennen, dass noch viele andere liebevolle Wesen dich umgeben. Glaube mir, wir alle werden dir einen freudvollen Rückweg bescheren; habe keine Angst und vergiss es nicht, du bist nicht allein, nicht einmal einen winzigen, kleinen Augenaufschlag lang."

„Und ich werde endlich wissen, welches meine wahre Bestimmung ist", denkt Ihwar. „Was auch immer ich tun soll, ich werde es erfüllen. Werde ich hier am *Felsen der Drachenschlange,* die mir eine neue Heimat geworden ist, bleiben oder darf ich endlich bei meinen Liebsten sein?"

„Geduld, Geduld, bald ist es offenbar; aber vorher musst du noch das letzte Fünkchen Angst vor den starken Strahlen, die sich bis Mitternacht noch weiter aufbauen werden, löschen."

Die frühe Dämmerung ist über das Land gezogen und hat den kalten Tag beendet, viel zu schnell ist er vergangen; es bleibt kein Raum mehr für Grübeleien, und die Vorbereitungen nehmen Ihwars ganze Achtsamkeit in Anspruch.

Sanft legt sich die Nacht wie ein dunkler Mantel über die letzten Reste des trüben Lichts, und nur die schmale Sichel des neuen Mondes ist zu sehen. Verstohlen glitzern ein paar Sterne zwischen dem wolkenverhangenen Himmel hervor, der Neuschnee mit sich trägt. Der Boden vor dem *Reisesteinfelsen* ist gefroren und im Rundbogen über der ausgehauenen Öffnung glitzern Eiskristalle wie unzählige Diamanten im Schein der Fackeln.

Ihwar fühlt sich wie eine Eisprinzessin, der sich der vertraute Frost des Winters in seiner ganzen Schönheit zeigt; doch auf ihrer Haut spürt sie, trotz des wärmenden Umhangs, bittere Kälte.

„Ihwar, bist du darauf vorbereitet, mit all deinem Sein, mit all deiner Kraft und all deinem Mut dich auch dieser letzten Prüfung zu unterziehen? Ihwar, bist du bewusst, dass in dieser Nacht der Wintersonnenwende die Strahlen hier die intensivsten und stärksten sind, denen du dich je ausgesetzt hast? Ihwar, bist du bewusst, dass du dich darin verirren kannst und dann aus der *Anderswelt* nicht mehr herausfindest? Ihwar, ich, die Veleda am *Felsen der Drachenschlange*, ermahne dich und frage dich zum letzten Mal, ob es dein freier Wille ist? Ihwar, noch kannst du dich zur Umkehr entscheiden; nur du alleine weißt, ob du wirklich bereit bist; nun musst du für dich alleine sprechen."

Ihwar steht mit gekreuzten Händen, die sie vor ihrem Herzen hält, am *Reisesteinfelsen*. Bevor sie antwortet fühlt sie ein letztes Mal in sich hinein. Ja, ihr Herz schlägt kräftig und ruhig und erfüllt nun ihren ganzen Körper mit durchwärmender Liebe.

Vor ihrem geistigen Auge öffnen sich nach und nach all die Knospen zu wunderschönen Blüten. Die rote für ihr Urvertrauen, die orangene für ihren Lebensfluss, die gelbe für ihren Selbstwert, die grün- und rosafarbene für ihre Herzensliebe, die hellblaue für ihre Sprache, die violette für ihre Intuition und die goldene, mit ihrem in weißem Glanz schimmernden Rand, schwebt wie eine Krone über ihrem Kopf. Mit jeder Faser ihres Körpers ist sie sich des All-Eins-Seins, der Allverbundenheit ihres irdischen und ihres himmlischen Lebens, bewusst; ja, sie ist bereit.

„Ich, Ihwar, die Wandlerin zwischen den Welten, bin bereit, diese Reise anzutreten und ich gelobe, dass ich bald zurückkehre, um mich in diesem menschlichen Körper dem Willen der *Allgöttlichkeit* hinzugeben."

Zärtlich legt die Veleda das weiße Fell der Wintertiere über Ihwar. „Ich liebe dich", flüstert sie und dann erschallt ihr Ruf durch die Nacht. „Hüterin der Mysterien; ich, die Veleda, die *Hohe Priesterin* hier am *Felsen der Drachenschlange,* erbitte Einlass für meine Tochter Ihwar; öffne deine Pforte, lass sie eintreten und sei ihr wohlgesonnen!"

ꟷ

Doch auch in dieser Zeremonie wird Ihwar alles abverlangt werden, was sie imstande ist auszuhalten. Sie wird sich in die Energiegewalten hineingeben müssen, diesem Sog nachgeben, der sie unwiederbringlich aus ihrem

Körper reißen kann; wird mit ihrer ganzen Zuversicht die Verbindung zum *Weltenall* wagen müssen. Sie wird sich von allem Irdischen lösen müssen und selbst dem Tod folgen, dessen vertraute Stimme ihr ein Trugbild von Liebe malt.

ᛞ

Als sie sich der Verbundenheit mit dem Absoluten öffnet, erscheint die *Göttliche Mutter* mit der goldenen Krone vor ihrem geistigen Auge. Auch sie hält wie Ihwar die Hände gekreuzt vor ihrem Herzen, lächelt Ihwar an und mit würdevoller Zärtlichkeit im Blick verneigt sie sich vor ihr.

„Wie kann es sein, sie erweist mir die Ehre, die doch nur ihr gebührt?"

„Zweifle nicht an dir, meine Tochter, zweifle nie wieder an dir; erinnere dich, du bist mit mir und ich mit dir. Es gibt keinen Unterschied zwischen unseren Wesen, es gibt kein Höher oder Tiefer, es gibt kein Hell oder Heller, es gibt kein Schön oder Schöner; das gibt es nicht, dieses Getrenntsein, was du als Mensch empfindest; erkenne und nimm es an, dieses All-Eins-Sein. Ihwar, du, die du die Wandlerin zwischen den Welten bist, du hast es mit deinem Herzen längst erfühlt; siehe, höre, schmecke, rieche und erkenne deine Verbundenheit mit dem Absoluten an und lebe fortan danach!"

Ihwar ist glücklich und möchte sich schon voller Freude abwenden, aber da sieht sie die junge Frau mit den goldenen Haaren, eingehüllt in das Gewand der Veleda, und erkennt sich selbst; „Ich werde die neue Veleda sein", sticht die Gewissheit in ihr Herz."

Bis zuletzt hatte sie gehofft, doch noch mit ihrem Liebsten und ihrer kleinen Sowilo zurück zur Sippe gehen zu dürfen, aber nun offenbart sich ihr ein anderes Schicksal. Sie ist voller Sehnsucht und möchte den Worten der Zärtlichkeit, in denen sie Wyn erkennt, Glauben schenken.

Und doch hört sie sich antworten: „Ich möchte deinen Verführungen nicht länger widerstehen, habe dich endlich gefunden und auch mein kleines Mädchen ist wieder zu mir gekommen, aber ich muss zurück zu den Lebenden."

„Ja, ich weiß", nickt er; und Ihwar schaut ein letztes Mal in die glücklichen Augen von Wyn; spürt ihr Kind, das die kleinen Ärmchen voller Zuversicht und Freude um die Beine der Eltern geschlungen hat. Als sie hinabschaut, über ihren gesegneten Leib, der die Wölbung einer Schwangerschaft zeigt, kann sie nur noch schemenhaft die goldenen Locken ihrer Tochter erkennen.

„Wie gerne möchte ich bei euch bleiben, wie gerne, so unsagbar gerne. Bitte *Große Mutter*, bitte, *Königin des Lichts*, steh mir bei."

Und wie zum Trost sieht sie die Veleda auf sich zukommen; fast bricht es ihr das Herz, doch sie ist stark geworden und selbst der Tod könnte sie nicht mehr bangen.

„Komm Ihwar, komm, meine Tochter!", mahnt die Veleda mit dieser strengen, fast befehlenden Stimme und reicht ihr die helfende Hand, „bitte komm mit mir zurück, du hast es gelobt, gerade eben noch, dass du dich dem Willen der *Allgöttlichkeit* hingibst; du hast es versprochen, bitte komm!"

„Nun bin ich doch dazu geboren, auf meine Familie zu verzichten; nun muss ich doch meine Liebsten wieder im Stich lassen, die Schwüre brechen, die ich Wyn und Sowilo gegeben habe."

ᚢ

„Ihwar, komm zurück, Ihwar ich will dich nicht noch einmal verlieren", ruft flehend die Stimme des Mannes, den sie im universellen Bewusstsein als ihren Seelenpartner erkannt hatte.

„Wir sind eine Familie, nicht nur im Geiste, wir sind hier am *Felsen der Drachenschlange*. Wir sind beide den Pfad der Selbsterkenntnis gegangen, in unserer körperlichen und geistigen Entwicklung, hin zum reinen Sein gelangt, so gut, wie wir das als Mann und Frau nur können; wir haben unsere Prüfungen bestanden, wir haben uns wieder."

„Ihwar", spürt sie den zarten Kuss, den Wyn auf ihren Mund flüstert, immer und immer wieder, „Ihwar, wach auf."

Kapitel 27
Abschiedsbrief

Als sie das edle Briefpapier entfaltete, schwebte ihr eine weiße Feder entgegen. „Wie schön, dann bist du jetzt ein Engel und hier bei mir?", hatte sie trotz der Trauer in ihrem Herzen gespürt.

Meine liebe Enkeltochter,

ich hoffe, dass Du nicht unvorbereitet bist und schon durch den Blick auf den Absender meines Notars damit rechnest, dass das geschehen ist, was ich Dir nicht ersparen kann.

Jetzt, wo Du diesen Brief liest, bin ich auf dem Weg in eine andere Welt, habe ich meine Lebensreise auf Erden beendet. Aber sei nicht traurig, es geht mir so gut, wie Du es dir nicht vorstellen kannst. Es ist ganz normal, dass mein Körper gestorben ist, es ist der Lauf der Zeit auf Erden.

Suche nicht nach menschlichen Spuren von mir, es gibt kein Grab. Ich werde unter der alten Linde, die mir schon als kleines Mädchen so manch' Geheimnis zuraunte, sein; am Fuße der alten Dorflinde, die noch in meinem Geburtsort steht, dem Baum der Gemeinschaft, meinem Lebenszentrum von einst, der guten Seele meiner Heimat dieses vergangenen Seins.

Wenn Du einem Baum wie diesem begegnest, dann setz Dich einen Moment zu ihm und wenn er blüht, dann bekommst Du eine Ahnung von den köstlichsten Düften, die es hier gib, wo ich jetzt bin.

Meinen Körper brauche ich nicht mehr, er war ohnehin mit den vielen Erdenjahren aufgebraucht. Du hast ja selbst erlebt, dass mich meine Beine kaum noch tragen konnten und mein treues Herz, ach, das funktionierte nur noch mit starken Medikamenten.

Nun habe ich ihn abgelegt, wie ein altes Kleid, und er ist zu einem Häufchen Asche verbrannt. Ich habe mir immer gewünscht, noch einmal an den Ort meiner Kindheit zurückzukehren; Du weißt, es war mir nicht vergönnt, und so kehren meine weltlichen Überreste in meine einstige Heimat zurück. Weit im Osten, ein Stückchen der aufgehenden Sonne entgegen, wird er dem Kraft geben, was neu wachsen will.

So waren mein Körper und alles, was ich besessen habe, nicht mein wirkliches Eigentum, alles war nur geliehen. Ich durfte es benutzen, mich daran erfreuen, mir eine schöne Geborgenheit schaffen.

Es ist schon vor unserer Begegnung alles verkauft worden, und ich habe mein Barvermögen und das Geld, das ich für die Villa, die Antiquitäten und den Schmuck bekommen habe, auf einem Konto für Dich hinterlegt. Die notarielle Beglaubigung findest Du im Schließfach der Inselbank.

Ich brauche nichts mehr, aber Du, meine liebe Eva, sollst damit Deine Träume wahr werden lassen.

In der heutigen Zeit ist eines der Mittel, um wirklich frei entscheiden zu können, Geld. Möge es Dir die Unabhängigkeit geben, die Du verdienst. Ich weiß, es ist bei Dir in guten Händen, denn Du wirst damit etwas schaffen, dass Dich und andere glücklich sein lässt.

Egal wohin Du gehst, egal was Du damit machst, es ist Deine Entscheidung und Du sollst wissen, meinen Segen hast Du.

Auch diesen Armreif brauche ich nicht mehr, bitte trag' Du ihn fortan. Irgendwann wirst Du ihn an Deine Tochter weitergeben, so wie ich ihn von meiner Mutter bekommen habe.

Als Eva den Brief geöffnet hatte, waren ihr mehrere Gegenstände in den Schoß gefallen. Ein Schließfachschlüssel und ein Armreif, aus goldenen, silbernen und kupferfarbigen Metallschnüren, die umeinander geschlungen sind. Er ist nicht geschlossen und die Enden ziert jeweils der Kopf einer silbernen Drachenschlange.

„Seltsam hatte sie gedacht, so ein Schmuckstück habe ich doch schon einmal gesehen", aber so intensiv sie auch nachdachte, es fiel ihr nicht ein wo.

Er ist die symbolische Verbindung der Zeit, das Erbe unserer Mutter Erde. Er zeigt Dir die heilige Zahl Drei, die drei Aspekte der weiblichen Göttin, die mit Geburt, Leben und Tod zu den Menschen kommt. Damals haben die Menschen das noch gewusst, es hatte die Richtigkeit von Gewesen, Sein und Werden, denen wir unausweichlich ausgeliefert sind.

Und er soll Dir Glück bringen, Dich immer an die Weisheit der Kelten erinnern, die darin schon die Vollkommenheit der Dinge ablesen konnten; sie wussten, dass alle guten Dinge drei sind.

Und es ist die Darstellung der Zwei, wo sich die Drachenschlange mit ihren zwei Köpfen begegnet und mit ihrem Blick eine energetische Einheit bildet, den Kreis, als Verbindung von allem, unauflösbar schließt.

Auch mein Lebenskreis hier auf Erden hat sich vervollständigt und ich bin im Tod meiner Geburt wiederbegegnet. So konnte ich in innerem Frieden mit meinem schönen Leben abschließen.

Ja, Eva, es war schön, denn irgendwann, und das kannst Du mir glauben, zählen nur noch die Sonnenstunden, dann ist alles andere überwunden.

Bitte nimm diesen Rat an, 'Arbeite daran, schaffe Dir bewusste Momente, damit auch Du irgendwann, wenn Du dieses Leben abschießt, etwas hast, das Dich trösten kann, Dir diesen Schritt erleichtert.' Und ich weiß, wovon ich schreibe, Trost gibt nur das, womit Du Deinen Frieden geschlossen hast.

Eva, ich möchte Dir ganz herzlich danken, dafür, dass Du mir meinen letzten Aufenthalt am Meer so kostbar gemacht hast. Ich bin Dir unendlich dankbar, für alles, was Du für mich getan hast.

Höre ich da einen Widerspruch? Nein, mein liebes Kind, jetzt muss ich mit Dir streng sein. Du hast keine Ahnung wie reich Du mich in meinen letzten Lebenswochen beschenkt hast.

Ich hatte in Dir endlich, am Ende eines langen Lebens, die Enkeltochter, auf die ich kaum noch zu hoffen gewagt hatte. Ich durfte am Ende meiner Tage bei Dir sein, bei meinem Schatz, den ich vor langer Zeit verloren hatte, denn Du bist mein Traum, der Wirklichkeit werden durfte.

Es ist wichtig zu akzeptieren und immer wieder zu üben, dass wir Menschen loslassen lernen; nur so können wir eines Tages auch unseren Körper verlassen. Und auch wenn wir uns nach Beziehungen sehnen, die ein ganzes Leben dauern, durfte ich erfahren, dass die kurze Zeit mit Dir, die wunderbarste an meinem Lebensabend war. So mancher Mensch begleitet uns nur Stunden oder wenige Tage, mancher sogar nur die Sekunden eines Wimpernschlages und doch ist alles wichtig.

Auch die Orte, die wir lieb gewonnen haben, die uns Halt gaben, müssen wir irgendwann verlassen. Oft verstehen wir nicht warum, aber alles hat einen höheren Sinn.

Eva, Du wirst nicht mehr lange auf der Insel bleiben, sie hat ihren Zweck für Dich erfüllt. Du wirst noch eine große Enttäuschung erfahren, jedoch es ist zu Deinem Besten, glaube mir, Du gehörst nicht an diesen Ort, er war nur eine Station in Deinem Leben.

Du gehörst in eine hügelige Landschaft, wo es Wälder gibt; Du brauchst die Kraft der Bäume, sie sind Deine Freunde, Deine großen Brüder und Schwestern. Und sie können Dir nur helfen, wenn Du bei ihnen bist, sie können nicht zu Dir kommen, denn sie sind ja über ihre Wurzeln fest mit Mutter Erde verankert. Sie recken ihre Zweige Großmutter Mond und Vater Sonne entgegen und Du musst zu ihnen gehen, damit Du als Frau ihre energetische Mitte bildest; Du brauchst sie und sie brauchen Dich.

Liebste Eva, bitte zünde mir eine Kerze an, aber nicht in einer Kirche, bitte geh in die Natur, so wie wir gemeinsam es gemacht haben, so wie unsere Vorfahren es taten.

Und trage die Feder bei Dir, damit sie Dich beschützen kann; ach was rede ich alte Frau, damit Dein Schutzengel Dich beschützen kann. Du erinnerst Dich sicherlich noch, da wo eine weiße Feder vom Himmel fällt zeigt sie Dir, dass ein Engel an Deiner Seite ist, und wenn Du sie aufhebst, dann bringt sie Dir Glück.

Nun muss ich Dir Lebewohl sagen, zu Dir, meiner tapferen Enkeltochter; ich bin so stolz auf Dich und meine Liebe zu Dir kennt kein Ende.

Mögen alle guten Wünsche Dich begleiten und möge Dir Urrh eine treue Weggefährtin bleiben.

Und mögest Du recht bald den Mann wiederfinden, der zu Dir gehört. Er wartet schon auf Dich, aber keine Panik, lass Dir Zeit, er ist geduldig.

Ich wünsche Dir die Engel zur Seite, die Dir weiterhelfen, und möge Gottes Segen alle Tage und Nächte bei Dir sein.

In Liebe und Freude, Deine Großmutter Othilia

„Es ist schon seltsam, jetzt könnte ich das alte Friesenhaus kaufen und zu meinem neuen Lebensmittelpunkt machen. Jetzt bin ich eine reiche Frau, könnte sogar die Sanierung bezahlen, aber es steht nicht mehr, es hat nicht auf mich gewartet“, mit einem bedauernden Seufzer ließ sie Othilias Brief sinken.

Eva war die letzten Tage beunruhigt gewesen, hatte gespürt, dass etwas zerbrach, zerriss. Nur das Othilia so schnell sterben würde, das hatte sie aus ihren Ahnungen verbannt, das hatte sie nicht wahrhaben wollen.

Und auch, dass ihre neue Heimat, das altes Friesenhaus, vernichtet würde, daran hatte sie nicht denken wollen. Othilia hatte ihr doch davon erzählt, dass sie eines Tages in einem wunderschönen Haus leben und arbeiten würde. Und Eva hatte geglaubt, dass sie vom alten Friesenhaus gesprochen hatte. Aber da war sie wohl einem Trugschluss unterlegen, hatte Othilia falsch verstanden.

Die letzten Tage war ein Sturm über die Insel gefegt, einer dieser warmen Wetterfronten, die alles durcheinander brachten und an den Nerven zerrten. Der Strand war überspült worden, die Möwen hatten so gekreischt, dass es fast wie Hilferufe anmutete, und Eva bekam einen Vorgeschmack auf das, was im Winter hier geschehen würde.

„Die Mächte der Natur sind nicht nur schön für uns Menschen, sie können uns auch großes Unglück bringen“, hatte sie mit Achtung im Sinn gedacht und die Vorstellung, ihnen im Winter gnadenlos ausgeliefert zu sein, hatte Gedanken an Flucht in ihr geschürt.

Und nun war ihr Traum zu Ende. Wie ein Kartenhaus war er in sich zusammenfallen. Eva musste erkennen, dass ihre Tagträume nicht Realität werden konnten, jedenfalls nicht hier auf der Insel.

Othilia hatte es vorausgesehen, wieso hatte sie gewusst, dass es abgerissen werden würde? Und was hatte sie in ihrem Abschiedsbrief geschrieben? „Du wirst noch eine große Enttäuschung erfahren, jedoch ...“.

Fast war es Eva unheimlich zumute, aber nein, Othilia war eine ganz besondere Frau gewesen. Vielleicht hatte sie sich erkundigt, vielleicht hatte sie aber auch nur auf ihre Intuition vertraut.

„Es geschieht alles zu seiner Zeit, jedoch erst in dem Moment, wo du dazu bereit bist." Waren das nicht Othilias Worte gewesen und war das nicht eine der Weisheiten aus ihren Träumen?

Jedenfalls als sie gestern zu ihrem alten Friesenhaus gekommen war, hatte sie nur noch ein Gewirr aus Bauschutt, Steinen, Holz und Reet, vorgefunden. Laut tosend hatte der große Bagger in einer riesigen Staubwolke gestanden. Es war schrecklich gewesen.

Fassungslos hatte Eva mit den nackten Füßen im Sand gestanden und fast erwartet, unmittelbar darin zu versinken.

Selbst der Garten war nur noch ein einziges Chaos. Der Apfelbaum war verschwunden und auch der Holunder, der das Haus beschützt hatte, war der Zerstörung zum Opfer gefallen. Nur noch ein Gewirr von Ästen und welken Blättern war er gewesen und die schwarzblauen Beeren, die zerquetscht dazwischen lagen, sahen aus wie Tränen aus Blut.

Entsetzt hatte Eva beobachtet, wie der Bagger immer wieder auf die Mauerreste einschlug und Schaufel für Schaufel in die riesige Schuttmulde zerrte. Es war, als wenn er auch an ihrem Herzen riss, und sie hatte es nicht länger mit ansehen können.

Sie war gelaufen, so schnell sie konnte und hatte erst angehalten, nachdem sie über einen Busch aus Dünengras gestolpert war. Heulend hatte sie sich ihrer Verzweiflung hingegeben, hatte geflucht und die Bauarbeiter mit derben Worten beschimpft. Aber es half alles nichts, das alte Friesenhaus war unwiederbringlich zerstört. Sie konnte nichts mehr tun, sich nur damit abfinden.

Gegen Abend, als sie hoffen konnte, dass noch nicht alles abtransportiert war, war sie noch einmal dorthin gegangen.

Doch die Arbeiter hatten ganze Arbeit geleistet, nicht einmal die mit Blumenranken verzierten Bretter hatte man ausgebaut. Diese Kostbarkeiten waren doch auch in der heutigen Zeit teure Bauelemente, aber hier war nicht die Zeit dafür gewesen, sorgsam vorzugehen. Bestimmt hätte man die alten Fenster, die Haustür, die schönen Kacheln im Innenraum, und wer weiß was noch erhalten können; vielleicht sogar im geplanten Neubau etwas von der Geschichte dieses Ortes einbeziehen können.

„Ach was", dachte sie sich, „auf dem Bauschild, das wohl heute Nachmittag noch aufgestellt worden war, zeigt sich ein unpersönlicher, kalter Hotelkomplex." Die Computerzeichnung war eine Strichelei ohne Herz, ein Kasten aus Glas. Nur der Name Ferienoase Dünenblume versprach etwas Besonderes, aber Eva wusste, hier wurden schöne Worte gemacht für etwas, was niemals eingehalten werden würde.

Wie Reliquien hatte sie einige Stückchen eingesammelt. Vom Stamm des Holunders einen Holzsplitter, ein kleines Bröckchen vom roten Klinker und einen Schlüssel, der sie mit den letzten Sonnenstrahlen angeblinkt hatte.

Dies alles wickelte sie in ein weißes Tuch und würde es in ihrem Garten, den sie hoffentlich bald finden würde, vergraben. „Das wird mein Fundament sein, auf das ich meine Zukunft baue“, hatte sie versprochen. Und vielleicht würde sich dort ein Holunder einfinden, der dann ihr Glücksbaum werden würde.

Aber jetzt wand sie sich bewusst dem zu, was hier gestorben war. Ja, es war eine Stimmung wie bei der Beerdigung ihrer Eltern, ein Abschied ohne Wiederkehr. Sie hatte auch an ihre Tante denken müssen. Alle waren sie gegangen, hatten sie alleine gelassen, aber der bittere Beigeschmack verlor an Schärfe und Eva konnte sich endlich verabschieden.

Lange hatte sie auf einem der Balken gesessen und sich gefragt, was jetzt geschehen sollte.

„Es macht keinen Sinn, noch länger hier zu bleiben, ich werde die Insel verlassen. Alles, was mir hier wichtig geworden ist, ist wieder aus meinem Leben verschwunden“, sprach sie zu sich selbst.

„Urrr, urrrr“, vernahm sie die mahnenden Worte ihrer Katze.

„Entschuldige bitte, ich habe dich nicht vergessen, denn du kommst doch mit mir, oder denkst du, ich lasse dich im Stich? Mein treuer Schatz, du bist doch meine Begleiterin, und ich frage dich gar nicht erst, ich nehme dich sowieso mit.“

Und als wenn Urrh dazu ihr Einverständnis geben wollte, ließ sie sich hochheben und schmiegte sich vertrauensvoll schnurrend in Evas Schoß.

Kapitel 28

Imbolc - Der zweite Mond

„Zu *Imbolc,* wenn der zweite Mond nach *Yule* am Himmel erscheint, werden wir unser Kind endlich wiedersehen“, freut sich Ihwar. „Woher weißt du, dass ich unserer Tochter schon begegnet bin?“, fragt Wyn.

„Wir wissen doch beide, dass wir sie mit den Augen der weisen Eule gesehen haben“, lacht sie, „und wenn du, aus Rücksicht vor meiner Unwissenheit, mit deinen Visionen bescheiden zurückstehen willst, dann sei dir gewiss, auch ich kann sehen.“

Mit diesem neckisch, scherzhaften Getue berührt sie wieder sein menschliches Herz, das Herz eines Mannes, der sein Glück kaum fassen kann.

„Der *Großen Allmutter* sei Dank, wir sind trotz allem einfach Menschen geblieben“, seufzt Wyn erleichtert und streift seiner Liebsten zärtlich den Torques mit den beiden Schlangenköpfen über das Handgelenk.

„*Jeras* Lauf der Prüfungen ist endlich vorbei, ich kann es noch immer nicht glauben; wir waren uns so nah hier am *Felsen der Drachenschlange* und doch wähnten wir uns beide so unerreichbar fern.“

„Zur Sommersonnenwende, da habe ich dich fast erkannt, aber meine Verzweiflung hatte mich für das was ist, erblinden lassen.“

„Ja, wir sollten uns nicht begegnen, noch nicht; aber waren wir uns nicht all die Sonnen- und Mondenläufe der Einsamkeit in unseren Herzen nahe und umspann uns nicht ein Hauch von Hoffnung?"

„Ach, lassen wir die Grübeleien und bereiten wir unser großes Fest vor.

ᘯ

„In diesem Leben wirst du ganz Erdenfrau sein, wirst deine weiblichen Aspekte, die Krönung des Frau-Seins als Geliebte, Heilerin und Mutter deiner Kinder und deiner Sippe besiegeln."

Und sie hatte sich ihr gezeigt, die *Große Mutter*, in Ihwars Nacht des Erwachens, mit der weißen Krone, die an den Rändern golden schimmert, aufrecht sitzend auf dem Thron aus der harten, weißen Erde, die sich in unendlichen *Zyklen des Werdens* für die Menschheit zum *Felsen der Drachenschlange* erhoben hatte.

ᘯ

Mit zum Himmel gerichteten Handflächen, die sie aufeinandergelegt haben, stehen sie einander zugewandt auf dem *Dolmen*, diesem riesigen Steintisch, dem kraftvollen Fänger der Energien aus dem *Weltenall*. Sie haben gelernt, die Kräfte zu lenken und lassen die gebündelten Strahlen der Lebensenergie in sich fließen.

Die Veleda spricht den Schwur, Ihwar und Wyn folgen den Worten, die zu ihren werden und mit einer kraftvollen Welle in sie eindringen.

Beide wissen, dass nicht nur sie sich den verbindenden Energien hingeben, miteinander die *Heilige Hochzeit* vollziehen, so, wie Ihwar es auf dem Relief der *Drachenschlange* gesehen hatte, sondern sie werden auch fortan

Vater und Mutter all ihrer Anvertrauten sein. Sie sind es, die als Fürstin, mit der Kraft von *Mutter Erde,* und als Fürst, mit dem Licht von *Vater Sonne,* ihrer Sippe mit bedingungsloser Liebe zu dienen haben.

„Die *Eule der Weisheit* wird uns fortan beschützen", weiß Ihwar mit einer solchen Gewissheit, die Zweifeln keinem noch so winzigen Staubkörnchen mehr Raum geben werden, weder ihr noch ihm, noch ihren zu gebärenden Kindern, weder ihrer Familie noch ihren Ahnen.

„Und schon gar nicht meiner kleinen Sowilo, die sich ihr kindliches Allwissen bewahren, als die fruchtbare Jungfrau zur Mutter reifen und eines fernen Tages, mit der Weisheit der Alten, der Menschheit dienen wird", denkt Ihwar.

„Nun ist die *Drachenschlange* nicht nur in dir, Ihwar, und in dir, Wyn, erwacht, sondern sie umschlingt euch beide und stützt auch eure Sippen mit ihrer Kraft, die sich in der *Großen Hochzeit* für euch alle erschlossen hat. Mögen liebevolle Achtsamkeit eure Taten durchweben, die, die ihr tut und die, die ihr vermeidet, und möge euch menschliches Glück hold bleiben."

„Du sollst lernen dem Sog beider Pole in dir Gehör zu schenken und mit Weisheit ihren Bestrebungen nach Gewicht nachzugeben; nur so kannst du dir als erwachender Mensch gerecht werden und die vollkommene Harmonie erreichen; nur so wird sich dein ganzes Sein zu dem wandeln, dass dir ermöglicht, deine Lichtkraft heller und heller strahlen zu lassen; nur so wirst du zum Ort der Reinheit göttlichen Wirkens."

Ihwar steht aufrecht, nicht nur mit aufrechtem Rücken, auch mit aufrichtigem Herzen, aus dem die Kräfte der Liebe bis tief in den Grund unter ihren Füßen und hoch hinaus durch die Mitte der Krone ins Weltenall strömen.

„So richte *Isas* Zauberstab in dir auf und finde in vollständiger Meisterschaft das Gleichgewicht beider Aspekte", hört sie wieder die Stimme der *Göttin*.

„Nicht Unterdrückung und Verdrängung sollten dein Ziel sein, nein, die Vereinigung der *Drachenkräfte,* dieser Windungen der *Drachenschlange,* die sich einmal nach innen und einmal nach außen ergießen. Verneige dich vor diesen Kräften, die zu deinen im eigenen Wesen werden. Sie zu bekämpfen und der Versuch, sie zu verdrängen oder sie abzukapseln zerstören das Leben, werden nur zu quälenden Schuldgefühlen."

„Ich hatte nicht alles verstanden und bekomme erst jetzt eine Ahnung von dem, was sie meinte", weiß Ihwar und vor ihrem geistigen Auge leuchtet sie auf, die Rune *Isa,* die sich zum kräftigen Stamm ausweitet und die Spiralen der Liebe entwinden sich.

Nach oben, nach unten und gleichzeitig in deren Umkehr. Goldene Fäden, wie von Feenhand gesponnen, zart und fein und doch so stark, so wie der Faden der Spinne, mit dem sie ein festes Netz webt; Kraftbögen sich im Stamm vereinend und mit ihrem pulsierenden Schein, wie der Glanz der Sonne, erstrahlend.

Ja, die Veleda hatte recht gesehen, hatte schon vor vielen Monden erkannt, dass Ihwar ihre Prüfungen bestehen würde. „Du wirst das Bild der *Irminsul* mit deinem Wesen malen können, wirst mit den Strahlen aus deinem Herzen die Schleifen des Lebens formen und das heilige Abbild auch in dir zum Leuchten bringen. So wirst auch du deine innere *Irminsul* erbauen, mit den neun Stufen deiner Erleuchtung wirst du sie gestalten, wirst sie so neu schaffen, so wie du es schon vor vielen Läufen von *Jera* konntest", klingt es in ihr nach.

ᛃ

An der Hand der Großmutter kommt ihr Kind auf sie zu; es ist erst Sowilos erster Geburtstag und doch setzt das kleine Mädchen schon sicher Füßchen vor Füßchen. Bezaubernd sieht es aus, mit diesem Strahlen, im weißen Kleid und dem Kranz aus geflochtenen Bändern auf dem blonden Haarschopf.

„Ich reiche dir, meine geliebte Tochter, dein Enkelkind", wendet sich Ihwars Großmutter, die Sowilo hochgenommen hat, zur Veleda.

„Und ich reiche dir, meine geliebte Tochter, dein Kind", setzt die Veleda fort und drückt ihr voller Stolz und Freude, jedoch auch mit Beschämung im Blick, Sowilo in die Arme.

ᛃ

„Ich musste damals von euch gehen, musste meinen Schwur, den ich leichtfertig schon vor deiner Zeugung gegeben hatte, einlösen. Es war der schwerste Weg meines Lebens, damals, als du noch so klein warst. Ich war unglücklich, hatte mich selbst verflucht, aber konnte meiner Bestimmung nicht entrinnen.

Meine einzige, geliebte Tochter, bitte verzeih mir.

Und verzeih mir auch, dass ich dir in all den Tagen und Nächten der Verzweiflung, hier am *Felsen der Drachenschlange,* nicht als Mutter beistehen konnte.

Ich durfte es dir nicht früher offenbaren, musste auch in diesem Zyklus von *Jera* Gehorsam leisten, damit du frei wählen konntest und das erfüllen, was du in deinen Weihen hier am *Felsen der Drachenschlange* als deinen Weg ersonnen hattest.

Bitte verzeih mir als deiner Mutter aus Fleisch und Blut, die dich geboren hat, dass ich so lange geschwiegen habe."

Ihwar kann nichts erwidern, kann nur stumm nicken, um sich dann mit kindlich stürmischer Geste in die dargebotene Umarmung fallen zu lassen.

Glücklich schaut Sowilo ihre Eltern an, wendet ihr kleines Köpfchen einmal nach rechts und einmal nach links, ist in einer Glückseligkeit, die allen das Herz rührt.

„Zum ersten Mal in meinem Leben habe ich meine Eltern bei mir, alle beide zusammen mit mir; zum ersten Mal sind wir nicht nur in Gedanken verbunden", scheint es mit den Worten der Erwachsenen aus dem Kind zu sprechen. „Und für viele Kreise von *Jera* wird es auch so bleiben."

„Und irgendwann, wenn du dafür bereit bist, werden wir dich zum *Felsen der Drachenschlange* zurückführen, an den Ort, an dem du, unser Sonnenschein, einst das Erbe deiner Großmutter antreten wirst", lacht Wyn.

„Aber jetzt, jetzt sind wir einfach eine Familie und werden für uns und unseresgleichen das Beste tun."

Und Ihwar sieht vor ihrem geistigen Auge alles im Mondlicht erwachsen und im Sonnenschein erstrahlen, die Blumen und Bäume, die Menschen und Tiere, die Steine und das Wasser, das Feuer der Erde und den Wind des Himmels, mit all den Wesen der Liebe, die auch noch mit ihnen sind.

„Danke *Großmutter Mond,* danke *Mutter Erde,* danke *Vater Sonne,* danke euch allen."

Kapitel 29

Evas Traum

„Urrh, warte auf mich, bitte lauf mir nicht weg."

So schnell Eva kann, versucht sie Urrh zu folgen. Aber der Untergrund ist uneben und rutschig. Sie muss sich einen Weg durch Blaubeerbüsche und dem Gestrüpp aus Brombeerranken, Bärenfellgras und Farnkraut bahnen.

Der schmale Trampelpfad ist kaum zu erkennen, Herbstlaub raschelt unter ihren Füßen. Überall hat sich Moos gebildet, das jetzt am frühen Morgen mit Tau belegt ist. Dazwischen kleine, gelbbraune Steine, Baumwurzeln und aufgeweichte Erde.

Der Himmel ist zwar schon hell, obwohl die Sonne noch nicht zu sehen ist; jedoch die Blätter der Bäume leuchten schon wie gelbes Licht. Es scheint kein Regentag zu werden, aber Feuchtigkeit hängt in der Luft.

Ein modriger Geruch und der feinwürzige Duft von Pilzen liegen in der Luft. Er steigt Eva in die Nase. Immer häufiger entdeckt sie Rotkappen, Pilze, die sie nicht kennt und auf einem Baumstumpf eine Schar von Stockschwämmchen. Dort leuchten sogar orange und rote Fliegenpilze mit ihren weißen Tupfen. „Oh wie schön, fast so wie in meinem Lieblingsmärchenbuch, das ich als Kind hatte", freut sie sich.

Und es ist ganz still, nur ab und zu tropft es von den Bäumen, nur ab und zu raschelt es verstohlen im Gebüsch. Spinnennetze, der Morgentau hat sie sichtbar gemacht. Überall auf den kleinen Büschen und Gräsern hat die Natur sie wie kleine weiße Schleier abgelegt. Sie sind so fein gewebt, dass sich unzählige, winzige Tröpfchen auf ihnen ausruhen können.

Eva bleibt stehen und schaut sich um. Eine steile Felswand auf der rechten Seite, ein mit Büschen und Bäumen bewachsener, sanfterer Abhang links.

Das Laub der Birken und Buchen hat schon begonnen, sich zu färben. Vereinzelt schweben gelbe Blätter herab und säuseln in ihrem sanften Wehen vom Herbst. Zärtlich legen sie sich auf den Untergrund und so manches bleibt in einem der Spinnennetze hängen. Alles scheint vom herbstlichen Morgenlicht angestrahlt zu sein.

An der Felswand eingeritzte Zeichen. „Sind das Runen?", denkt sie. Sie scheinen ihr vertraut, obwohl sie sie nicht kennt.

Und, oh wie schön, kleine Fichten und Büsche, die sich zwischen den Flechten und Moosen des Felsens Halt suchen.

Nun zieht sie ein ganz besonderer Duft in ihren Bann. „Es ist nicht der Geruch des Waldes, und auch nicht der von Pilzen. Nein, es ist der exotische Duft von Weihrauch", wundert sie sich. Neugierig folgt sie ihm und kommt zu einem Mandala, es ist das Jahresrad mit seinen acht Speichen. Gelegt aus Fichtenzapfen und roten Beeren. Im Zentrum, wie eine Radnabe, die alles zusammen hält, ein runder Kieselstein mit einer goldenen

Sonne. Und dort das glimmende Räucherstäbchen, das sie angelockt hat.

„Es kann noch nicht lange brennen“, denkt Eva, „doch seltsam, es ist niemand hier, ich bin alleine.“

„Und wo ist überhaupt Urrh? Ach keine Sorge, sie wird am Ende der Schlucht auf mich warten.“

Suchend geht sie weiter, bis ihr das riesige Gewirr einer Baumwurzel den Weg versperrt. Ein Gebilde aus den Tiefen der Erde. Ein faszinierendes Etwas, dass sie zuvor noch niemals gesehen hat. Der gestürzte Baum, der sich noch im Fall Halt suchend in die Erde gekrallt hatte und mit seinen Wurzeln, an dem, was ihn einst trug, noch immer festhält.

Der Stamm ist zur Seite gekippt, eine gewaltige Sturmböe muss ihn zum Sturz gezwungen haben. Eva kann die dicken Wurzeln, die einst in die Tiefe wuchsen und sich in immer feiner werdende Abzweige vereinzeln, bis an die Spitzen verfolgen. Kleine Erdkrumen und Steinchen hängen daran und Moose und Flechten haben sich wie Gardinen daran gebildet.

Da, wo er einst gestanden hat ist nur noch eine tiefe Kuhle, die wie der geheimnisvolle Eingang zur Unterwelt anmutet.

Auch hier finden sich von Menschen geschaffene Zeichen. Überall, wo die Wurzeln genug Auflagefläche bieten, sind kleine Türmchen aus Steinen aufgesetzt. Meistens sind es drei. Unten ein flacher, darauf ein kleinerer und obenauf einer, der mit seiner Spitze zum Himmel zeigt, kleine Pyramiden.

So etwas Ähnliches hatte Eva zwar schon gesehen, damals in den Bergen am Wegrand, nur waren die

Steinsetzungen viel größer gewesen. Auch sie hatte, wie die vielen anderen Wanderer, kleine Steine vom Weg aufgesammelt und dort abgelegt. Und im Laufe der Zeit war so manch stattlicher Steinhaufen entstanden.

„Jedoch bin ich noch nie auf die Idee gekommen, mich im Wald mit einer derartigen Arbeit zu beschäftigen", denkt sie. „Aber wenn Menschen immer wieder hierher kommen, diesen schmalen geheimnisvollen Pfad gehen, hier verweilen, dann scheint es fast selbstverständlich zu sein, solche Kunstwerke zu gestalten."

„Irgendwie ist es hier ...", grübelt Eva. „Als wenn feinsinnige Menschen die Natur schmücken wollten", ergänzt Urrh schnurrend.

„Ach mein Schatz, da bist du ja. Komm, begleite mich." Aber Urrh scheint unbeeindruckt und läuft wieder voraus. „Warte doch, nicht so schnell."

An der Stelle, wo sich die Schlucht etwas weitet, umstehen Fichten einen Steinkreis aus Felsbrocken. In der Mitte verkohlte Holzstücke und weißgraue Asche. Ein Hinweis darauf, dass hier noch kürzlich ein Feuer gebrannt hat.

Eva spürt die Magie dieses Platzes, kann und will sich nicht entziehen und tritt ein. „Die Asche ist noch warm, heute Nacht waren Menschen hier", weiß sie.

Sie setzt sich auf einen der Randsteine und erinnert sich an Midsommer, an das schönste Fest dieses Sommers, das sie mit diesen netten Leuten und Miguel gefeiert hatte.

Sie hatten ihr auch von anderen alten Festen erzählt und das Jahresrad von *Jera* erklärt. Von den Speichen, die das Kreuz der Sonnenfeiern symbolisieren, oben die

Wintersonnenwende, rechts die Frühlings-Tag- und Nachtgleiche, unten die Sommersonnenwende und links die Herbst-Tag- und Nachtgleiche. Und von den Mondfesten, die, dazwischen liegend, ein X über dem Kreuz bilden. *Imbolc,* das heute, Anfang Februar, als Lichtmess bekannt ist, dann *Beltaine,* die Nacht, in der wir in den Mai tanzen, *Lammas,* Anfang August und *Samhain,* das wir Halloween nennen.

„Welches Fest ist denn heute? Ach ja, die Herbst-Tag- und Nachtgleiche."

Mabon hatten sie es genannt. An diesem Tag beginnt ein Jahresviertel, das mit der Wintersonnenwende endet. Es ist an der Zeit, die Wünsche zu ernten, die am 1. Februar zu *Imbolc* gesät worden sind. Für uns moderne Menschen nur eine Erinnerung. In früherer Zeit ein Fest des Dankes für die reiche Ernte und der Hoffnung, dass die Vorräte bis zum Frühling ausreichen, ein Überleben in der dunklen Jahreszeit, mit bitterer Kälte und Entbehrung, gelingen würde.

„Aber hatten sie mir nicht auch gesagt, dass es am 23. September gefeiert wird? Seltsam, gestern war doch erst der 21. des Monats und mein letzter Arbeitstag?"

Ein Feuersalamander lenkt Eva von ihren Grübeleien ab. Fast tapsig klettert er mit seinen großen Füßen über Moosbrocken und Stöckchen. Vorsichtig nähert er sich und Eva staunt, dass es dieses Tier wirklich gibt.

Sie hatte immer geglaubt, dass es sich um ein Fabeltier handelte, kannte es nur aus Kinderbüchern. „Der kleine Lurchi", erinnert sie sich, „der hatte doch Werbung für die schönen Schuhe gemacht, die mir Tante Hedwig zur Kommunion geschenkt hatte? Die schönsten Schuhe, die ich je hatte. Schwarz waren sie, aus

Lackleder und mit einem Riemchen über dem Fuß. Genau die, die ich mir immer gewünscht hatte."

Und nun kroch ihr dieses wunderschöne Tier über den Weg und war genauso schwarzglänzend wie ihre Schuhe gewesen waren, nur hatte er auffällige, orangegelbe Flecken über den ganzen Körper verteilt. Niedlich sieht er aus mit seinen großen Kulleraugen, mit denen er sie zu beobachten scheint.

„Lurchi, dich gibt es ja wirklich", lacht Eva. Jedoch das kleine Tierchen ist von der Begegnung unberührt, setzt seine Wanderschaft fort und verschwindet unter dem Farnkraut.

Am Ende der Schlucht eine riesige Gestalt. „Aber nein, es ist nur der zersplitterte Stamm eines toten Baumes, den Wind und Wetter zu einem Schutzengel geformt haben", beruhigt sie ihr wild klopfendes Herz.

Der eine Flügel ragt energisch zum Himmel, der andere scheint das Land zu segnen. Wie ein Wächter, der über die schmale Schlucht wacht, steht er am Wegrand.

Sie geht durch den schmalen Durchlass und kommt in einen Talkessel. Überall liegen umgestürzte Bäume, wie die Hölzchen eines Mikadospiels sehen sie aus. Aber es erweckt in Eva keinen Eindruck der Zerstörung und dann erkennt sie auch warum. Auch hier sind kleine Türmchen aus Steinen aufgesetzt. „Es sieht schön aus", denkt sie, „aber welche Bedeutung haben sie?"

Eva geht weiter, von Urrh noch immer keine Spur. „Wo bist du denn nur?"

Plötzlich antwortet ihr das langgesteckte „Uhhuuu, Uhhuuuuu" einer Eule, die mit ihrem mahnenden Ruf die Stille durchbricht und sie erschaudern lässt. Eva schreckt zusammen und bleibt abrupt stehen.

Da sitzt Urrh regungslos und starrt völlig entspannt auf eine Nebelwand. Eva kann nichts weiter erkennen, jedoch ihr Kätzchen scheint mit ihrem Blick die Nebel zu durchschauen.

Der Weg ist zu Ende und zwischen den Bäumen, deren tief hängende Äste wie ein Vorhang geöffnet sind, findet sich Eva am Wasser.

Einen winzigen Augenblick glaubt sie, wieder am Meer zu sein. „Aber nein, hier ist Wald, und der durchweichte Boden unter meinen Füßen ist alles andere als der weiße Sand vom Strand." Morastig und fast schwarz versperrt er ihr ein Weiterkommen.

Kleine Wellen bläst der sanfte Morgenwind auf sie zu und Eva beginnt zu frösteln. „Ach Urrh, lass dich vom kalten Boden heben, hier in meinem Arm ist es besser." Und bei der Vorstellung dieses warme, weiche Knäul zu halten, lächelt sie.

Gefällig lässt Urrh Eva gewähren und beginnt augenblicklich, genüsslich zu schnurren.

„Gut, dass du bei mir bist, ich bin dir ja so dankbar", flüstert Eva über das kleine Köpfchen hinweg und weiß, dass sich Urrhs kleine Öhrchen in Richtung ihres Mundes gedreht haben. „Ja, dass machst du immer, wenn du den Geräuschen, die für dich besonders wichtig sind, lauschst."

Der Morgennebel, der über dem See schwebt, lässt die geheimnisvolle Umgebung nur erahnen. „Da scheint ein Berg zu sein oder eine dunkle Felswand", wundert sie sich über den trüben Schatten.

Kapitel 30

Rückkehr nach *Utopia*

Mit einem Gefühl voller Zuversicht war Eva aufgewacht. Ihre rechte Hand prickelte und sie hatte sie nach Urrh ausgestreckt, die eingerollt auf ihrem Bauch lag. Noch mit geschlossenen Augen hatte sie die Weichheit ihres seidigen Fells ertastet und mit kraulenden Bewegungen begonnen, die immer noch tief schlafende Katze zu streicheln.

Am liebsten hätte sie dem Bedürfnis nachgegeben, selbst ganz klein zu werden und mit ihrem ganzen Körper in diese weiche Geborgenheit einzusinken. So wie in eine Wolke aus Leichtigkeit, Wärme und Licht. Aber das war ja unmöglich und so ein Wunsch, der sich nur in ihrer Fantasie erfüllen ließ.

Es war wie immer, Urrh war bei Eva und hatte ihr wieder einen dieser Träume aus alter Zeit gebracht. Diese Ereignisse, die schon unendlich weit zurückzuliegen schienen und doch gleichzeitig ganz nahe waren.

Ja, auch Eva würde heute Wichtiges erleben; die vergangenen Monate des Sommers waren unwiederbringlich vorbei und nun blieb ihr nur noch, auch dieses Kapital ihres Lebens abzuschließen. Sie wollte endlich dahin gehen, wo sie glücklich leben könnte, wo sie mit den Menschen wäre, die sie willkommen hießen.

„Werde ich diesen Ort finden? Ich weiß doch gar nicht, wo er ist", dachte Eva. „Aber ich werde doch wohl meinen Zweifeln keinen Raum mehr geben? Ich habe mich entschieden und heute verlasse ich die Insel."

Inzwischen war Urrh aufgewacht und hatte sich genüsslich geräkelt und zu Schnurren begonnen. Dieses vertraute „Urr, Urrr, Urrrr" gab Eva neuen Schwung.

Im Lauf der letzten Monate hatte sie gelernt, ihrer Vergangenheit den richtigen Stellenwert zu geben. Sie war erwachsen geworden, eine selbstbewusste, junge Frau, die sich und dem Leben von Tag zu Tag mehr vertrauen konnte und sich den Kostbarkeiten des Augenblicks hingab, ohne diese Angst, sich in ihren Fantasien zu verlieren.

Sie hatte einen schwierigen Prozess der Reife durchlebt und in so mancher Krise schweren Herzens erkennen müssen, dass fast all ihre bisherigen Erkenntnisse und richtunggebenden Wahrheiten ins Wanken geraten waren.

Sie war aus ihrer Mitte gestoßen worden und hatte oft nicht mehr gewusst, was sie tun sollte, jedoch auch erfahren, dass es immer eine Möglichkeit gab weiter zu machen. Das Schicksal hatte sie nicht im Stich gelassen und ihr Hilfe zukommen lassen.

Eva hatte Menschen getroffen, die ihr nicht nur eine Chance gaben, sich zu erkennen, sondern ihr auch gezeigt hatten, wie sie es anstellen konnte, nicht nur zu überleben, sondern das Steuer des Lebens wieder in die eigenen Hände zu nehmen.

Die wenigen Sachen hatte sie schon gepackt, sie würde nur ihre Kleidung, ein paar Fotos, ihr Tagebuch und die kleinen Kostbarkeiten aus der Natur mitnehmen. Ach ja, Miguels weißen Kieselstein mit der goldenen Sonne, die weiße Feder von Othilia und das Tuch mit den Erinnerungsstücken vom alten Friesenhaus mussten mit.

Als sie sich angekleidet hatte, streifte sie den Armreif mit den Drachenköpfen über ihr Handgelenk.

Alles, womit sie die kleine Dachkammer gemütlicher gemacht hatte, würde sie hier lassen. Vielleicht käme ja im nächsten Jahr wieder eine junge Frau auf die Insel, die hier wohnen würde und sich damit ein bisschen heimeliger fühlen könnte.

In den Rahmen, in dem ein Foto von ihr und Urrh gesteckt hatte, heftete sie ein Gedicht. Es war ihr in den Sinn gekommen und Eva glaubte, dass es für ihre Nachfolgerin hilfreich sein könnte.

Lebensweg

Ich gehe dich, weil ich laufen lernte.

Ich gestalte dich, weil ich Träume habe.

Manchmal stolperte ich und fiel,
weil du steinig und uneben bist.

Doch meine Hoffnung
lässt mich immer wieder aufstehen.

Manchmal konnte ich nichts sehen,
weil mein Blick vernebelt ist.

Ich gehe trotzdem weiter,
weil ich vertrauen lernte,
weil ich die Gewissheit erahne,
das Richtige zu tun.

Auch wenn meine Füße schmerzen,
sie tragen mich
und ich gehe weiter.

… Licht am Horizont.

₪

Für Urrh hatte sie ein Halsband mit einer Leine gekauft. Das war gar nicht so einfach gewesen. Die nette Frau aus dem Souvenirladen hatte lange im Internet suchen müssen, bis das Richtige gefunden war und es dann auf dem Festland bestellt. Und es war knapp geworden, denn es war erst gestern angekommen.

₪

Jetzt stand Eva an der Reling und schaute zurück zur Insel. „Was habe ich in den letzten Monaten alles erlebt, was habe ich geträumt und was ist in der letzten Nacht geschehen? Wo bin ich gewesen?"

₪

Es hatte sich wahr angefühlt, so als wenn alles wirklich geschähe. Sie war durch einen herbstlich bunten Wald gelaufen, war Urrh gefolgt, die zielstrebig durchs Unterholz sprang und Eva war es erschienen, als wenn diese unter dem Laub einem uralten Weg folgte.

Dann hatte sich der Wald geöffnet und aus dem Nichts war ein kleiner See aufgetaucht. Nebelfetzen hatten auf dem Wasser getanzt und es war ganz still gewesen. Nur ein leises Plätschern war zu hören gewesen.

Kein Vogel hatte gesungen, oder doch, eine Eule hatte gerufen. Sie war in einer verzauberten Welt gewesen, sie und ihre Katze.

Urrh hatte sich auf ihre Hinterläufe gesetzt und unbeweglich in würdevoller Haltung verharrt. So, als würde sie meditieren oder auf etwas Besonderes warten.

Und dann war die Nebelwand aufgerissen und hatte den Blick auf eine riesige Felswand, die mit einem Strahlenkranz aus Licht aufleuchtete, freigegeben.

War das das Ende des Traumes gewesen? Ihr Gefühl zeigte ihr, dass da noch etwas Wichtiges war. „Bestimmt kann ich mich später daran erinnern", beruhigte sich Eva und spürte Gelassenheit, was sie erfreut bemerkte.

Seltsam, mit was für einer inneren Anspannung war sie vor ein paar Monaten hier angekommen, gejagt und vollkommen im Stress. „Und nun, wo ich wieder abreise, ist alles anders. Ich bin entspannt und zuversichtlich, frei von Angst, nun ja, fast. Irgendwie bin ich selbstbewusst und erwachsen geworden. Und auch wenn ich nicht genau weiß, was jetzt kommt, freue ich mich auf die Zukunft", dachte Eva.

„Ich habe viel gelernt und verstehe das Leben nun viel besser." Nachdenklich schaute sie zurück. Es gab schöne und hässliche Erinnerungen, aber es war ihr unwichtig geworden, welche überwogen. Sie hatte erkannt, dass das Leben wie ein Puzzle ist. Es setzt sich aus vielen Einzelteilen zusammen, die je nach Stimmung mehr oder weniger bunt bedruckt sind. Dabei sind Kleinigkeiten im ersten Augenblick oft klein und bleiben es auch, manchmal werden sie aber auch, in Bruchteilen von Sekunden, riesengroß. Was sie dann damit machte, war einzig und alleine ihre Entscheidung. „Ja, das habe ich gründlich gelernt."

„Ein bisschen bang ist mir schon", flüsterte sie Urrh, die es sich auf ihrer Schulter gemütlich gemacht hatte, ins Ohr.

„Urrr, urrrr, urrrrrrr", mahnte sie die Katze und Eva hatte sich energisch umgedrehte. „Ja, jetzt sehe ich in Richtung Zukunft, keine Angst, Urrh, du kannst mir glauben, ich freue mich darauf. Es kann ja nichts schief gehen, ich habe ja dich an meiner Seite", strahlte sie glücklich und drückte Urrh an ihre Wange, kraulte das dicke, weiße Fell und genoss die Vertrautheit mit ihrem kleinen Liebling.

„Es ist wie es ist, alles ist gut", flüsterte sie und Urrh schien zufrieden. Sanft schnurrte sie und es klang, als sagte sie: „Es geht doch, so ist es gut."

Langsam wurde die Insel immer kleiner und verschwand von Minute zu Minute mehr im morgendlichen Dunst. Ein bisschen melancholisch wurde Eva zumute und sanft lullten die Motorengeräusche der Fähre und das Gekreische der Möwen sie ein.

Plötzlich wird es ganz still um Eva und sie ist wieder im Traum der letzten Nacht. Wie in einem Film der Fantasie läuft vor ihrem geistigen Auge eine vertraute Szenerie ab.

Eva staunt erwartungsvoll, der dichte Nebel beginnt sich aufzulösen. Fetzen für Fetzen schwebt er zur Seite, bewegt sich wie zarte Vorhänge eines Himmelbetts im sanften Luftzug.

Langsam kann sie mehr erkennen, weitet sich ihr Blickfeld. Geblendet von den ersten Sonnenstrahlen schließt sie die Augen.

Als sie sie öffnet, sieht sie einen kleinen See, der an den Seiten von Schilfgras und Büschen eingefasst ist. Und am gegenüberliegenden Ufer erscheint eine imposante Felswand, die höher und höher zu werden scheint.

„Ich kenne diesen Ort, er ist mir so vertraut als wenn ich schon einmal hier gewesen bin", rätselnd versucht sie sich zu erinnern. Erstaunt hält sie den Atem an: „Ist das schön, so friedlich und still und doch voller pulsierender Lebendigkeit. Wenn ich nur wüsste, wo ich hier bin?"

„Na, am *Felsen der Drachenschlange*", raunt Urrh mit einer Selbstverständlichkeit, die Eva nicht mehr überrascht. „Woher weißt du?", ist Evas weitere Frage und bevor sie darüber zweifeln könnte, dass die Katze wirklich mit ihr spricht, „Sieh doch!", zur Antwort bekommt.

„Ja, das ist der Felsen aus meinen Träumen", weiß sie plötzlich mit Gewissheit.

Wie mit einem Strahlenkranz hinterleuchtet blitzt der graue Felsen auf und dann erscheint das *Felsenrelief* im grellen Lichtstrahl. Erst sieht sie ein riesiges Kreuz, dann erkennt sie darunter die *Drachenschlange,* die das kniende Paar umschlingt.

Und da, wie aus dem Nichts war am Fuß des grauen Felsens die Silhouette eines Mannes aufgetaucht. Winzig klein, unscheinbar, fast gespenstisch.

„Miguel", erkennt sie ihn freudig, „es ist Miguel". Und mit dem freien Arm winkt sie ihm zu: „Miguel, hallo, hier bin ich. Miguel, wir sind da."

„Und da sind ja auch die anderen", freut sich ihr wild pochendes Herz.

Glossar

Algiz Rune - Symbol für Leben - aufrecht Erneuerung, umgekehrt der Tod

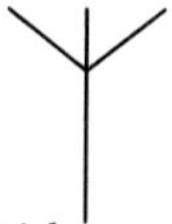

Leider ist das Peace-Zeichen - mit der Öffnung nach unten - ein Symbol des Todes. (Anm. der Autorin)

Anderswelt in vorchristlicher Zeit der Ort, an dem die Verstorbenen weiterlebten

Beltaine altes, keltisches Frühlingsfest - heute Walpurgisnacht

Chakra Energieblüte - Energiezentrum am menschlichen Körper

Dagaz Rune und Amulett der Veleda -

die sich zugewandten Dreiecke symbolisieren den zu- und den abnehmenden Mond, den Augenblick, die Zwischenbereiche des Lebens

Dolmen Steintisch, bestehend aus einer riesigen Steinplatte, aufgestellt auf Felsbrocken - auf ihm stehend wurde in vergangener Zeit Recht gesprochen, wurden Zeremonien, wie wichtige Eheschließungen, Vereidigungen und Inthronisierungen vorgenommen

Drachen-schlange — Symboltier - siehe Abbildung unter dem Kreuzabnahmerelief an den Externsteinen

Eiwaz — Rune - Namensgeberin für Ihwar - steht für die Kraft der Transformation und der Fähigkeit, andere Welten bereisen zu können

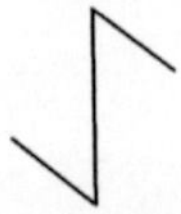

Einweihung — Initiationsritus im morphogenetischen Feld eines Kraftortes

Energieblüte — auch Blüte - Chakra am menschlichen Körper

- erste Blüte - Wurzelchakra - Farbe Rot - entspricht Urvertrauen und Sicherheit
- zweite Blüte - Sakralchakra - Farbe Orange - entspricht männlicher und weiblicher Energie und Sexualität
- dritte Blüte - Nabelchakra - auch Solarplexus - Farbe Gelb - entspricht gesunden Ich-Kräften und Selbstwert
- vierte Blüte - Herzchakra - Farben Rosarot und Grün - entspricht Liebe und Versöhnung
- fünfte Blüte - Halschakra - auch

	Kehlchakra - Farbe Blau - steht für Kommunikation • sechste Blüte - Stirnchakra - auch Drittes Auge - Farbe Violett - Intuition • siebte Blüte - Kronenchakra - auch Scheitelchakra - Farben Weiß und Gold - steht für Verbundenheit mit dem Absoluten und All-Eins-Sein
Eule der Weisheit	Ihwars Krafttier - Manifestation unterstützender Energien
Externsteine	Kraftort - Naturdenkmal - Felsformation im Teutoburger Wald
Felsen der Drachenschlange	Kultort, Mysterienstätte, Felsenheiligtum in vorchristlicher Zeit - heute die Externsteine
Felsen der Großen Mutter	Fels an den Externsteinen - auch Eulenfelsen oder Falkenstein
Felsenrelief	Kreuzabnahmerelief an den Externsteinen
Felsenturm	der hohe Felsen an den Externsteinen mit der Sakralkammer und dem Sonnenloch - auch Turm der Veleda
Freya	germanische Göttin der nordischen Mythologie
Große Göttin	Bezeichnung des Weiblich Göttlichen
Großmutter Mond	schamanischer Wortbegriff für den Mond
Gütige Mutter	Bezeichnung des Weiblich Göttlichen

Hängende Steine
vorchristliche Kultstätte - heute Stonehenge

Heiliger Hain
Waldstück - heiliger Wald eines Kraftortes

Hollerstrauch
Holunderbusch - Symbolstrauch der Frau Holle - steht an der Pforte zur Anderswelt

Ihwar
Namensauslegung der Rune Eiwaz - der Klang dieses Namens birgt die Brücke zur urweiblichen Eva

Imbolc
altes Fest am 1. Februar - heute als Lichtmess im Christentum gefeiert

Initiation
Soziol. Aufnahme in eine Gemeinschaft; Völkerkunde Reifefeier bei den Naturvölkern
(Duden - Die deutsche Rechtschreibung)

Irminsul
germanisches Kultsymbol aus vorchristlicher Zeit - versinnbildlichte den Weltenbaum - Energiewindungen im menschlichen Körper

Isa
Rune - magischer Zauberstab - Kraft der Konzentration

Jera
nach der Rune Jera = die Ernte - sinnbildlich der Lebenskreis mit wiederkehrenden Zyklen, z. B. ein Jahr - das Rad von Jera symbolisiert die Jahreszeiten u. deren kultische Handlungen

Kessel der Weisheit	hochzentrierter Energiepunkt in der Grotte der Externsteine
Königin des Lichts	Bezeichnung des Weiblich Göttlichen
Krafttier	schamanische Vorstellung der unterstützenden Hilfe durch individuelle Eigenschaften und Begabungen von Tieren - die Katze Urrh ist Evas Krafttier - die Eule der Weisheit Ihwars
Kraftort	imaginärer, hochfrequenter Raum - Beispiel Externsteine: in den Felsen gespeicherte Erdenergien stehen in Resonanz mit kosmischer Strahlung aus dem Weltall, dieses Kraftfeld kann von feinfühligen Menschen als Bewusstseinserweiterung wahrgenommen werden
Kreutzwech	Wegkreuzung, mit einem Schutzwall umgeben - auch vorchristlicher Ort für Urnenbestattungen
Litha	alter Name der Sommersonnenwende
Mabon	altes Fest der Herbst-Tag- und Nachtgleiche am 23. September
Maria	Mutter Gottes im Christentum - Mutter von Jesus - Himmelskönigin
Midsommer	Bezeichnung für das Fest der Sommersonnenwende - auch Mittsommer
Mutter Erde	Urmutter - Muttergöttin - schamanischer Wortbegriff unseres Planeten

Mysterium der Menschheit - birgt das im Menschen verankerte Geheimnis über die Wahrheit des Lebens

Mysterium (griech.) unergründliches Geheimnis (religiöser Art)
(Duden - Die deutsche Rechtschreibung)

Naudiz Rune - Sinnbild des Schicksals, aktiviert im Leben die Kraft der Notwende - Ausdruck schwieriger Ereignisse, die zur Weiterentwicklung erforderlich sind

Neues-Mensch-Sein die Menschheit im Erwachen ihres erweiterten Bewusstseins

Ostara Frühlingsgöttin - Göttin der Morgenröte und der Wildnis - Namensgeberin für Ostern - der Hase ist ihr Attribut, dieser wird auch mit dem Mond in Verbindung gebracht

Othala Rune - versinnbildlicht die Heimat - steht für Geborgenheit

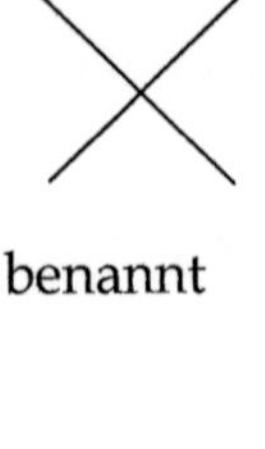

Othilia ist nach der Rune Othala benannt

Pfad der Drachenschlange	Energielinie - Leyline
Portal	imaginäres (scheinbares, vorgestelltes, unwirkliches) Tor, das einen energetisch höherschwingenden Raum verschließt - ein solches ist nur von dazu Befugten unbeschadet zu überwinden
Reisesteinfelsen	Ort der Weihe an den Externsteinen
Ritual	eine sich wiederholende Handlung - Rituale zu den Jahresfesten mit einem festgelegten Brauchtum - Rituale können sich täglich wiederholen wie z. B. ein Morgengebet oder das Genießen des Frühstückskaffees
Samhain	vorchristliches Fest vom 31. Oktober auf den 1. November - heute Halloween
Sommersonnenwende	altes Fest in der Mitte des Sommers, danach werden die Tage bis zur Wintersonnenwende wieder kürzer
Sowilo	Rune - Symbol der fließenden Lebensenergie - Namensgeberin für Ihwars Kind 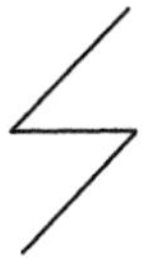
Torques	Kultschmuck - Abbildung auf der Umschlagseite

Urrh	Evas Krafttier - benannt nach der Rune Uruz - Urrh hat ein schneeweißes Fell und hellblaue Augen - miaut nicht wie gewöhnliche Katzen, ihre Laute sind ein tiefes Schnurren, wie „urr, urrr“ - eine magische Katze - zeigt sich nur den Menschen, die liebevoll sind
Uruz	Rune - Symbol für Urkraft, Erdung und Glück - bildet eine sichere Basis - unterstützt bei Lebensveränderungen einen guten Neubeginn 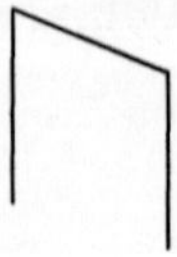
Utopia	unerreichbarer Ort der Fantasie - Ort innerer Erkenntnis - Verortung von Erahntem Utopia (griech.) erdachtes Land Utopie – als unausführbar geltender Plan; Zukunftstraum (Duden - Die deutsche Rechtschreibung)
Vater Sonne	Bezeichnung des Männlich Göttlichen - schamanischer Wortbegriff für die Sonne
Veleda	gleichzeitig Name und Titel der Seherin - Hohe Priesterin - Orakelpriesterin an den Externsteinen
Wintersonnenwende	altes Fest am 21. Dezember - auch Yule - wird heute am 24. Dezember als Weihnachten gefeiert

Wildes Wasser	Nordsee
Wunjo	Rune - Zeichen für Licht und Freude - Stammesfahne 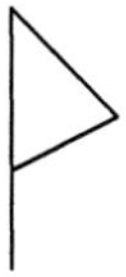
Wyn	benannt nach der Rune Wunjo
Zeremonie	= Weihe - eine heilige Handlung - ein Höhepunkt, ein Abschluss - heute ist eine Eheschließung eine solche Zeremonie

Bücher, die mir am Herzen liegen:

Aromatherapie von A-Z - Ganzheitlich Heilen, Patricia Davis (Goldmann)

Befreiung von Dunkelmächten, Helga Schaub (Silberschnur)

Das magische Jahr - Der immer währende Hexenkalender - Das geheime Wissen aus dem Buch der Schatten, Maja Sonderbergh (Egmont vgs verlagsgesellschaft mbH, Köln)

Das Runenbuch für Frauen, Inanna (Verlag Gisela Meussling, Bonn)

Das Vaterunser - Meditation und Körperübungen zum kosmischen Jesusgebet, Neil Douglas-Klotz (Knaur)

Denn Christus lebt in jedem von euch, Paul Ferrini (Aurum)

Der Himmel in dir - Einübung ins Körpergebet, Willigis Jäger und Beatrice Grimm (Kösel-Verlag)

Der Weg des Kreises, Manitonquat (Biber-Verlag)

Die Botschaft der Weisen Alten - Der spirituelle Rat der Großmütter, Carol Schaefer (Allegria)

Die heilige Matrix - Von der Matrix der Gewalt zur Matrix des Lebens. Grundlagen einer neuen Zivilisation., Dieter Duhm (Verlag Meiga)

Die Jesus Botschaften - Das Neue Testament für unsere Zeit, Paul Ferrini (Allegria)

Die kleine Raupe Nimmersatt, Eric Carle

Die Macht Ihres Unterbewusstseins, Dr. Joseph Murphy (Ariston)

Farben - Kinder des Lichts - Das Wesen des Lichts in der Energie der Regenbogenfarben für Gesundheit, Wohlbefinden und spirituelles Wachstum, Annemarie Strebel (Windpferd)

Gespräche mit Gott - Ein ungewöhnlicher Dialog - Band 1, Neale Donald Walsch (Goldmann Arkana)

Gesundheit für Körper und Seele, Louise L. Hay (Heyne)

Handbuch der Traum-Symbole - Traum-Symbole von A - Z, Klausbernd Vollmar (Königsfurt-Urania)

Heilige Orte schaffen mit Feng Shui - Ein Anleitungsbuch, Karen Kingston (Lotus Verlag)

Krafttiere begleiten dein Leben, Jeanne Ruland (Schirner Verlag)

Osning - Die Externsteine - Das verschwiegene Heiligtum Deutschlands und die verlorenen Wurzeln europäischer Kultur, Usch Henze (Neue Erde)

Paidoarchat - Das Zeitalter des Kindes, Gregor Dietrich (Paidoarchat Verlag)

Rückkehr zur Schöpfung - Die ursprünglichen Weisungen der Wampanoag Indianer, Manitonquat (Biber-Verlag)

Runengeflüster - Das verborgene Wissen des Runenorakels, Igor Warneck (Arun)

Segens Rituale, Anselm Grün (Vier-Türme-Verlag)

Schmelzt das Eis in euren Herzen! - Aufruf zu einem geistigen Klimawandel, Angaangaq der Schamane aus Grönland, Christoph Quarch (Hrsg.) (Kösel-Verlag)

Terra Nova - Globale Revolution und Heilung der Liebe, Dieter Duhm (Verlag Meiga)

Unchurch Now - Befreiung aus der kirchlichen Matrix und anderen Abhängigkeiten, Kurt Meier (Reinklang)

Wasser & Salz - Urquell des Lebens - Über die heilenden Kräfte der Natur, Dr. med. Barbara Hendel u. Peter Ferreira (ina-verlag)

1000 € für jeden - Freiheit Gleichheit Grundeinkommen, Götz Werner & Adrienne Goehler (Econ)

Lyrischer Anhang

Augenblick

Die Schrecken der Vergangenheit
sind vorbei;
sie ist nicht mehr.

Die Zukunft mit ihrer Angst,
eine Illusion;
sie ist noch nicht.

Nur die Kostbarkeit
des Augenblicks ist wahr;
zum Sein im Hier und Jetzt.

Weisheit der Eule

Ich, die Eule, habe dich gerufen;
du hast mich gehört.

Ich, die Eule, habe dich gerufen;
du bist in meine Nähe gekommen.

Ich, die Eule, habe dich gerufen;
du hast mir geantwortet.

Nun darf ich bei dir sein und
dich Weisheit lehren.

Segensgebet

Deinen Atem,
Große Mutter,
schenkst du mir,
für meinen Körper,
meine Seele
und meinen Geist.

So bin ich,
heil allen Seins.

Wie es immer war,
wie es ist
und immer sein wird.

Dank an Mutter Erde

Ich bin der Wind.

Ich wehe von Ost,
bringe das Leben,
sterbe niemals.

Ich schüre die Glut,
entfache das Südfeuer
und erhalte es.

Ich türme die Wasser,
schicke Wellen aus West,
bringe sie an Land.

Ich streichle die Erde,
schenke ihr Trost
und heile ihre Wunden.

Und ich verneige mich
vor dem Wind des Ostens,
dem Feuer des Südens,
dem Wasser des Westens und
der Erde des Nordens.

Grün, du Licht der Hoffnung

Grün, brenne grüne Flamme,
leuchte mir den Weg
der Zuversicht,
damit sich erfülle
mein Leben,
mit den Kostbarkeiten
des Sommers.

Leuchte und wärme
mein Herz,
für mich und
alles Lebendige.

Leuchte und gib mir
die Gewissheit,
es wird nie mehr
schwarze Nacht.

Denn du bist´s:
Grün, du Licht der Hoffnung.

Elfenreigen

Sommernacht zum vollen Mond.

Noch warte ich auf dich,
auf den,
der erfülle meinen Traum.
Mit brennendem Herzen,
verzehrend,
bitte komm.

Bist du´s,
dort auf der Lichtung,
dort, wo der Elfen Schein?

Trügerisch gaukelt der Nachtwald
und lacht mir zu.

Katzenweisheit

Komm, leg die Hektik ab,
setz dich zu mir
und sei bei dir.

Komm, schau mir zu
und lerne Stück für Stück zu tun.

Komm, lebe jetzt
und nimm dir deine Zeit.

Sonne und Mond

Hoch hinauf ans Firmament
zeichne ich meinen Bogen aus Licht;
habe die Macht, auch über die Nacht,
bringe den Menschen
und allem Leben auf Erden
den Sommer.

Tief am Horizont
bleibe ich in dieser Zeit,
erstrahle in den weißen Nächten
verborgen hinter dem harten Fels.

Dann kreuzen wir unsere Wege.

Und ich, der Mond,
steige höher und höher;
bis in unserem unendlichen Tanz
die Acht von Jera vollendet ist.

Wieder kann es Winter werden.

Lebensweg

Ich gehe dich, weil ich laufen lernte.

Ich gestalte dich, weil ich Träume habe.

Manchmal stolperte ich und fiel,
weil du steinig und uneben bist.

Doch meine Hoffnung
lässt mich immer wieder aufstehen.

Manchmal konnte ich nichts sehen,
weil mein Blick vernebelt ist.

Ich gehe trotzdem weiter,
weil ich vertrauen lernte,
weil ich die Gewissheit erahne,
das Richtige zu tun.

Auch wenn meine Füße schmerzen,
sie tragen mich
und ich gehe weiter.

… Licht am Horizont.

Verfasserin aller Gebete und Gedichte: Elisabeth Maria Rothfeld

Irischer Segen

*Sonnenschein leuchte in
deinem Herzen und erwärme es,
bis es glüht wie
ein großes Torffeuer.*

*Mag der Fremde dann eintreten
und sich daran wärmen.*

Verfasser unbekannt

*Pflicht ohne Liebe macht rücksichtslos.
Gerechtigkeit ohne Liebe macht hart.
Wahrheit ohne Liebe macht kritiksüchtig.
Erziehung ohne Liebe macht widerspruchsvoll.
Klugheit ohne Liebe macht gerissen.
Freundlichkeit ohne Liebe macht heuchlerisch.
Ordnung ohne Liebe macht kleinlich.
Sachkenntnis ohne Liebe macht rechthaberisch.
Macht ohne Liebe macht gewalttätig.
Ehre ohne Liebe macht hochmütig.
Besitz ohne Liebe macht geizig.
Glaube ohne Liebe macht fanatisch.*

Laotse

Epilog

Nun - am Ende dieses Buches - möchte ich Sie auffordern, Ihre persönliche *Rückkehr nach Utopia* zu vollziehen.

Dafür gilt es, Achtsamkeit zu üben und sich zunächst selbst an die erste Stelle im Leben zu stellen; zu lernen, sich selbst zu achten und zu lieben.

Mit dem zweiten Schritt können Sie sich dann Ihren Mitmenschen zuwenden.

Das *Gebet des Mensch-Seins* soll Ihnen helfen, eine Brücke zu bauen und Sie auf Ihrem Weg begleiten, hinaus aus der Vorstellung der Getrenntheit - dieser fatalen Täuschung der Moderne - hinein in die Verbundenheit mit allem, was ist, hinein in ein schönes und freudvolles Miteinander.

Elisabeth Maria Rothfeld

Das *Gebet des Mensch-Seins* ist eine von mir verfasste Version vom *Vaterunser*.

Gebet des Mensch-Seins

(Ich-Form)

Mutter-Vater-Schöpfergott, der Du in mir
in Deiner höchsten Form vollendet bist.
So bin ich, war ich und werde ewig sein.
Dein Wesen ist mir heilig.

In Deinem Reich lebe ich.
Hier auf Erden bin ich als Mensch zu Hause.
Jeden Tag aufs Neue erhalte ich alles, was ich brauche.
Dankbar nehme ich Deinen göttlichen Wohlstand an
und lebe in Reichtum und Fülle.

Ich bin frei von Schuld und verzeihe mir
und meinen Mitmenschen.
So bin ich mit allem in Liebe und Frieden verbunden.

Ich danke Dir für meinen freien Willen.
Mir ist bewusst, dass ich mein Leben selbst gestalte.
Bitte hilf mir dabei, sodass ich in Gedanken,
Worten und Werken so handle, dass ich
ein freier, gesunder und glücklicher Mensch bin.

Meinem Körper, meinen Fähigkeiten
und Talenten gebe ich Achtsamkeit;
mein ganzes Sein ist erfüllt mit Sinn und Erfolg.
Und bin ich auch nur ein winziges Teilchen
in der Unendlichkeit des Universums,
so bin ich doch wichtig.

Mutter-Vater-Schöpfergott, ich danke Dir
für diesen Schatz und die Gewissheit
allzeit beschützt, voller Vertrauen und
Zuversicht leben zu können.

Denn alles Sein ist mit Liebe gesegnet.
Von Ewigkeit zu Ewigkeit.
So ist es.

Gebet des Mensch-Seins

(Wir-Form)

Mutter-Vater-Schöpfergott, der Du in uns
in Deiner höchsten Form vollendet bist.
So sind wir, waren wir und werden wir ewig sein.
Dein Wesen ist uns heilig.

In Deinem Reich leben wir.
Hier auf Erden sind wir als Menschen zu Hause.
Jeden Tag aufs Neue erhalten wir alles, was wir brauchen.
Dankbar nehmen wir Deinen göttlichen Wohlstand an
und leben in Reichtum und Fülle.

Wir sind frei von Schuld und verzeihen uns
und unseren Mitmenschen.
So sind wir mit allem in Liebe und Frieden verbunden.

Wir danken Dir für unseren freien Willen.
Uns ist bewusst, dass wir unsere Leben selbst gestalten.
Bitte hilf uns dabei, sodass wir in Gedanken,
Worten und Werken so handeln, dass wir
freie, gesunde und glückliche Menschen sind.

Unseren Körpern, unseren Fähigkeiten
und Talenten schenken wir Achtsamkeit;
unser aller Sein ist erfüllt mit Sinn und Erfolg.
Und sind wir auch nur winzige Teilchen
in der Unendlichkeit des Universums,
so sind wir doch wichtig.

Mutter-Vater-Schöpfergott, wir danken Dir
für diesen Schatz und die Gewissheit
allzeit beschützt, voller Vertrauen und
Zuversicht leben zu können.

Denn alles Sein ist mit Liebe gesegnet.
Von Ewigkeit zu Ewigkeit.
So ist es.

Über die Autorin

Ausgelöst durch eine Lebenskrise entdeckte die Autorin ihre Liebe zum Schreiben. Zunächst entstanden Gedichte und Kurzgeschichten, dann die Erzählfigur *Heribert*, ein kleiner Turmfalke, der den Herforder Schulkindern die Stadtgeschichte näher bringt.

Nun liegt ihr erster Roman *Rückkehr nach Utopia* vor.

In ihren Texten bringt die Autorin ihre Fantasie zum Ausdruck, lässt sich inspirieren von der Schönheit der Natur, den Geheimnissen des Lebens, der Freude an ihrer Katze *Pepsina*, ihren Erinnerungen, Ahnungen, Träumen und der Faszination am Mensch-Sein.

Kontaktdaten

Projekt Friedens-Dorf

Aufbau einer Dorfgemeinschaft mit einer Lebensschule für Erwachsene aller Altersgruppen - im morphogenetischen Feld des Kraftortes Externsteine -, wo das Neue-Mensch-Sein gelebt werden kann.

rueckkehr-nach-utopia@web.de